U0214104

基于模型的系统工程
——建模与模型驱动技术

刘玉生　曹　悦　袁文强　著

科学出版社

北　京

内 容 简 介

基于模型的系统工程(MBSE)正成为高端复杂装备制造业数字化转型的重要使能技术与工具。本书是一本关于 MBSE 建模技术与模型驱动技术的专著。本书在介绍 MBSE 建模语言、方法与工具等基础建模知识的基础上，对模型驱动相关技术进行探索，建立面向行业的领域元模型(领域建模语言)的构建方法，探索自顶向下的模型驱动正向设计策略，这是一个模型驱动设计自动化的全新探索。另外，本书还以模型驱动为基础，提出装备系统设计方案如何与系统仿真、下游各学科专业详细设计、系统优化等进行集成的方法，为 MBSE 真正落地实施、消除 MBSE 所带来的新信息孤岛提供解决方案。

本书可供从事装备或型号方案论证与系统设计的各级设计人员及管理人员参考，也可作为高等院校相关专业的师生和从事 MBSE 理论、方法与工具研究的科技工作者的参考书。

图书在版编目（CIP）数据

基于模型的系统工程：建模与模型驱动技术 / 刘玉生，曹悦，袁文强著. -- 北京 ： 科学出版社，2025. 3. -- ISBN 978-7-03-079133-7

Ⅰ. N945

中国国家版本馆 CIP 数据核字第 2024Z4Q511 号

责任编辑：陈　静　霍明亮 / 责任校对：胡小洁
责任印制：师艳茹 / 封面设计：迷底书装

科学出版社 出版
北京东黄城根北街 16 号
邮政编码：100717
http://www.sciencep.com
三河市春园印刷有限公司印刷
科学出版社发行　各地新华书店经销
*
2025 年 3 月第 一 版　开本：720×1000　1/16
2025 年 3 月第一次印刷　印张：20
字数：400 000
定价：198.00 元
（如有印装质量问题，我社负责调换）

前　　言

随着产品复杂性的大幅增加,基于文档的系统设计方法已远远无法满足要求,基于模型的系统工程(model based systems engineering,MBSE)应运而生。2007 年其标准系统建模语言(system modeling language,SysML)的提出,更是为 MBSE 的落地与推广应用奠定了坚实的基础。相比于基于文档的系统工程,MBSE 的优势体现在:通过模型的形式化定义可清晰地刻画用户在结构、功能与行为等各个方面的需求,可及早产生大量方案并进行模拟分析以发现大量不合理的设计方案,可为各方提供一个公共通用、无歧义的设计交流工具等。为此,MBSE 成为学术界和工业界关注的重点,也是我国现阶段高端装备制造企业数字化转型的首选之项。因此,对 MBSE 的建模语言、方法、工具及模型驱动技术的研究显得十分重要与迫切。

本书围绕 MBSE 的建模与模型驱动技术,首先对 MBSE 的建模三要素即建模语言、方法与工具进行介绍;然后结合作者研究团队多年来的研究成果,重点对模型驱动的正向设计、系统集成等进行比较详细地阐述。力求在理解 MBSE 建模的基础上,进一步突出模型驱动技术在智能自动化设计、自顶向下正向设计、平台集成等方面的新思路和新研究,在丰富对 MBSE 内涵理解的同时,也为该领域提供新的研究方向和新的解决方案。

全书主要分三大部分共 12 章。第 1 章总体介绍 MBSE 的产生背景、作用优势与外延内涵。第 2～5 章介绍 MBSE 的建模语言,首先,主要介绍标准系统建模语言 SysML 的四大类型图(diagram),即需求图、行为图、结构图与参数图;其次,介绍面向行业领域的领域相关建模语言。第 6 章和第 7 章分别介绍 MBSE 的建模方法与工具,首先,主要介绍国际系统工程协会(International Council on Systems Engineering,INCOSE)推荐的 7 种 MBSE 建模方法;其次,对有代表性的 3 个 MBSE 建模工具各自的特点、主要功能进行简要的介绍。第 8～12 章是介绍 MBSE 的模型驱动部分,包括模型驱动的功能分解、架构生成、系统设计与系统仿真、系统优化、详细设计的集成等。

本书是科技部国家重点研发计划项目"产品全生命周期模型管理技术与系统"(2018YFB1700900)和 "基于模型的系统工程建模工具软件"(2023YFB3307200),

国家自然科学基金项目"基于 SysML 的多域产品系统层设计与分析集成建模研究"(61070064)、"基于 SysML 的复杂产品系统层多域耦合自动识别与建模研究"(61173126)、"基于 SysML 的多域复杂产品功能形式化表征与自动分解研究"(61572427)和"基于 SysML 的信息物理融合系统架构统一表征与整体设计建模研究"(61873236)以及 JD 高水平科技创新团队项目"载人月球探测任务总体设计关键问题研究"等支持下的研究成果。在此衷心感谢科技部、国家自然科学基金委员会等部门多年来对 MBSE 相关理论方法与技术持续不断的大力支持。

　　本书也是浙江大学计算机辅助设计与图形系统全国重点实验室近年来在 MBSE 方面科研成果的总结。曹悦、樊红日、袁文强、袁琳、陈蕊蕊等众多博士的研究成果为本书的形成做出了重要的贡献。

　　本书由刘玉生、曹悦、袁文强著，叶东明、秦政、樊红日、袁琳、陈蕊蕊、王冠、李春光等参与了总结整理、文字提炼修改等工作。在本书的出版过程中，还受到浙江大学计算机辅助设计与图形系统全国重点实验室的大力资助，在此表示诚挚的谢意。

作　者
2025 年 3 月

目　　录

第1章 绪 论

1.1 系统工程概述

1.1.1 系统工程的起源与定义

系统工程的起源没有一个明确特定的日期,可以追溯到系统思想形成的古代。在长期的社会实践中,人们逐渐意识到有必要把组成事物的各个部分有机地联系起来,从整体和全局的角度来对事物进行分析与综合,从而形成了系统思想:认为系统是由互相关联、互相制约、互相作用的若干组成部分构成的具有某种功能的有机整体。在我国,《易经》《尚书》等著作中提出的阴阳、五行、八卦等学说就蕴含系统思想。我国古代经典医著《黄帝内经》把人体看作由各种器官有机地联系在一起的整体,主张从整体上研究人体的病因,也是系统思想的体现。在国外,系统思想在某种程度上可以认为在建造金字塔甚至更早的年代就已经存在了。古希腊哲学家赫拉克利特在《论自然》一书中指出:“世界是包括一切的整体。”古希腊唯物主义哲学家德谟克利特认为万物的本源是原子和虚空,并在《世界大系统》一书中最早采用系统这一名词。古希腊哲学家亚里士多德也提出整体大于各个部分之和的观点[1]。总体上,由于受科技水平的限制古代系统思想是一种朴素的系统思想,常常用猜测的和臆想的联系来代替尚未了解的联系。

盛行于14世纪至17世纪的文艺复兴极大地促进了人们的思想解放。科学爱好者开始用现实的、客观的、科学的态度看待自然现象、认识自然现象。近代自然科学兴起为系统思想的提升提供了条件。但在当时条件下还难以从整体上对复杂的事物进行周密的考察和精确的研究,主要的思想和方法还是把整体的系统逐步地进行分解,研究每个较简单的组成部分,排除臆想的东西。而18世纪至19世纪,人类科技发展取得突破性进展,蒸汽机的发明与使用、牛顿的经典物理学说确定、第二次工业革命的展开等促使了科学的系统思想的形成。恩格斯在《路德维希·费尔巴哈和德国古典哲学的终结》中指出:“一个伟大的基本思想,即认为世界不是既成事物的集合体,而是过程的集合体,其中各个似乎稳定的事物同它们在我们头脑中的思想映象即概念一样都处在生成和灭亡的不断变化中,在这种变化中,尽管有种种表面的偶然性,尽管有种种暂时的倒退,前进的发展终究会实现……”恩格斯的这段话标志着科学的现代系统思想的产生[2]。

系统工程萌芽于 19 世纪末和 20 世纪初。当时，电力、石油等新能源的开发大大促进了工业的发展。电气化工业和化学工业的出现又使生产技术设备日趋复杂，并进一步促进了交通和通信系统的大规模扩建。同时，物质的生产开始丰富，市场的需求成为制约生产发展的重要因素，企业间的竞争开始出现。在这种情况下，人们开始重视生产与经营之间的协调和综合，即开始运用系统思想来研究这类问题。另外，经典物理学的最终完成使人们认识到，只有通过对客观事物的数学描述才能深入地分析事物的本质、了解它的构成机理和各种变异。人们开始用数学模型和分析的方法去研究工程、经济、生物、军事和社会等方面的系统。随后至第二次世界大战的几十年间，数学家、物理学家、工程师、经济学家、生物学家做了大量开创性和学科交叉性的工作，提出了排队论、一般系统论、信息论、控制论和运筹学等，为系统工程的诞生准备了充分的条件。

一般认为系统工程产生于 20 世纪 40 年代的美国贝尔电话公司。1940 年美国贝尔电话公司开始用当时的新技术来规划和设计横跨美国东西部的微波中继通信网，并于 1951 年正式把研制微波通信网的方法命名为系统工程。但真正认可系统工程作为一种明确的活动，是与第二次世界大战密切相关的。原子弹、高性能战机、军事雷达、火箭等复杂系统的研发面临着巨大挑战，不仅要使用许多高新技术，同时还要有高水平的组织。在项目规划、技术协同、工程管理等方面要有新的方法，单靠人的经验已显得无能为力。系统工程的发展则正是在这些挑战下首先从军事与大型工程系统中得到了充分的发展。第二次世界大战结束后冷战阶段的军事对抗需求进一步推动了系统工程的发展。阿波罗登月计划的圆满成功使世界各国认识到系统工程在庞大和复杂计划实施过程中的重要性，因而开始接受系统工程。在阿波罗登月计划的高峰时期有 2 万多家厂商、200 余所高等院校和 80 多个研究机构参与研制及生产，总人数超过 30 万人，耗资 255 亿美元。正是由于在执行过程中始终采用系统工程的相关技术如系统分析、成本估算等，这项史无前例的浩大工程基本上按时按预算完成，极大地鼓舞了人心。

自 20 世纪 50 年代正式提出以来，系统工程在工业界的各个行业、各个领域都得到了广泛的应用，取得了良好的效果。教育界也顺势而为，许多学校已经提供了系统工程硕士学位的课程，还有部分学校设立了系统工程的学士学位。国际系统工程协会(International Council on Systems Engineering，INCOSE)也确认系统工程可以作为一种职业。但系统工程还是一门非常年轻的学科，其理论和方法还有待进一步发展与完善。到目前为止，关于系统工程的定义还存在多种不同的版本，主要的几种定义如下：

(1) 苏联将系统工程定义为"研究复杂系统的设计、建立、试验和运行的科学技术"；

(2) 《不列颠百科全书》(又称《大英百科全书》)将系统工程定义为"把已有

学科分支中的知识有效地组合起来用以解决综合化的工程技术";

(3) 我国的科学巨匠钱学森先生认为系统工程是"组织管理复杂系统的规划、研究、设计、制造、试验和使用的科学方法,是一种对所有'系统'都具有普遍意义的科学方法";

(4) 欧洲航天局(简称欧空局)对系统工程的定义是"一个跨学科的方法,包含将需求转化为系统的全部技术工作";

(5) 美国国家航空航天局(National Aeronautics and Space Administration,NASA)对系统工程的定义是"设计、实现、技术管理、运行和退役处置一个系统的有条理的多学科方法";

(6) INCOSE 对系统工程的定义十分简洁,认为它是"研制一个成功系统的一种跨学科的方法和手段"。

一般来讲,大家比较公认且内涵比较丰富的系统工程的定义是系统工程是为了最好地实现系统的目的,对系统的组成要素、组织结构、信息流、控制机构等进行分析研究的科学方法[3]。它运用各种组织管理技术,使系统的整体与局部之间的关系协调和相互配合,实现总体的最优运行。即从系统观念出发,以最优化方法求得系统整体最优的综合化的组织、管理、技术和方法的总称。

从上述的定义可以看出,系统工程与一般的传统工程学不同,它所研究的对象不限于特定的工程物质对象,而是任何一种可称为"系统"的对象。它是在现代科学技术基础之上发展起来的一门跨学科的边缘学科。它不但定性,而且定量地为系统的规划设计、试验研究、制造使用和管理控制提供科学方法的方法论科学,它的最终目的是使系统运行在最优状态。

1.1.2 系统工程的观点

系统工程的中心目标是使系统作为一个各部分有机关联的整体,能成功地完成任务。在这个完成任务的过程中,整个系统的很多目的和属性都要从属于整个系统的中心目标。作为一门应用科学,系统工程在处理问题时的主要观点有整体性观点、综合性观点、科学性观点、关联性观点与实践性观点等[1]。

1) 整体性观点

整体性观点即全局性观点或系统性观点,也就是在处理问题时,采用以整体为出发点,以整体为归宿的观点。这种观点的要点是:①处理问题时需遵循从整体到部分进行分析,再从部分到整体进行综合的原则,确定整体目标,并从整体目标出发,协调各组成部分的活动;②组成系统的各部分处于最优状态,系统未必处于最优状态;③整体处于最优状态,可能要牺牲某些部分的局部利益和目标;④不完善的子系统,经过合理的整合,可能形成性能完善的系统。

这里要注意的是对"性能整体最优"的理解。在系统工程中所指的性能仅仅是几个关键属性中的一个或多个。因此，性能整体最优的本质是寻求关键系统属性的最好平衡，即不能为了获得某系统属性的较好性能而牺牲其他一种或多种同等重要或更为重要属性的性能，如牺牲可接受成本下的较好性能、牺牲适当行程下的高速度或牺牲极端错误下的高吞吐量等。事实上，几乎所有关键属性都是相互依赖的，一种平衡在本质上必然影响整个系统设计的决策。而这些特性是典型不相称的，如何获得整体性能最优有赖于对系统工作原理的深入理解。因而，相比于技术专家或项目经理，对系统工程师在技术深度、技术宽度与管理深度方面有更高的要求。对技术专家的管理技巧要求并不高，只要求在一个或多个技术领域有深入理解即可。对项目经理，则对其在特定技术领域理解的要求不高，但要求他在管理人与技术工作方面有较强的能力。而对系统工程师，则要求他在上述三个方面均有较强的能力，以支持其在系统工作中能做出正确的平衡。

2) 综合性观点

综合性观点就是在处理系统问题时，把对象的各部分、各因素联系起来加以考查，从关联中找出事物规律性和共同性的研究方法。这种方法可以避免片面性和主观性。

阿波罗登月计划总指挥韦伯曾指出，当前科学技术的发展有两种趋势，一是向纵深发展，学科日益分化；二是向整体方向发展，搞横向综合。阿波罗登月计划中没有一项新发明的自然科学理论和技术，都是现成科学的运用，关键在于综合，综合是最大的科学。系统工程就是指导综合研究的理论和方法。韦伯的这段话说明了综合性的观点是系统工程处理问题时的基本观点。

当然，综合性观点并不是绝对反对和抵制系统工程中的创新。对一个新的复杂产品系统来说，要成功地在技术变化迅速的环境中脱颖而出、并能使用多年，其关键部件必然会利用某些最新技术。虽然这不可避免地会引入一些已知的或未知的风险，但通过进行重大的研发工作，可以使这些技术达到成熟从而在系统部件中利用这种新型设计。因此，选择最有希望的技术方法，通过评估有关风险，排除那些可能使代价过大的风险，也是系统工程综合性观点的一个体现。在我国的重大项目如空间站、"嫦娥工程"、重型火箭等的研发初期，均有一个关键技术深化论证的过程，就是这种观点的重要体现。

3) 科学性观点

科学性的观点就是要准确、严密、有充足科学依据地去论证一个系统发展和变化的规律性。不仅要定性，而且必须定量地描述一个系统，使系统处于最优运行状态。马克思曾明确指出，一种科学只有在成功地运用数学时，才算达到了真正完善的地步。数学方法已成为解决系统工程问题的主要方法。在强调采用定量方法的同时，有以下两个问题必须要引起注意。

(1) 必须在定性分析的基础上进行定量分析，即定量分析必须以定性分析为前提。定性分析是定量分析的基础。只进行定性分析，不能准确地说明一个系统，只有进行了定量分析之后，对系统的认识才能达到一定的深度，结论才能令人信服。然而，没有定性分析做指导，定量分析就失去了依据，就会成为数字游戏。因此，我们强调要摆正定性分析和定量分析的辩证关系。在处理问题时，一定要在定性分析的基础上应用数学方法，建立模型，进行优化，从而达到系统最优化的目的。例如，在安排生产计划时，可在各种资源的限制下制定一个使利润达到最大值的生产计划。这就需要在约束组成、确定评价目标等方面进行定性分析，然后在定性分析的基础上应用数学规划等工具，建立模型，完成该项任务。

(2) 合理处理最优和满意的关系。在处理系统问题时，使系统达到最优比较困难，在个别情况下，最优有时不被人理解和不愿意接受，因此，有时利用满意的概念会使问题得到圆满的解决。从数学上的最优，过渡到情感上的满意是西蒙的一大发现。因此，我们在处理问题时，要处理好满意和最优的关系。这一原则也是不违背科学性观点的，因为寻求满意解也是科学。

4) 关联性观点

关联性观点是指从系统各组成部分的关联中探索系统规律性的观点。如前面所述，一个系统是由很多要素相互关联而成的，正是这些关联决定了系统的整体特性会与各要素的简单之和要复杂得多。因此，在处理系统时，必须努力找出系统各组成部分之间的关系，并设法用明确的方式来描述这些关系的性质，揭示和推断系统整体特征。也只有抓住这些联系，用数学、物理、经济学的各种工具建立关系模型才能定量和定性地解决系统问题。否则对一些复杂的问题会感到无从下手。著名科学家钱伟长在介绍系统工程时曾风趣地称系统工程为"关系学"。例如，经济学家列昂节夫在研究国民经济系统时，就是抓住各物质生产部门之间的联系并将其定量化，从而以投入产出模型揭示国民经济总体的发展变化规律[1]。

揭示系统各组成部分之间的关联是靠分析和观察实现的，切忌凭空臆造和估计。例如，达尔文曾发现英国有一种三叶草与村子中猫的数量有关，通过观察发现，三叶草靠土蜂传粉，田鼠以土蜂为生，猫又是田鼠的天敌，因此，构成了一串称为食物链的联系：三叶草-土蜂-田鼠-猫。若猫多，则田鼠少，土蜂多，三叶草就茂盛；反之，若猫少，则田鼠多，土蜂少，三叶草必然就少。把该关系定量化，即可得出猫与三叶草的关系。可以通过控制猫的数量来实现对三叶草的控制。这一简单的生态系统就是从关联入手解决的。可见关联性的观点在解决系统问题中的重要作用。

5) 实践性观点

实践性的观点就是要勇于实践、勇于探索，要在实践中丰富、完善及发展系统工程学理论。系统工程既不是束之高阁的空头理论，也不是玄妙的数字游戏，它是来源于实践并指导实践的理论和方法，只有在实践中、在改造自然界的斗争中才会大有作为并得到迅速的发展。采用问题导向，摒弃方法导向是系统工程实践的主要方法。

为了推广系统工程的方法，实践性是很重要的，只有系统工程的广泛实践，才能使人们认识和了解系统工程的作用，才能促进系统工程的应用和发展。

1.1.3 系统工程的过程模型

系统开发的过程是一个不断深化、反复迭代的过程。通常，系统设计人员不可能一开始就对系统所涉及的专业技术、系统的组成及各组成部分之间的信息、能量、物质流的交互十分清楚，甚至系统要解决的问题本身都不是十分清晰的，因而需要经过设计-验证-再设计-再验证的反复迭代过程[4]。按电气电子工程师学会(Institute of Electrical and Electronics Engineers，IEEE)1220 标准[5]，系统工程过程(system engineering process，SEP)是一个自顶向下、依次反复应用于开发全过程的、规范化的问题解决过程，它把用户的需要逐步转化为系统规范和一个相应的系统结构。IEEE 标准将系统工程过程分为四个活动：需求分析、功能分析、系统设计和系统验证，如图 1-1 所示。

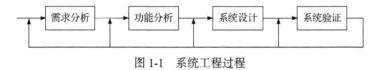

图 1-1　系统工程过程

需求分析是先通过交流访谈等方式获取、确认用户的实际需要，包括其工作目标、约束与限制条件等，在此基础上把用户需要及外部环境的约束与限制条件转换成系统需求，包括功能需求、性能指标要求和安全性、可靠性、可维护性等其他性能要求。

功能分析是在需求分析所得的系统级功能需求与性能需求的基础上，将其不断细分为低层次的功能，直到找到可能实现它本身的逻辑与物理结构，该功能分析与分解才算完成。其输出是完整地描述系统功能、性能及反映各功能和性能间逻辑关系的功能架构。值得注意的是：对于给定的系统级功能与性能，得到功能分析结果很可能并不唯一，甚至会有很多的可能方案，这也正是可能产生原始创新的地方。

系统设计是基于功能分析得到的功能架构，在综合考虑现有各类工程技术条件与约束的基础上，研发能满足要求、优化的一个或多个物理结构，供用户选择权衡。

系统验证是通过一定的验证方法，在各个层次上确认所设计的系统是否能够在预定的性能指标下实现所要求的功能。一般地，验证方法包括理论分析、仿真、演示验证和试验。

目前，针对系统工程的过程模型已经比较多，这里主要简述一下瀑布模型、V 模型和螺旋模型。

1. 瀑布模型

瀑布模型是罗伊斯(Royce)在 1970 年提出的，1981 年，玻姆(Boehm)将其进行拓展，如图 1-2 所示，因其自顶向下且不可往复或迭代的特点与瀑布形似而被命名为瀑布模型。最初其主要应用于软件的开发。瀑布模型的特点是只有当前阶段完成后才能进入下一个阶段，即所有阶段是顺序完成的，直到产品交付。但实际上极少如此，因为总会发现缺陷，进而重复步骤直到更正。故虽然瀑布模型具有各阶段检查点明显、只需关注后续阶段而无须反复等优点，但其缺点也是显而易见的，具体如下：①瀑布模型阶段划分固定，将产生大量的文档，极大地增加了工作量；②瀑布模型是线性开发过程，因而只有到最后才能看到设计结果，对于复杂装备来讲，风险极大；③因为瀑布模型缺乏反复迭代的过程，所以很难适应需求的变化。

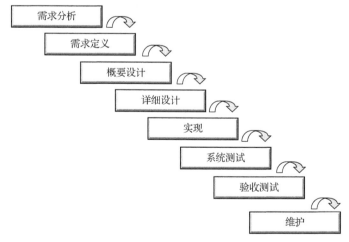

图 1-2 瀑布模型

2. V 模型

V 模型是 Forsberg 和 Mooz[6]提出的，如图 1-3 所示，该模型从左上角"理解用户需求，开发系统概念和确认计划"出发，到右上角的"根据用户确认计划演示并确认系统"结束。V模型左侧一系列分解与定义活动的输出是系统体系结构，底部是各学科的详细设计、各层级(部件、子系统、系统)的装配，模型右侧是各层级(部件、子系统、系统)的验证和确认。其特点是突出了在需求开发过程中定义验证计划，以及连续验证与利益相关者需要的重要性，并对连续风险和机会进行评估，强调系统工程的各个阶段均需测试，并将系统分析设计过程和系统综合集成过程通过测试进行关联。同时，V模型也清晰地描述了从用户需求到系统概念识别到系统架构元素定义(包括最终系统)的基线演化过程，特别适合用于系统概念和研发阶段。V模型提出后，不断地进行改进，如Forsberg和Mooz于1991年提出的双V模型，通过增加了一个维度，以一种立体的视角看待系统开发过程。

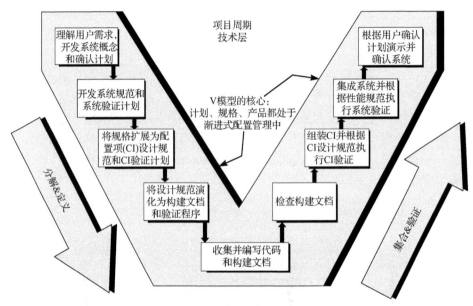

图1-3　系统工程V模型

3. 螺旋模型

螺旋模型由Boehm[7]提出，如图1-4所示。其特点是将反馈的思想融入系统工程的每一个阶段，并认为原型系统的开发是降低系统风险的重要手段。因而每次迭代都要经历类似的阶段，研制出一个原型，在进入下一阶段前进行风险评估。该模型的优点是：①设计上灵活，可在开发过程的各个阶段变更；②以小阶段来构建大型系统，因而成本计算与控制相对容易；③客户始终参与，保证不会偏离大方向，且客户掌握最新消息，因而能与管理层进行有效的交流。此外，通过反复的风险分析，能最大限度地降低产品彻底失败的可能性。其不足之处在于建设周期比较长，而技术发展比较快，可能导致开发结束时技术水平已滞后。此外，由于反复迭代过程多，用户也可能难以相信这种演化方法是可控的。

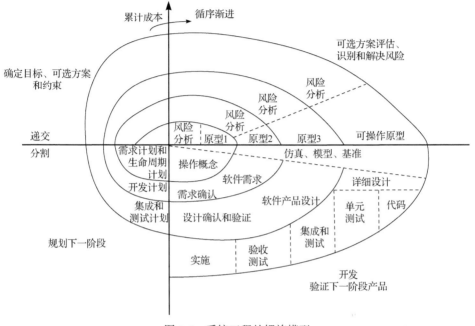

图 1-4 系统工程的螺旋模型

1.2 基于模型的系统工程

1.2.1 MBSE 的产生

如前面所述，传统的基于文档的系统工程是基于自然语言、以文本的格式(可能也会有少量的表格、图片等)对用户需求、设计方案等进行描述，依靠的是一系列的术语与参数(其中术语对系统进行定性描述，而参数则是对系统进行定量描述)。其问题是：即使针对同一个部件，由于不同专业学科间使用的术语与模型都不一样，因而也无法直接交流与沟通，总体系统设计的协调工作十分巨大。在信息量极度膨胀、系统日益复杂的应用背景下，这种基于文档的系统工程逐渐显出其弊端，如信息表示不准确容易产生歧义、难以从庞杂的文档中抽取所需信息、无法与具体领域的设计相衔接(如机械、电子等领域有其特定的形式化表示方法)、验证需求符合性困难、系统间接口不明确及更改流程复杂耗时等诸多问题。

20 世纪 90 年代就有学者探索将形式化的模型表达引入系统工程中，且明确提出了基于模型的系统工程(model based systems engineering, MBSE)的概念。1993

年，亚利桑那大学的Wymore[8]试图对系统设计的理论进行阐述，并在其书附录中提出了MBSE建模语言。但遗憾的是：虽然他试图构造一种支持系统设计人员协作交流的语言，但由于其建模语言形式化方面过于复杂，可视化建模能力不强、不直观，同时也缺乏建模工具的支持，因而并未在学术界和工业界引起很大的重视。

进入21世纪以来，INCOSE借用了软件工程的成功经验，对MBSE尤其是其建模语言与建模工具进行了深入的探索与研究，为MBSE走向应用奠定了坚实的基础。20世纪60年代，随着计算机应用范围的迅速扩大，软件开发需求急剧增长。高级编程语言的出现以及操作系统的不断发展，引发了计算机应用方式的深刻变革。软件系统的规模越来越大，复杂程度越来越高，软件可靠性问题也越来越突出，"软件危机"随之大规模爆发。最著名的例子是"美国银行信托软件系统开发案"。美国银行1982年进入信托商业领域，并规划发展信托软件系统。项目原定预算2000万美元，开发时间为9个月，预计于1984年12月31日以前完成。后来至1987年3月都未能完成该系统，其间已投入6000万美元。美国银行最终因为该系统不稳定而不得不放弃，并将340亿美元的信托账户转移出去，并失去了6亿美元的信托生意商机。1995年，史丹迪集团(Standish Group)研究机构以美国境内8000个软件项目作为调查样本。结果显示，有84%软件计划无法在既定时间、经费中完成，超过30%的项目在运行中被取消，项目平均预算超出189%。为解决上述软件系统研发中的问题，北大西洋公约组织(North Atlantic Treaty Organization，NATO)在1968年、1969年连续召开两次著名的NATO会议，提出"软件工程"的概念，建立了与系统化软件研发有关的概念、原则、方法、技术和工具，指导和支持软件系统的生产活动，以期达到降低软件生产成本、改进软件产品质量、提高软件生产率水平的目标。随后，对象管理组织(Object Management Group，OMG)进一步提出"模型驱动架构"等理念，尤其是提出了"统一建模语言(unified modeling language，UML)"及随后的一系列的支撑工具，从而使软件工程从理论到实践均获得了巨大的成功。

INCOSE正是受软件工程巨大成功的启发，进而与OMG进行合作，在UML的基础上，于2007年正式推出了面向系统工程的标准系统建模语言(systems modeling language，SysML)[9]。与此同时，其他MBSE建模语言如对象过程语言(object-process language，OPL)[10]等也得到了一定的发展。这些MBSE建模语言及其对应建模工具的出现为MBSE的成功奠定了坚实的基础。INCOSE在《系统工程2020愿景》[11]和《系统工程2025愿景》[12]中均对MBSE给出了如下定义。

MBSE是一种形式化的应用建模方式，用于支持系统需求、设计、分析、检验与确认活动，这些活动从概念设计阶段开始，持续贯穿整个开发过程及后续的生命周期阶段。

MBSE是系统工程领域发展的一种基于模型表达和驱动的方法。它可以看成模型驱动原则、方法、工具、语言的指导规范，是对学科交叉和规模化的复杂系统的实施。基于标准系统建模语言可以构建需求模型、功能模型、架构模型，实现需求、功能到架构的分解和分配，进而通过模型执行实现系统需求和功能逻辑的校验和确认，因而可驱动仿真、设计、测试、综合、校验和确认环节。因此，通过 MBSE，可传递包括需求、结构、行为和参数在内的动态信息，同时使整个组织中各类专业工程和技术领域人员更加直观地理解与表达系统，确保全程传递和使用的是同一模型。

INCOSE 还制定了如图 1-5 所示的 MBSE 概念及发展规划的路线图。业内认为在 2015～2025 年 MBSE 方法将逐步定义成熟。目前的 MBSE 方法、技术与工具依然处于快速演进的状态。

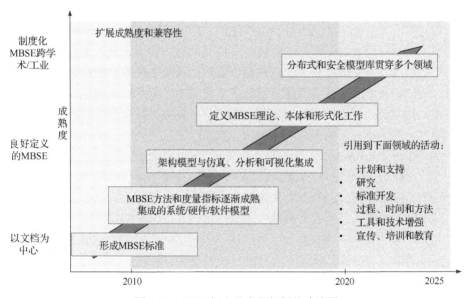

图 1-5　MBSE 概念及发展规划的路线图

1.2.2　MBSE 的作用与优势

MBSE 从一开始即基于标准的、图形化的、可视化的系统工程建模语言对系统的需求、结构、行为及参数约束等给出基于模型的形式化定义与表示，并借助于相关的支撑软件工具，将系统相关的数据存储于一个统一的数据库中，因此，相关模型与参数能自动关联、自动更新。不同利益方的用户也能方便地获取自己所需数据(即生成系统的不同视图)。事实上，模型本身并不是新生事物，一直是思考问题、解决问题的基础。各专业学科甚至系统工程也一直在用模型，如计算机辅助设计(computer-aided design，CAD)模型、仿真模型等。但在 MBSE 中，系统总体设计模型是基于统一的标准系统建模语言来建立的。因此，基于统一标准系统建模语言建立的系统模型就类似于网络中的 Hub，是各专业学科无障碍沟通的桥梁。与传统的基于文本的系统工程相比，其优势很多，且不同专业背景、不同具体工作内容的人员对 MBSE 的优势理解很可能并不一致。总体上，MBSE 的优势有以下几方面。

(1) 便于交流和传播：由于开发团队及项目参与者的分散性，系统相关信息需要在不同人群之间进行交流和传播。基于模型的好处在于：首先，由于模型本身的精确性，它将以前基于文本的粗略描述转化为基于模型的清晰刻画，因而在不同利益相关方之间建立起无二义的交流规则，使得不同人对同一模型具有统一的理解，减少了理解上的歧义。其次，通过 MBSE 建立的系统模型，在不同利益相关方如市场人员、软件研发人员、分析人员、设计人员、工程管理人员等间建立直接的关联关系，使以往的隐含依赖变成了显式的关联。最后，由于有了包含不同利益相关方信息的系统模型，以往他们之间交流所必需的被动文本传递工作变成了主动的模型查看工作，十分便于交流。同时，相比于基于文档的系统工程方法，数据获取也变得容易了。以往基于文档的系统工程方法处理的最小对象是文档，用户所需要的信息零散地分布在各大文档中，因此，查询过程需要大量的工作量。而 MBSE 处理的最小对象是数据，结合成熟的数据库存储技术和管理方法，用户能够快速直接地获取所需的指标数据。

(2) 支持高效高质的设计与创新。据统计，90%以上的创新是产品概念形成阶段完成的。而这一阶段目前是最为薄弱的环节，几乎全部是由系统设计师通过文档的归类、整理、查找、思考、决策而完成的。核心问题是由于缺乏针对不同专业学科与不同专业工程的统一模型，无法借助计算机的推理、评价、决策能力。通过 MBSE 建立的统一系统模型，可以统一表达不同学科的专业知识，可以支持高效高质的设计与创新。首先，统一的系统模型为计算机高效检索、推理与决策奠定了基础，创新设计能力与空间将得到质的提升。其次，规范统一的模型为已有方案的重用大开方便之门，促进来自不同领域的设计团队的知识共享，可显著地提高设计的效率。最后，统一的系统模型还有利于设计质量的提升。一方面，在一开始的需求分析阶段使用规范的模型进行需求详述，形式化地表示有助于在设计初期识别系统需求，减少理解上出错的可能。另一方面，模型可以清晰地表示各种信息之间的关系，使得系统的需求模型、结构模型、行为模型可以有机地联系，通过这些联系实现各层的可追踪和可关联，从而减少了系统集成的错误发生。

(3) 支持研发流程的优化再造。传统的研发不仅要遵循预研论证、方案设计、试制与测试这一过程，而且即使针对单纯的设计，也一般先进行物理系统部分的设计，然后进行控制系统的设计。MBSE 的使用，将从一开始即对所有数据信息进行形式化的正式表达，且能将不同专业学科、不同阶段的参数进行有机关联。

因此，不仅能实现物理部分与控制部分的并行设计，同时还将设计过程与验证过程并行考虑，通过建立验证模型与需求模型、功能模型及其他相关模型之间的关系，进行需求覆盖性的分析，能够及时地进行验证以保证所有项目均满足要求。这样在设计早期阶段就可以排除不合理的方案，实现对整个研发流程的优化再造。

1.2.3　MBSE 外延与内涵的理解

近几年，MBSE 在国内学术界和工业界获得了广泛的关注与重视，正成为高端装备制造企业数字化转型过程中产品研发转型升级的重要方法。国内浙江大学、华中科技大学、哈尔滨工程大学、北京航空航天大学、南京航空航天大学等均有团队对 MBSE 开展了研究，而中国航空工业集团有限公司、中国船舶集团有限公司等也在进行 MBSE 的应用探索。然而，尽管 INCOSE 对 MBSE 给出了定义，但由于种种因素，对于"什么是 MBSE""MBSE 到底包含哪些内容"等存在诸多理解。为此，本书先对 MBSE 的外延与内涵给出简要分析与理解。

1. MBSE 外延与内涵的分析

如图 1-6 所示，可以从广义、通常意义和狭义上来理解 MBSE 的外延边界。

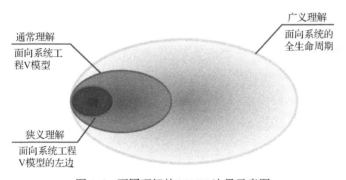

图 1-6　不同理解的 MBSE 边界示意图

(1) 广义上理解的 MBSE：这是从系统全生命周期的角度来理解 MBSE 的，认为系统具有生命周期，则 MBSE 相应地也应该是全生命周期。

(2) 通常意义上理解的 MBSE：这是从系统 V 模型的角度来理解 MBSE 的，认为从系统本身的全局出发，针对其需求分析、功能分析、系统设计与系统验证来理解。

(3) 狭义上理解的 MBSE：这是只从系统 V 模型左边的角度来理解 MBSE 的，认为标准系统建模语言(如 SysML)只是对系统的需求、功能、架构进行了建模，即将以前基于文档表达的需求、功能、架构的描述通过模型加以形式化地表达。

上述对 MBSE 的三种理解本质上并不矛盾，只是其外延边界范围在不断变化。

但目前国内外重点关注的 MBSE 主要是针对狭义上理解的 MBSE,即只从系统 V 模型左边考虑和理解的 MBSE,而对于 V 模型右边和系统全生命周期的其他阶段,由于已有大量的建模语言、方法与工具,因此,并不是 MBSE 关注的重点。但随着狭义上理解的 MBSE 不断完善与成熟,以及不同生命阶段/不同领域/不同层级模型间的互联与集成,必然要走向通常意义理解和广义上理解的 MBSE,真正形成面向全生命周期的 MBSE。

另外,对 MBSE 的具体内涵即 MBSE 到底包含哪些核心内容目前并没有统一的界定。大家接触与理解得最多的是 MBSE 的建模,即基于标准系统建模语言 SysML 或其他建模语言如 OPL 进行建模。此外,还有一些研究探索如何在完成系统建模后进行系统仿真,即将系统设计模型自动转化为系统仿真模型如基于 Modelica 的仿真模型、基于 Simulink 的仿真模型等。事实上,MBSE 在出现之初,还存在另一个术语即模型驱动的系统设计(model driven system design,MDSD)。其核心是强调在有了基于建模语言建立的模型后如何充分地利用模型表达的设计知识进行复杂装备的系统设计,尤其是自顶向下的正向系统设计。因此,本书认为 MBSE 主要包含如下三块:SysML 基础建模、基于模型的智能驱动及与其他软件工具平台的链路集成,如图 1-7 所示。工具链路集成也是基于模型来完成的,也是模型驱动的一部分,因此,MBSE 本质上主要包含基础建模和模型驱动两大部分。值得注意的是:目前基础建模过程中绝大部分仅是基于 SysML 来直接建模的,但如何充分地利用 SysML 的三大扩展机制即 Stereotype、Constraint 和 Tagged Value 来提高建模的效率与质量则还未得到重视。

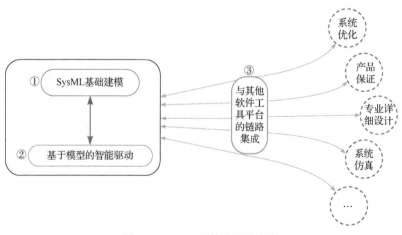

图 1-7 MBSE 具体内涵的理解

2. MBSE 的基础建模

按 Arthurs[13]的观点,MBSE 基础建模的完成需要以下三个要素:建模语言、建模方法与建模工具,如图 1-8 所示。为使读者有一个整体的了解,本节先对 MBSE 的建模语言与方法进行简要的介绍, 在本书的后续各章再进行详述。

1) 系统建模语言

系统建模的语言已有许多,如 OPL、行为图等, 但它们的符号与语义不尽相同,目前它们彼此间不能互操作与重用。在 UML 2.0 的基础上,INCOSE 和 OMG 对其进行重用和面向系统工程扩展进而形成了 SysML,并于 2007 年 9 月发布其正式的 1.0 版[9]。由于 UML 在软件工程取得了巨大的成功,成为软件工程标准的建模语言,SysML 也正成为系统建模统一的标准语言。目前已同时被国际标准化组织(International Organization for Standardization, ISO)和国际电工委员会 (International Electrotechnical Commission,IEC)接收为标准(标准号为 ISO/IEC 19514:2017)。

SysML 是一种图形建模语言,支持对包含人员、硬件、软件、过程、控制等在内的复杂系统进行说明、分析、设计、验证与确认,且独立于具体的方法与工具。SysML 与 UML 的关系如图 1-9 所示。在继承 UML 图形表示的基础上,SysML 包含的基本建模图形及其关系如图 1-10 所示。

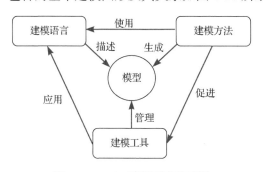

图 1-8　MBSE 建模要素关系图

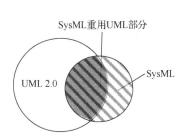

图 1-9　SysML 与 UML 的关系

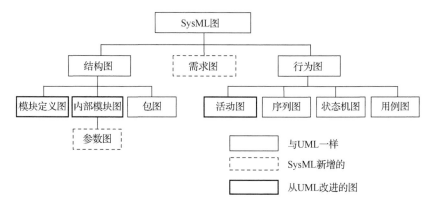

图 1-10　SysML 包含的基本建模图形及其关系

从图 1-10 可知，在运用 SysML 进行建模时，主要是对系统需求、结构、行为与参数约束关系进行建模。其中，需求模型强调用户需求的层次关系、需求间的追溯关系及设计对需求的满足情况等，主要通过需求图(requirement diagram，REQ)来实现。结构模型侧重于对系统的层次及系统间不同对象的相互联系关系建模，主要通过模块定义图(block definition diagram，BDD)、内部模块图(internal block diagram，IBD)和包图(package diagram，PKG)来完成。行为模型主要针对系统的动态行为，以活动图(activity diagram，ACT)、序列图(sequence diagram，SD)、状态机图(state machine diagram，STM)和用例图(use case diagram，UC)的形式，从不同的方面对动态行为建模。参数模型主要强调系统或系统内部部件间的约束关系，主要以参数图(parametric diagram，PAR)来表达。

值得指出的是：SysML 只是一种通用建模语言，其本身并不包含行业领域知识。因此，为实现行业领域的高效率高质量建模，不少研究人员在通用建模语言的基础上，结合行业领域知识，提出了领域相关建模语言(domain-specific modeling language，DSML)，或称为领域元模型(domain metamodel，DMM)，进而基于 DSML 建立系统设计的领域模型及模型库(model library)。领域元模型的具体构建方法将在本书的第 5 章进行详细的介绍。

2) MBSE 建模方法

由 IEEE1220—2005 标准可知，系统建模主要包括四个部分：需求分析、系统功能分析、系统架构设计和系统验证[5]。在目前已有的研究中，大多数的系统建模方法均是以此基础或在此基础上进行的扩展与延伸。目前，INCOSE 将 MBSE 建模方法大致分为七种，分别为面向对象的系统工程方法(object-oriented systems engineering method，OOSEM)、Harmony-SE 方法、状态分析建模方法、统一过程系统工程(rational unified process-system engineering，RUP-SE)方法、并行建模方法、对象过程方法(object process methodology，OPM)、SYSMOD(system modeling)等。后续第 6 章将对其中的部分建模方法进行详述，这里不再赘述。

3. MBSE 中的模型驱动技术

模型驱动开发是近年来广受关注的软件开发方法。与其他软件开发方法相比，其主要特点是该方法的重点是基于不同的领域知识构造相应的领域模型，然后通过自动(或半自动)的层层转换完成从设计向实现的过渡，从而最终完成整个系统的开发。其优势在于使用更接近于人的理解和认识的模型，尤其是可视化模型，支持设计人员将注意力集中在和业务逻辑相关的信息上，而不用过早地考虑与平台相关的实现细节。尤其是在面对不同应用领域时，模型驱动方法强调使用方便灵活的领域相关建模语言构造系统的模型，基于领域知识实现领域专家、设计人员、系统工程师及架构师等不同人员之间的良好沟通。模型驱动方法的实质是提高了解决问题的抽象层次。

将模型驱动方法应用于 MBSE 则是借用了其主要特点，即先构造某一领域的模型，然后再通过自动或半自动的模型变换实现 MBSE 中的模型驱动，如在需求分析、系统功能分析、系统架构设计、系统验证与详细设计集成等环节实现自动或半自动的模型变换，即模型驱动的功能分解、模型驱动的系统架构模型生成、模型驱动的系统仿真模型生成、模型驱动的详细设计模型生成、模型驱动的优化模型生成等，后续相关章节将详细地展开。

值得关注的是：INCOSE 已于 2020 年在葡萄牙正式召开了首届 AI4SE (Artificial Intelligence for Systems Engineering)的研讨会，探索如何使用人工智能 (artificial intelligence，AI)技术支持系统工程各个过程的智能自动实现[14]。由于新冠疫情，2021 年的 AI4SE 是在线上召开的。但 2022 年的 AI4SE 研讨会只能是美国公民才能参加，可见引入 AI 技术至系统工程中以实现真正的模型驱动系统设计将成为 MBSE 中下一个制高点。近年来，ChatGPT、Sora 等 AI 技术在若干领域的深度应用更是验证了这个观点。

1.3　小　　结

本章介绍了系统工程的产生背景、定义及其过程模型，随后分析了装备复杂性不断增加的背景下 MBSE 的产生及其优势，并对 MBSE 外延与内涵进行了初步的分析，指出 MBSE 本质上包含基础建模、模型驱动和工具链集成三大部分，并对前两个部分进行了简要的介绍。

第 2 章 需 求 图

2.1 引　言

已有统计数据表明，导致项目失败的 10 个原因中，有 6 个原因与需求相关，60%以上的缺陷来源于需求不清晰，80%以上的研发成本用于需求问题处理。在研发过程中，通常顶层用户需求就存在缺失，且在基于顶层用户需求分析得出系统需求的过程中也存在诸多问题，因而系统需求就存在先天不足，导致整个设计过程"带病"进行，造成设计单元功能缺失，最终导致系统不能实现预期的功能或需要在后期以昂贵的代价进行修正，从而出现项目拖期、质量降档、预算超标等严重问题。

然而，需求一词在众多领域与场景下被反复使用，很难给出一个统一的定义。一般来讲，需求是指人们在某一特定的时期内愿意且能够以某种价格购买某具体商品或服务的需要。在 SysML 标准中，一条需求是指必须指定或应当得到满足的一种能力或条件、一种系统必须执行的功能或系统必须达到的性能条件。对应地，需求可以大致分为功能需求和性能需求。而根据性能要求对象的不同，性能需求可以进一步分为安全性需求、可靠性需求等。

另外，需求可以分为用户需求和系统需求。其中，用户需求反映待设计产品利益相关方的关注与诉求。例如，在飞机的设计过程中，航空公司、机场、飞机制造商、飞机发动机公司、乘客等都是密切的利益相关方，其关注点差异很大，如航空公司会关心货舱空间的大小、更大的飞机距离、更小的耗油量、更舒适更静音的乘坐体验等，而机场则可能会关注飞机能不能与其已有的登机门/机库尺寸相匹配、会不会超过跑道容许载荷的限制、能不能使用已有的燃料补给基础设施等。上述需求均是从利益相关方视角提出的，可统称为客户需要或用户需要(customer need 或 user need)。而另一种需求则是从系统实现的角度提出的，即为了实现用户的需要，系统本身需要具有的功能及相关性能的要求，简称为系统需求(system requirement)。

目前，需求主要通过条目化的表格文档进行表示，这种条目化的表达方式有助于实现需求的结构化，有效地缓解需求的碎片化。其优点是需求的结构与层次清晰，能够方便地逐条增/删/改/查，且可以通过状态跟踪与管理，将需求识别、采纳、确认、实现、验证、上线及变更等融合在一起，实现高效的需求管理。尤其是通过专用的需求管理工具可以对条目化需求进行比较好的结构化管理。但其缺点是需求间的关联关系不够直观、明晰。这带来的一个巨大挑战是当需求变更时，其变更影响仍然需要依靠人工经验来识别。另一个挑战是由于设计参数和需求间不存在一一对应的关系，参与研发人员不能同步、准确地理解需求，与外部协作对接也不能量化考核确认需求的实现程度等。

需求图是 SysML 在 UML 基础上新增的两个图之一，另一个是参数图。需求图以图的形式，对需求及其之间的关联与层次关系进行直观清晰地表示。但值得注意的是，需求图并非用来表示需求的唯一的图，任何其他 SysML 图也可以通过其图形化符号从不同角度描述需求关系。例如，用例图通常用来支持需求分析，其典型的使用方式是用来捕捉功能需求的，不适合捕捉其他类型的需求，如物理需求(重量、尺寸、温度等)或非功能性需求，而状态机图可以用来表示对系统不同状态间变化的逻辑关系要求。

2.2 需求图的表示

2.2.1 概述

无论用户需求还是系统需求，均可以采用需求图进行建模，它是条目化需求的可视化表示，可以清晰地展示需求及需求与项目中其他产物之间的关系。

需求图外框的完整名称如下：

req [模型元素类型] 模型元素名称 [图名称]

其中，req 是需求图的缩写。模型元素类型用来说明需求图所描述的对象，它可以是一个包(package)或一个需求(requirement)，从而描述包中所包含的需求或需求所包含的子需求及其之间的关系。典型的需求图示例如图 2-1 所示。需求图外框名显示在左上角。其中，"包"是需求图描述的模型元素类型，"需求"是该包的名称，"需求图示例"是该需求图的名称。该图中包含三个需求，分别是滑翔炸弹飞行需求、无动力滑翔和具有滑翔翼。其中，滑翔炸弹飞行需求中包含无动力滑翔这一需求，从无动力滑翔可派生出具有滑翔翼这一需求。

2.2.2 需求及需求关系类型

需求图中的基本元素为需求。需求由元模型 Class 加上构造型《requirement》(《需求》)定义，其形式上表示为一个矩形。如图 2-1 中的"滑翔炸弹飞行需求"、无动力滑翔和具有滑翔翼均具有构造型《需求》。每条需求包含以下三个对象：需

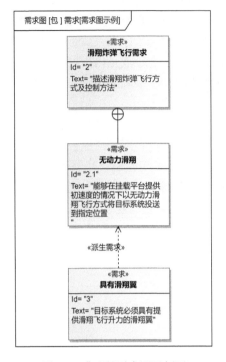

图 2-1　典型的需求图示例图

求名称、需求编号(Id)及用来描述需求的文本信息(Text)。其中，需求名称是在定义该条需求时由用户定义的，而需求编号由系统自动生成，用户在创建该条需求时系统会根据需求创建顺序及包含关系自动生成需求编号。

需求之间的关系包括：复制(copy)、派生(derive)、改善(refine)、跟踪(trace)、满足 (satisfy)、验证 (verify)、包含(containment)。其中，前六种关系均由依赖(dependency)关系扩展而来。

1) 复制关系

复制关系在需求图上被绘制成一条带开口箭头的虚线，从目标方的需求指向提供方的需求，并在虚线上标记《copy》(《复制》)构造型。复制关系表示了提供方到目标方的依赖关系，规定了目标方的需求文本描述属性 Text 必须

是只读的且与提供方的 Text 属性完全相同。如图 2-2 所示，"滑翔翼收放 1"由"滑翔翼收放"复制而来，二者具有完全相同的文本描述。

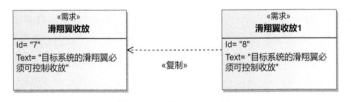

图 2-2　复制关系示例

2) 派生关系

派生关系在需求图上被绘制成一条带开口箭头的虚线，从目标方的需求指向提供方的需求，并在虚线上标记《deriveReqt》(《派生需求》)构造型，表明目标方需求由提供方需求生成或推导得出。

3) 改善关系

改善关系在需求图上被绘制成一条带开口箭头的虚线，并在虚线上标记《refine》(《改善》)构造型，通常从一个活动或者用例指向一个功能性需求，表示

该功能性需求由该活动或者用例进行更为详细的描述，也可以由一个需求指向另一个需求，表明目标方的需求要比提供方的需求更加具体。

4）跟踪关系

跟踪关系在需求图上被绘制成一条带开口箭头的虚线，并在虚线上标记《trace》(《跟踪》)构造型，其中，一端是一个需求，另一端是其他的建模元素，表示二者之间存在一种相对宽泛的依赖关系，当提供方发生修改时，目标方可能需要进行相应修改。

5）满足关系

满足关系在需求图上被绘制成一条带开口箭头的虚线，并在虚线上标记《satisfy》(《满足》)构造型。满足关系的提供方必须是需求，而目标方的类型则没有限制，可以是需求、功能模块和物理架构。满足关系是一种断言，表明目标方的内容会满足提供方的需求。

6）验证关系

验证关系在需求图上被绘制成一条带开口箭头的虚线，并在虚线上标记《verify》(《验证》)构造型。验证关系要求提供方必须是需求，对目标方的类型没有限制，表示目标方可以对提供方需求进行验证。目标方一般为测试案例。

7）包含关系

包含关系在需求图上被绘制成一条实线，它的一端带有一个小圆圈，小圆圈的内部是一个十字。将圆圈端的需求作为一种命名空间，包含另一端的需求。如图 2-3 所示，"无动力滑翔系统需求"用于表示支持无动力滑翔这一功能的相关系统需求集合，它包含"具有滑翔翼"和"滑翔翼收放"两个需求。

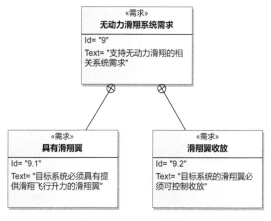

图 2-3   包含关系示例

2.2.3 需求相关依赖关系的表示

如前面所述，与需求相关的依赖关系有六种。为方便展示这些不同的需求及相关模型元素间的关联关系，SysML 提供了三种方式：直接方式、集成方式和矩阵方式。

1) 直接方式

该方式将需求和与其有关的模型元素展示在相同图的不同位置上，且它们之间通过一个带箭头的虚线来描述。如图 2-4 所示，"滑翔翼"模块用来满足"具有滑翔翼"这一需求。

2) 集成方式

该方式将要展示的与某需求相关的模型要素及其关系放置于该条需求内部。如图 2-5 所示，"具有滑翔翼"这一需求中具有一个名为被满足(SatisfiedBy)的分割框，该分割框中包含一个名为"滑翔翼"的模块，其所表达的语义与图 2-4 完全一致，即"具有滑翔翼"这一需求通过"滑翔翼"模块来满足。

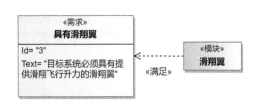

图 2-4　直接方式表达需求关系

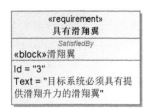

图 2-5　集成方式表达需求关系

3) 矩阵方式

矩阵是一种能够集中表示需求之间关系或者需求与其他建模元素之间关系的方式。如图 2-6 所示，以矩阵的行表示需求(以需求的名称表示)，以矩阵的列表示需求或者其他建模元素，行与列的交叉点表示它们之间的关系。这种方式虽然不如直接方式直观，但可以在占用较小空间的情况下简洁全面地展示需求之间的关系。

2.2.4 需求图与传统条目化需求间关系

传统条目化需求是逐条显示的，且条目之间具有层级关系。每个需求条目对应产品的某项功能，用户可以对其进行编辑、修改、关联和状态跟踪。条目化的需求由于层级关系的存在，在组织方式上是一棵树，而树本身也是图的一种，因此，条目化的需求与需求图之间是可以相互转换的。一个需求条目对应需求图上

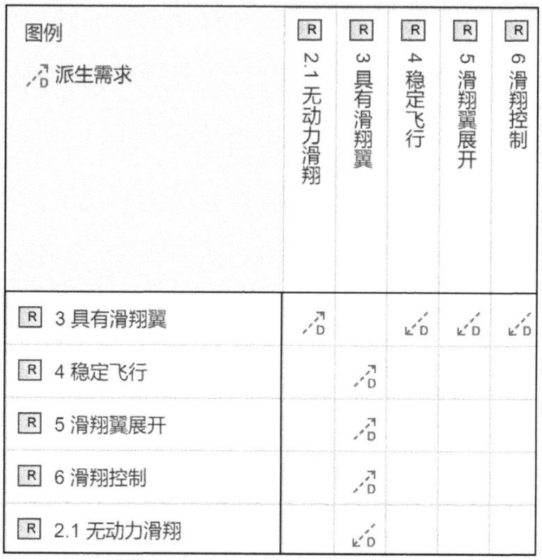

图 2-6 矩阵方式表达需求关系

的一个需求，需求之间的六种依赖关系可以转化为需求图上的依赖关系，即条目化需求之间的复制、跟踪、派生、改善、满足、验证关系都依次转化为需求图上需求之间的相应关系。需求条目之间的层级关系转化为需求图中上层需求与下层需求之间的包含关系，例如，如图 2-7 所示，传统条目化需求在转化为需求图后，ID=1 的“滑翔炸弹飞行需求”包含 ID=1.1 的“无动力滑翔”需求；ID=2 的“无动力滑翔系统需求”包含 ID=2.1 的“具有滑翔翼”和 ID=2.2 的“滑翔翼收放”两个需求。

ID	名称	内容	评审情况	操作
⊟ 1	1 滑翔炸弹飞行需求	描述滑翔炸弹飞行方式及控制方法	通过	
2	1.1 无动力滑翔	能够在挂载平台提供初速度的情况下以无动力滑翔飞行方式将目标系统投送到指定位置	通过	
⊟ 4	2 无动力滑翔系统需求	支持无动力滑翔的相关系统需求	待评审	
5	2.1 具有滑翔翼	目标系统必须具有提供滑翔飞行升力的滑翔翼	待评审	
6	2.2 滑翔翼收放	目标系统的滑翔翼必须可控制收放	待评审	

图 2-7 条目化需求示例

2.3 小 结

需求建模是复杂产品开发的第一步，目的是为开发过程提供一个正确合理的需求文档。需求变更贯穿项目的立项、研发、生产和维护整个生命周期，如果不能对需求进行有效跟踪,会给复杂产品的开发带来不断的变更,从而引起成本投入的增加和开发进度的滞后,最终可能导致项目失败。需求图以一种图形化的方式对需求之间及需求到系统结构和行为之间的关系进行建模,从而直观地反映这些模型元素之间的可跟踪性。根据这些可跟踪性,可以对下游进行影响分析,从而在需求发生改变时,快速准确地找出需要修改的系统结构和行为,以减少实现设计变更所需要的成本。

第3章 行 为 图

行为图是描述系统行为的各类图的总称，在标准系统建模语言 SysML 中，行为图包括用例图、活动图、序列图和状态机图，它们分别从不同的视角对系统的行为进行刻画。以下对四种图进行详细的介绍。

3.1 用 例 图

3.1.1 概述

用例(use case)是 UML 创始人之一、面向对象的系统工程方法(object-oriented systems engineering method，OOSEM)创始人 Jacobson 在爱立信公司开发 AKE、AXE 系列系统时发明的，并在其博士论文 *Concepts for modeling large realtime system* 和专著 *Object-Oriented Software Engineering: A Use Case Driven Approach* 中做了详细的论述[15]。

用例图的主要作用是用来描述系统的利益相关方如何通过与系统的交互来完成一系列目标的，如从系统中获取某些信息、给系统输入某些信息、通过系统执行一系列计算等。与系统发生交互的对象可以是与系统发生交互的用户或外部系统，统称执行者(actor)，每个用例代表了系统可以为执行者提供的外部可见的服务，因此，用例主要用来描述系统的功能需求。用例图一般会在系统生命周期的早期创建，从而对系统的使用场景及所提供的功能进行捕获。由于系统开发过程是以系统、分系统、组件等层级逐层开展的，因此，也可以针对不同层次的系统对象分多轮开展用例分析[16]。

用例图外框的完整名称如下：

uc [模型元素类型] 模型元素名称 [图名称]

其中，uc 是用例图的缩写。用例图描述的模型元素类型可以是包(package)、模型(model)、模型库(model library)或视图(view)。图的内容描述了一组执行者和用例及它们之间的关系。图 3-1 展示了一个用例图示例。其图外框名显示在图的左上角。其中，"包"是用例图描述的模型元素的类型；"用例"是模型元素的名称，即该图的描述对象是一个名为用例的包；"主用例图"是该用例图的名称。该用例图中包含投放准备和自主飞行两个用例，它们描述了滑翔炸弹在被投放前所进行的准备活动及投放后进行的滑翔制导活动。这两个用例的执行者为"地面机构"、"目标"、"载机"和"导航卫星"，分别表示为支持滑翔炸弹一系列行为的地面所有设备、滑翔炸弹的打击目标、搭载滑翔炸弹的飞机和支持滑翔炸弹定位的导航卫星。

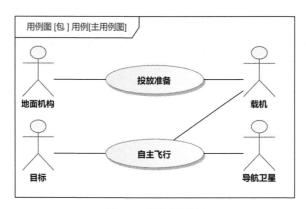

图 3-1　用例图示例

　　基于用例进行产品研发的好处在于：能在不考虑如何实现它的前提下捕捉系统所需的行为，因而能比较容易地在终端用户、领域专家与研发团队间形成共识。同时用例的建立也有助于在研发过程中对系统进行不断验证及最终验收。

3.1.2　用例图基本元素

　　用例图中最基本的两类元素是用例和执行者。用例代表了执行者在系统中可以执行的功能。用例通常以动宾结构的动词短语命名，表示执行者可以通过系统执行的一种服务，如登录系统、取款等。因此，用例应从执行者的视角来命名，以反映执行者的目的。用例在用例图上被绘制成一个椭圆，并在椭圆里标有用例的名称。用例还可以描述其系统边界，即执行用例的系统。系统边界通过围绕用例的矩形框表示。

　　与用例相关的另一个重要概念是场景(scenario)。在 UML 和 SysML 中，场景用于表示贯穿用例的单一路径，因而一个场景就是用例的一个实例。对每个用例，它可以包含一系列的场景，其中，有一个是主场景，其他的都是次要场景，它们主要用来描述用例中主场景之外的其他可选路径。

　　图 3-2 为带系统边界用例的示例。由于用例名称所能传递的信息十分有限，因此，可以为用例创建用例说明书，从而以文档的形式对用例进行详细的描述，形成对用例模型的补充。

在进行用例分析与提取时，需注意以下三个原则。

(1) 用例必须是功能完整且相对独立的。不能将某一个功能中某个或若干个步骤定义为用例。如在银行"取钱"可以定义为一个用例，而取钱过程中"填写取钱表格"则不能定义为用例，因为它并不是一个独立且完整的功能。

(2) 用例执行的结果对于执行者来说是要可见且有一定意义的。例如，"登录系统"可以定义为一个用例，其结果是可见且有意义的，但如果只是输入了登录密码，那么还不能定义为用例。

(3) 用例必须要有执行者，不存在没有执行者的用例，且要注意的是执行者必须是位于系统本身之外，不能是系统的一部分。

执行者代表了使用系统服务的外部角色，它可以是用户、其他系统或者其他环境实体。同一个用户在不同场景下可以是不同角色，而不同用户也可以是同一用例的同一角色。执行者有三种图示：一种是如图 3-3(a)所示的图标，即通过一个火柴杆(stick figure)小人来表示，并在其下面标有执行者的名称；一种是如图 3-3(b)所示的标签图示；一种是如图 3-3(c)所示的矩形框图示。执行者之间可以存在泛化关系(generalization)，当父类执行者与某用例有关联时，子类执行者也会继承该关联。

图 3-2　带系统边界用例的示例

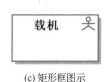

(a) 小人图示　　(b) 标签图示　　　(c) 矩形框图示

图 3-3　执行者图示

3.1.3　用例图基本元素关系

用例图中的主要关系分为执行者与用例之间的关联(association)关系及用例之间关系两大类。

执行者与用例的关联表示执行者使用用例提供的系统功能，它在用例图中被绘制成一条实线。可以通过在实线的两端标注数字来指定执行者或者用例的多重性。例如，如图 3-4 所示，执行者"载机"参与了"投放准备"和"自主飞行"两个用例。以"载机"与"投放准备"之间的关联为例，载机端的多重性为 1，表示投放准备需要 1 个载机参与；投放准备端的多重性为 0..*，表示载机可以参与多个投放准备用例。

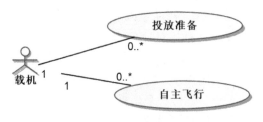

图 3-4　执行者与用例的关联

将通过关联关系与执行者直接相连的用例称为基础用例(base use case)，它代表了执行者直接使用的系统功能。在此基础上，可以通过内含与扩展两种关系建立两类特殊用例。此外，用例之间也存在泛化关系，其定义方法与执行者或其他 SysML 对象间的泛化关系是一样的，这里不再繁述。

1. 内含用例

内含用例(included use case)用来表示被其他用例包含的用例。这里包含其他用例的用例称为基础用例。定义内含用例的主要原因是内含用例所提供的功能在很多其他用例中均将被使用，为提高系统设计的质量和效率，将可重用的功能定义为内含用例。内含用例类似于编程中的子函数。子函数一般不自己执行，而是在其他函数中被调用。用例之间的内含关系表示当内含关系的基本用例执行时，内含关系的内含用例也会被触发。内含关系在用例图上被绘制成一条带开放箭头的虚线，箭头从基础用例指向内含用例，并在连接线的上方标注《include》(《包含》)构造型。如图 3-5 所示，投放准备和自主飞行两个用例均包含一个名为接收全球定位系统(global position system，GPS)数据的内含用例，表示滑翔炸弹在准备投放和自主飞行时均需要从导航卫星接收 GPS 数据。

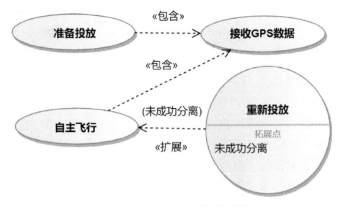

图 3-5　内含用例和扩展用例

2. 扩展用例

扩展用例(extended use case)用来表示扩展其他用例的用例，这里被扩展的用例称为基础用例。其语义是扩展用例通过扩展关系(extend)连接到其他用例即基础用例，表示当扩展关系的目标端，即基础用例执行时，扩展用例会被有选择性地执行，例如，当发生异常时触发扩展用例。扩展关系在用例图上被绘制成一条带开放箭头的连接线并指向被扩展的用例，在连接线的上方标注《extend》(《扩展》)构造型。如图 3-5 所示，自主飞行用例的一个扩展用例是重新投放，表示当滑翔炸弹与载机未成功分离时，需要执行重新投放操作。

需要指出的是，内含用例和扩展用例是用例设计多次迭代与精化的结果。当分析设计人员发现多个用例具有共同、可重用或变化的子服务时，可以将这些重用部分提取出来，形成内含或扩展用例。

3.1.4 用例的发现方法与过程

如前所述，用例是用来从用户的角度来表示待研发系统能提供的功能。因而发现用例的最好途径就是与用户交流或者把自己当作潜在用户。同时把用例的定义过程与不同用户不同角色的定义过程有机结合起来。具体方法与过程如下：

(1) 找到外部的执行者或外部系统，然后确定系统的边界与范围；

(2) 确定每个执行者所期待的系统行为；

(3) 将这些所识别的系统行为定义为用例；

(4) 使用"泛化"、"内含"和"扩展"关系定义系统行为的公共部分和变体部分；

(5) 组织每个用例的场景并绘制用例图；

(6) 区分主要事件流和异常事件流，如果需要，则可以将异常事件流视为单独用例；

(7) 进一步精化用例图，并解决用例间的重复或冲突等问题。

用例的提出者 Jacobson 也给出了用来发现和定义用例的五条启发式规则：

(1) 执行者的主要任务是什么？

(2) 执行者需要知道什么信息？

(3) 系统中什么信息需要修改？

(4) 执行者需要通知系统有一些外部修改吗？

(5) 执行者需要知道系统的意外变化吗？

3.1.5 小结

用例图是一种在系统生命周期早期阶段常常用来系统分析的视图，主要用来从用户的角度来描述系统的功能，是对用户需求关键信息的提炼，同时还不必考虑该功能的具体实现。针对每一个用户功能需求，可以借助用例图对其进行用例分析，明确系统功能所涉及的执行者及其使用的服务。

用例图中的核心元素是用例和执行者，二者通过关联关系表示执行者使用用例提供服务。多个用例间公共的重复部分可以抽取为内含或扩展用例，从而支持用例的重用。对于用例所提供功能的具体执行过程，将通过活动图、序列图和状态机图三种行为图进行详细的描述。

3.2　活　动　图

3.2.1　概述

在 SysML 中，活动图是用来对组成系统动态行为的动作序列进行建模的。本质上它是一个流程图，显示从活动到活动的控制流程，同时也显示活动间的顺序与并发性及可能存在的控制分支。因此，它特别强调活动过程中一步一步地控制流程。在基于模型对系统进行分析与设计的过程中，活动图常作为一种分析工具，对实现用例场景所需要的系统内部行为进行说明及对系统的功能作用过程进行细化。通过描述组成活动的动作之间输入到输出对象(事件、能量或数据等)的流动和转换，支持系统行为的复杂控制逻辑的建模。

活动本身是一种模型元素，具有由多个基本动作组成的行为过程，该过程通过活动图描述。活动的静态层次结构可以在模块定义图中进行定义，而活动图则提供了描述和观察活动自身内部行为的视角。

活动图外框的完整名称如下：

act [模型元素类型] 活动名称 [图名称]

活动图的类型缩写是 act，模型元素类型只可以是活动。例如，图 3-6 显示了"投放准备"的活动图。该图中包含的模型元素在后续小节中会进行详细的介绍。

3.2.2　活动图基本建模元素

1. 动作

动作是活动中基本的原子建模单元，不能进一步被分解为更小的建模单元，同时每个活动也必须完整地执行完毕，不能中断，可以忽略每一个动作的执行时间。每个动作代表一个特定类型的处理或者转换。进一步地，动作可以细分为多个类型，如基本动作、调用行为动作、接收/发送信号动作等，每一类都拥有特定的模型符号标识。基本动作的标识是一个圆角矩形。在矩形框中可输入对动作的描述。图 3-6 为实现投放准备过程需要执行的一系列动作，如"接收任务数据"、"滑翔炸弹自检"、"接收并存储 GPS 数据"和"对准惯导系统"。一般地，动作通常可以使用明确的动词和名词组合来描述动作的行为与对象。

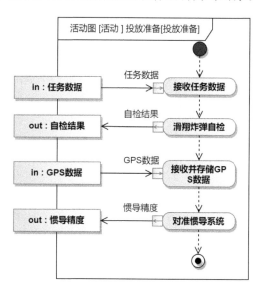

图 3-6 活动图示例

在动作的定义中，令牌(tokens)是一个重要的概念。每个动作都可以接收输入令牌并产生输出令牌。令牌分为两种类型：对象令牌和控制令牌。前者表示在动作间流动的实例(事件、数据或能量)；后者表示组成活动的动作在活动执行中的状态，即通过输入控制流上的控制令牌可以启动执行一个动作，且该动作执行结束时将产生一个控制令牌至输出控制流。

动作定义中另一个重要概念是栓(pin)，或称为引脚、插脚或管脚等。对象令牌在动作执行之前或执行过程中就放置在动作的栓上。如图 3-6 所示，"接收任务数据"动作具有一个输入栓，其上传输的数据类型是"任务数据"。栓类似于一个缓冲器，用于存放动作的输入或输出。在动作执行过程中，储存在输入栓上的令牌将被消耗和处理，而放置在输出栓上的令牌则会被下一个动作接收。

2. 对象节点

对象节点是一种能够存在于活动之中的节点，最常出现在两个动作之间，以表示前一个动作会产出对象令牌并将其作为输出，而后一个动作会将这些对象令牌作为输入。对象节点的标识是一个矩形，其格式为

<对象节点名称> : <类型> [<多重性>]

　　对象节点名称由建模者定义，类型必须与拟在模型层级关系中某处定义的模块、值类型或信号的名称相匹配，它会指定对象节点能够持有的对象令牌类型。多重性指定了在活动执行过程中的某个特定时刻，对象节点能够持有缓存对象令牌的数目。如果在名称字符串中没有显示，那么多重性的默认值是 1..1，表示有且仅有一个，即前一个活动只会产出一个对象令牌作为输出，且后一个活动也只需要一个对象令牌作为输入。图 3-7 为"目标位置"的对象节点，它表示一个持有类型为千米实例的对象令牌，这些实例是计算目标相对距离动作的输出，并最终会流向计算滑行时间这个动作。

图 3-7　"目标位置"的对象节点

　　栓是一种特殊的对象节点，其标识方式是附着在代表动作的圆角矩形框边界上的小方块，代表对动作输入输出的缓冲。栓可以是有方向的，在小方块内部可以添加表示输入/输出方向的箭头，如图 3-7 所示。同样地，栓的多重性描述了在一个动作执行过程中产生或消耗令牌的最小和最大数目。如果栓的多重性最小值为零，那么它是可选的，由关键字《optional》标记；否则为必需的。如图 3-8 所示，它表示与图 3-7 同样的语义，图 3-7 采用对象节点表示法，可以在对象节点中显示对象令牌的内部属性，展现更多的信息细节，而图 3-8 采用的栓表示法则更为简洁。

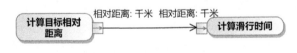

图 3-8　栓的示意图

1) 活动参数节点

　　与动作类似，一个活动可能拥有多个输入和输出，它们称为活动参数(parameter)，用于表示活动执行需要的参数及活动执行过程中或完结时的输出项。因此，活动参数节点用来接收活动的输入或提供活动的输出，故它们也是流程开始和结束时的对象节点。在活动图中，活动参数使用如图 3-9 所示的横跨在活动图外框上的矩形来标识，该矩形标识符被称为活动参数节点。在图 3-9 中，该活动有一个输入活动参数节点"投放命令"和一个输出活动参数点"执行结果"。在活动执行期间，活动参数节点包含了持有相应参数的令牌。参数节点的名称字符串由参数名、参数类型和多重性组成：

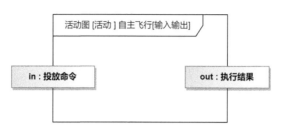

图 3-9　活动参数节点示意图

参数名:参数类型[多重性]

其中参数类型可以被指定为具体值类型或一个已定义的模块，活动参数节点仅与活动的一个参数相关联，并且必须具有与对应参数相同的类型。多重性指定了在活动执行过程中，可以在输入端消耗或在输出端产生多少个该参数的令牌，默认值是"1..1"。多重性的下限表示每次活动的执行必须消耗或产生的该参数对应令牌的最小数量。与栓类似，若下限大于零，则该参数被称为是必需的；否则，被认为是可选的。

此外，参数也拥有方向特性，可以是输入(in)或输入(out)，也可以是双向的(inout)。如果参数被标记为 inout，那么它需要至少两个与其关联的活动参数节点，一个用于输入，另一个用于输出。

2) 流特性

考虑到不同的活动对于何时可以接收参数可能有不同的要求，可以对参数的流特性进行进一步的说明，具体地，可以指定为流传输(streaming)的或非流传输(nonstreaming)。对于表示非流传输参数的输入活动参数节点，仅在活动执行开始之前接收令牌；相应地，非流传输参数的输出活动参数节点只有在活动已经执行完成时才交付令牌。若所设计的系统需要在整个活动执行期间持续地接收输入令牌和产生输出令牌，则需要在活动参数或栓的名词字符串后指定[Stream]关键字。

3. 对象流

对象流是用来表示活动图中活动或状态与对象之间的依赖关系，表示活动使用了对象或活动或状态对对象产生的影响。值得注意的是：一个对象可以由多个活动操纵，且可以多次出现在不同的时间点，说明其状态发生了变化。此外，一个活动输出的对象既可以是整个活动的一个输出结果，又可以作为另一个活动输入的对象进而被进一步地使用。

在活动图中，对象流有以下三种不同的表示方法。

(1) 对象流一般用带箭头的实线表示。如果箭头从活动出发指向对象，那么表示该活动对对象施加了一定的影响，如创建、修改、查询和撤销等。反之，如果箭头从对象指向活动，那么表示对象在执行该活动。

(2) 将控制流一分为二，中间加上传送的对象或数据。

(3) 直接表示在活动图中两活动节点的栓上，同时在栓之间加上连线，表示对象流的流动方向。

图 3-10 以滑翔炸弹调整段的活动图片段为例展示了对象流的第三种表示方式。其中，调整段各活动的目的是使炸弹到达指定的截获点。基于输入的截获点信息及虚拟目标信息，首先计算截获点位置及虚拟目标位置；之后，基于二者坐标判断是否满足交接条件，若不满足交接条件，则触发比例制导并发出制导命令。在图 3-10 中，对象流被标识为带有箭头的实线，箭头的尾端是流的源头，即动作的输出栓，其头部的箭头指向流的目的地，即动作的输入栓。

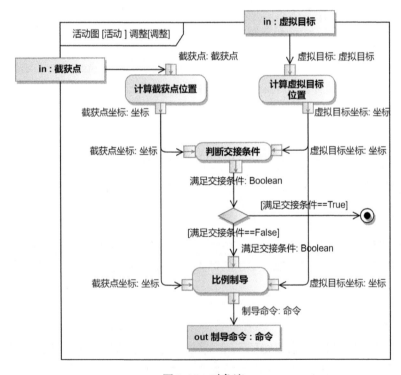

图 3-10　对象流

4. 控制流

控制流是用于传递控制令牌的流，它表示了从一个动作到下一个动作的控制流程，即用来描述动作的转换。控制流被表示为动作之间的带箭头的虚线，如图 3-6 所示，"接收任务数据"、"滑翔炸弹自检"、"接收并存储 GPS 数据"及"对准惯导系统"动作之间具有控制流，从而描述了动作的执行顺序。

在活动图的创建过程中，正确描述每个动作的执行条件非常重要。动作执行的开始，除了满足输入栓上对象令牌的最低多重性要求，还需要该动作在所有输入控制流上接收到控制令牌。当动作执行完成时，它将控制令牌放置在其所有输出控制流上。因此，可以通过使用控制流在动作之间传递控制令牌以控制动作的执行顺序。

一个动作可以有多个输入控制流或多个输出控制流，因此与对象流类似，也可以用控制节点来辅助建立控制流的连接、分支、决策和合并等语义。其中，连接节点对于控制令牌的传递具有特殊语义：即使它接收到了多个控制令牌，也只分发一个控制令牌。连接节点还可以对控制令牌和对象令牌进行混合，在这种情况下，一旦所有需要的令牌都到达连接节点，就在输出流上提供所有对象令牌及一个控制令牌。

5. 控制节点

在许多情况下，仅使用简单的对象流或控制流无法满足真实场景中对复杂活动的描述要求。因而 SysML 提供了多种表达复杂对象或控制流的机制。除每个对象流或控制流都可以使用护卫表达式(guard expression)来表示令牌传递所需要满足的条件外，活动图中还定义了四种特殊类型的控制节点，以帮助构造更复杂的流传输机制，分别如下：

(1) 分支节点(fork node)用来标记不同活动序列并发进行的起点，其标识符是一条拥有一条输入流和两条或多条输出流的线段。当一个令牌(可能是对象令牌也可能是控制令牌)到达分支节点时，它会复制令牌到所有输出流上，且每个副本相互独立，独自并行沿着各自路径前进。值得注意的是：由于各自路径及需要完成的活动并不相同，因而事先无法知道不同路径上并发动作的完成顺序。如在滑翔段活动图中，在计算目标相对位置动作后，需要同时开展计算垂直视线角和计算水平视线角两个动作，因此，采用分支节点将这些动作进行连接。

(2) 汇合节点(join node)用来表示将多个同时发生的输入工作流合为一个工作流。其标识符是拥有多个输入流和单个输出流的线段。汇合节点与上述分支节点成对使用，用以标记前期经分支节点而并发进行活动的结束，因而与分支节点一起用于为并发动作序列的同步建模。其默认行为是仅在每条输入流的令牌都抵达时才产生输出令牌，因而达到多源令牌流的同步。此外，连接节点的默认行为可以通过提供逻辑表达式而重载，指定到达输入流的令牌在生成输出令牌时必须满足的顺序。如图 3-11 所示，在"计算纵向过载指令"和"计算横向过载指令"两个动作均结束后，开展"调整弹道角"动作，因此，采用汇合节点将这些动作进行汇合。

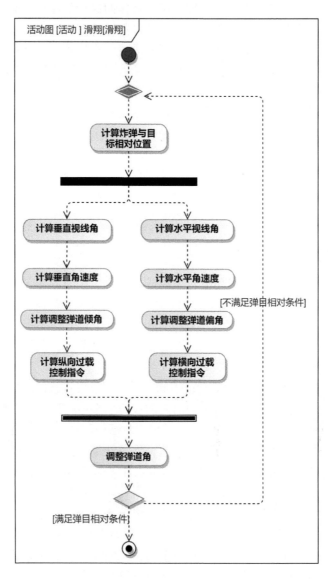

图 3-11 控制节点

(3) 决策节点(decision node)用来标记在活动中多个可选且互斥输出流的起点。其标识符是具有单输入和多个输出流的空心菱形。在每个输出流上会有一个名为守卫(guard)的布尔表达式，且输出流之间的守卫值是互斥的，当一个令牌从输入流到达决策节点时，每条输出流的守卫都进行计算，估值为真的将会得到令牌因而成为唯一的输出边。为保证守卫值均为"假"时仍然有输出流，SysML 允许在至多一条输出边上使用 else 以确保总有一个流可以接收令牌。如图 3-11 所示，"调整弹道角"动作结束后，通过决策节点判断是否满足导弹与目标之间的相对条件，若满足，则结束滑翔段；若不满足，则需要重新计算炸弹与目标相对位置并根据计算结果调整弹道角。

(4) 合并节点(merge node)用来标记活动中多个可选且互斥输入流的合并。它的标识符是具有多个输入流和单一输出流的菱形。它将在任意一条输入流上接收输入令牌后立即将它传递到输出流。与上述汇合节点不同的是，任意一个输入流的令牌抵达都可触发接下来动作的执行。如图 3-11 中的合并节点将由初始节点和决策节点发出的两条控制流合并指向"计算炸弹与目标相对位置"这一动作。

除此之外，还有以下两种节点用于描述控制流的起始和终结的节点。

(1) 初始节点(initial node)用来标记活动执行的开始。其标识符是一个实心圆形。当活动开始执行时，控制令牌就放置在活动的初始节点上。因此，通过该节点的输出流，控制令牌被分发到将要触发执行的动作上面去。如图 3-12 所示，其中的初始节点表示"稳定飞行"活动流程的开始。

(2) 终止节点(final node)可分为活动终止节点和流程终止节点。前者标记活动执行的终止，其标识符是牛眼圆圈。当控制令牌或对象令牌在活动执行期间到达活动终止节点时，整个活动就结束了。如图 3-12 所示，其中的活动终止节点表示整个"稳定飞行"活动流程的结束。后者流程终止节点表示到达该节点的令牌即将要被销毁，其标识符是包含×的圆圈。值得注意的是到达流程终止节点的令牌被销毁后，其所属活动的执行不受该销毁行为的影响。因而，流程终止节点一般用于终止活动中特定的一个动作序列，而其余部分则可按照控制逻辑正常执行。在图 3-12 中，流程终止节点表示更新舵面位置这一动作序列的结束。当"舵面位置更新"信号发出后，该子流程结束，但稳定飞行整体流程并不会因此而结束。

3.2.3　活动图高级建模元素

1. 特殊动作

在活动图中，有几类特殊的动作，即发送信号动作、接收事件动作、等待时间动作和调用行为动作。

(1) 发送信号动作(SendSignalAction)：它表示基于输入信息创建一个信号实例，并将其送至目标对象以启动状态机的转换或者开始一个行为的执行。信号是一种异步消息，因此，发送者不管是否会有应答消息返回，均将马上继续执行。

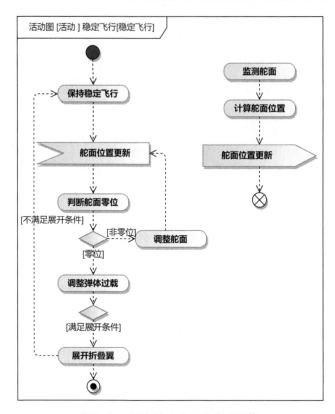

图 3-12　起始/终止节点及特殊动作

其标识符是如图 3-12 所示的凸角五边形,其内部显示的字符串则是在模型中已定义的一个信号(即将要发送的信号)的名称。

(2) 接收事件动作(AcceptEventAction):表示活动在继续执行之前,必须等待满足某特定条件的某个事件的发生。因此,一个接收事件动作至少要关联一个触发器,每个触发器确定一种接收的事件类型。它可以接收来自发送信号动作发出的信号事件,也可以接收如时间事件等异步事件。具体地,当拥有该动作的对象检测到一个事件发生,并与其中一个触发器的事件类型匹配时,接收事件动作对发生的事件进行接收和处理。如果发生的事件没有被其他动作接收,那么这个接收事件动作就执行完成了,而且输出一个值来表示这个发生的事件。如果发生的事件没有匹配触发器指定的任何事件类型,那么该动作就继续等待,直到匹配后才能接收。其标识符是如图 3-12 所示的凹角五边形,它内部显示的字符串则是所等待信号的名称。当该信号到达时,接收事件动作完成并将控制流转移到活动中的下一个节点。

很多时候,上述的发送信号动作和接收事件动件是成对出现的,通过在一个活动中创建发送信号动作，并在另一活动中创建接收事件动作来接收被发送的信号，可以实现活动间的通信。通过信号进行的通信过程是异步的，即发送者不会等待接收方接收该信号，而是直接继续执行它的后续过程。

除了上述两种特殊动作，还有以下两种特殊动作。

(1) 等待时间动作：它是一类特殊类型的接收事件动作，即它只有时间事件这么一个触发器类型。其标识符是一个沙漏形状的符号。其时间表示方法有两种：一种是绝对时间，用关键字 at 来表示；另一种是相对时间，用关键字 after 来表示。因此，当控制令牌传输到等待时间动作的输入控制流后，将等待绝对时间或相对时间的计时器终止，该动作才会在其输出控制流中提供输出令牌。

(2) 调用行为动作(CallBehaviorAction)：表示对另外一个行为(可能是另外一个具体的活动、交互或状态机)的直接调用，而不是调用一个行为特性而导致那个行为被调用。如果调用是同步的，那么调用动作等待被调用行为结束且结果返回到输出引脚以后才结束；如果调用是异步的，那么调用动作不等待结果而直接返回。与普通动作的标识符一致，该动作的标识符为圆角矩形，但其名称字符串的表示格式如下：

<动作名称>:<行为名称>

动作名称由建模者指定，而行为名称指向了在项目中已定义的一个活动、交互或状态机。如果被调用的行为是一种活动，那么圆角矩形框右下角会出现分支符号。调用行为动作的意义在于，它可以支持对通用行为的重用。对于行为建模中常用的通用行为，可以将其抽象出来单独定义，然后在需要使用的地方进行多次重用。例如，在图 3-13 中，"稳定飞行"是一个调用行为动作，它调用了如图 3-12 所示的"稳定飞行"这一活动。

2. 泳道

前述讨论的活动图告诉我们发生了什么，却没有告诉我们各项活动的实现主体是谁。泳道将活动图中的动作划分为多个集合，每一个活动都只能属于一个泳道，其标识符是一个矩形，并包含一个或多个活动分区。位于同一个泳道中的活动属于同一个实现主体，并且将实现主体名放在矩形框的顶部。当一个泳道分区的表头是一个模块时，它表示该模块的实例用于执行该分区中的动作。如果一个

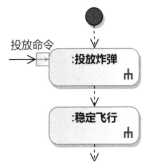

图 3-13　调用行为动作示意图

泳道分区的表头是"部分属性"，那么该部分属性将负责其中动作的执行。

图 3-14 显示了带泳道的投放炸弹活动的活动图。其中，该图包含两个活动分

区，分别表示制导尾仓和弹体。

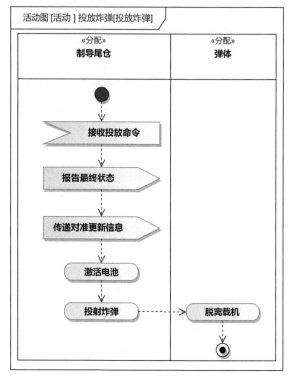

图 3-14　带泳道的投放炸弹活动的活动图

3.2.4　小结

活动图通过流将各种动作连接起来，并展示事件、能量、数据等在动作之间的流动。活动图提供多种方式如分支/汇合节点、决策/合并节点、多种特殊动作等帮助清晰地表达行为的复杂控制逻辑如串行与并行、异步与同步等。活动图的泳道则将其逻辑描述与系统结构有机地结合起来，因而在活动图可以方便地看到哪个模块对活动矩形所描述的活动负责。这一切为系统行为的表达提供了丰富的建模元素。

3.3　序　列　图

3.3.1　概述

序列图是 SysML 四种行为图中的一种，它通过描述系统参与者之间发送消息的时间顺序来显示多个参与者之间的动态交互(interaction)。这里交互是指在具体语境中由为实现某个目标的一组对象之间进行交互的一组消息所构成的行为。消息指在系统组件上服务的调用或信号的发送。

在 UML 和 SysML 中,序列图将交互关系表示为一个二维图。其中,纵向表示时间轴。具体地,各平行的纵向线是时间线,从各参与者沿竖线向下延伸,用来表示其生命周期。横向代表了在协作中各独立对象的执行者(角色)。角色使用生命线进行表示,生命线的长短表示了该执行者的生命周期。序列图中横向箭头表示参与者之间的消息,箭头必须是以时间顺序沿生命线从上到下排列。

序列图在系统生命周期的早期非常有用,用来说明所关注的系统与其环境之间可能发生的交互。它在系统架构期间也很重要,例如,在明确系统功能后,可以描述一个功能的实现过程中参与者(组件)之间的交互。

序列图外框的完整名称如下:

sd [模型元素类型] 交互名称 [图名称]

序列图的类型缩写是 sd,模型元素类型只能是一个交互。交互本身是一种模型元素,也可以作为一种命名空间,而序列图是对一个交互内部行为的详细建模。

图 3-15 展示了一个序列图示例。该图描述"投放准备"过程中各模块之间发生的交互。交互的执行者包括"地面机构"、"滑翔炸弹"和"载机"。载机向滑翔炸弹发送任务数据,之后,滑翔炸弹进行组装。地面机构向滑翔炸弹发出请求测试的消息后,滑翔炸弹系统开展测试任务。

3.3.2 序列图基本建模元素

序列图的基本建模元素主要有生命线、消息和执行说明。下面分别加以介绍。

1. 生命线

生命线代表交互的参与者,表示交互行为所属系统模块的一个组成部分属性或引用属性对应的生命周期。参与交互的不同参与者通过各自的生命线交换数据和信息。

生命线的标示符是一条头部连着矩形的垂直虚线。该虚线代表了系统的一个组成部件在序列图所表现的行为中的存在时间。生命线从上向下表示时间的推进,因此,发生在前的活动显示在生命线上面的位置,发生在后的则出现在生命线下面的位置。

头部的矩形包含了生命线的名称字符串,用于标识其代表的组成部分属性或引用属性。

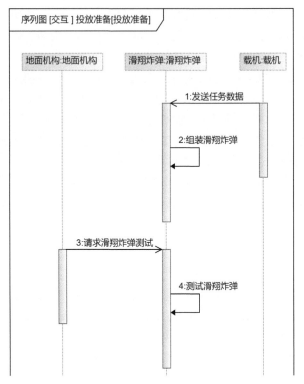

图 3-15　序列图示例

名称字符串格式为

<属性名称> [<选择器表达式>]：<类型>

其中，<类型>和<属性名称>通常分别指向项目中已定义的一个模块和该模块作为部分属性或参考属性时的属性名称。如果序列图建模的对象是系统和外部环境间的交互，那么生命线可以代表作为系统参与者的执行者(actor)。例如，在图 3-15 中展示了三条生命线，它们均为系统上下文的组成部分属性，分别表示地面机构、滑翔炸弹和载机。选择器表达式(selector expression)是名称字符串中的可选项。选择器表达式指定生命线代表的特定实例。由于模块的单个组成部分属性的多重性可能大于 1，即单个组成部分属性所代表的是同一类型的实例集合，在这种情况下，可以使用选择器表达式指定该集合中特定的一个。

2. 消息

如前所述，序列图的生命线展示了事件的发生顺序。序列图上大多数事件的发生都与生命线之间的消息交换有关。消息是生命线之间的通信，其标识符是带有箭头的连线，其尾部连接发送消息的生命线，其箭头指向接收消息的生命线。

箭头的不同形状显示了消息的不同类型。

消息的发送方是在生命线上执行的行为或更具体的调用动作，如发送信号或调用操作动作。生命线对消息的接收可以触发行为的执行，但消息也可能被当前正在执行的行为接收。在消息发送与消息接收之间可能存在时延。消息还可以从一条生命线发出并返回到自身，表示被相同实例发送和接收的消息。以下将介绍四种常用的消息类型。

1) 同步与异步消息

同步和异步消息是最基本的两种消息类型。同步消息指发送将等待接收方完成被触发行为的执行并发送反馈消息后，再继续自身的行为执行。而异步消息指发送方在发送消息后继续执行而不等待接收方的行为被触发或等待接收方发送完成行为的反馈。

同步消息的标识符是带实心箭头的实线，异步消息的标识符是带开口箭头的实线。这两种消息的线段都标有消息的名称字符串，其格式为

<消息名称>(<输入参数列表>)

同步消息的名称与接收生命线所代表的系统组成部分拥有的某个操作(operation)一致；而异步消息的名称则与接收生命线所代表的系统组成部分拥有的某个接收(reception)一致，接收是一个模块所拥有的行为特性，表示行为总是被异步触发。

输入参数列表是可选信息段，表示跟随消息被传入到被触发行为的参数。例如，调用消息和传递消息时携带的参数对应了相关操作的输入参数或发送信号的属性，这些参数可以是由文字表示的数字或字符、由发送端生命线表示的系统组成部分的属性或当前正在执行的行为的参数。图 3-16 展示了同步消息和异步消息示例。其中，载机向制导尾仓发出的"请求激活电池"消息为同步消息，只有等待制导尾仓激活电池并发送回复消息后，载机才会继续执行后续操作；载机向弹体发出的"脱离载机"消息为异步消息，在发出消息后，载机会继续执行其他操作。

2) 回复消息

回复消息标记了同步调用行为的结束及反馈。回复消息的标识符是带有开口箭头的虚线。其方向是从执行行为的生命线发送到触发该行为的生命线。回复消息的名称格式为

<赋值目标> =<消息名称>(<输出参数表>)：<返回值声明>

其中，消息名称必须与对应的同步消息名称一致。赋值输出参数列表是可选信息，每个参数对应了调用行为的输出参数或返回值。值得注意的是，只有当被

触发的操作拥有声明了的返回类型时，其所对应的回复消息才能拥有相应的"返回值声明"。每个参数的表示格式是

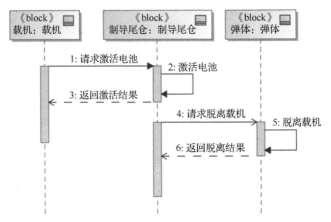

图 3-16　同步消息、异步消息和回复消息

<输出参数名称>：<参数值声明>

当操作有返回值时，可指定返回值将被赋值的目标。该赋值目标可以是接收生命线的属性，也可以是接收端当前执行行为的本地属性或参数。

图 3-16 展示了回复消息示例。"制导尾仓"在完成"激活电池"操作后，会向"载机"发送激活结果，该消息为一条回复消息。

同步或异步消息的接收会引起行为执行开始事件，而回复消息的发送会引起行为执行结束事件。为了显式表示行为执行的开始和结束，引入了执行说明这一元素。它被标识为生命线的垂直矩形，覆盖生命线中的一段时间，在该时间段内，相关行为被执行。

3) 创建消息

创建消息是在系统中创建一个将参与到交互行为中的新实例的通信。其标识符是带开口箭头的虚线，其尾端与发送生命线连接，箭头端与被创建实例的生命线的头部方框连接。而在创建消息与生命线头部的交点处将存在生命线创建事件。图 3-17 展示了创建消息示例。当接收到"请求处理目标信号"消息后，信息处理子系统会发出名为"创建目标识别模块"的创建消息，该消息会创建一个"目标识别模块"的实例，从而参与后续通信。

3. 执行说明

执行说明用于描述生命线上行为或动作的执行区间。当该生命线所表示的组件接收到消息后，会触发组件相关行为的执行。当组件执行完相应行为后，执行

说明所表示的行为执行区间结束，组件可以发送回复消息。行为执行的开始与结束之间的时间区间为执行说明所覆盖的生命线区间。

执行说明表示生命线上的一个狭窄垂直矩形。如图 3-16 所示，弹体接收到"请求脱离载机"消息后，会执行脱离载机的相关行为，该行为的执行说明由其生命线上的矩形框来表示。当该行为执行结束后，弹体发送"返回脱离结果"消息。

值得注意的是，在执行说明的末端，组件并非必须发送回复消息。例如，图 3-17 中目标识别模块接收到"初始化"消息后，会执行初始化行为。但该行为执行结束后并没有显式地发送回复消息。

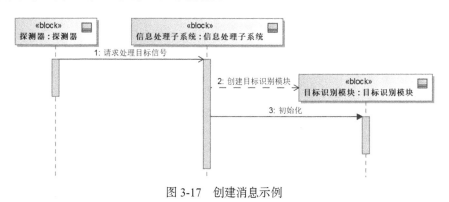

图 3-17 创建消息示例

3.3.3 序列图高级建模元素

1. 约束

如前所述，序列图沿生命线自上而下展示了事件随时间推进的执行顺序。但除了时间顺序约束，并没有给出其他的约束如时间长短、时间间隔等，为此序列图还提供了定义相关约束的能力，支持用户直接指定关于时间或状态的约束。

时间约束可用于指定单个事件发生所需要的时间间隔。这个间隔既可能是确定的间隔长度，也可能是一个允许的区间范围。当交互在系统操作过程中执行时，只有事件发生在时间约束指定的时间间隔中，才认为它可以被有效地执行。

持续期间约束用于指定两个事件发生所需的时间间隔。只有当两个事件相隔的时间恰好满足持续期间约束所指定的时间间隔时，才认为事件能够有效地执行。可以将持续期间约束应用于行为开始和结束事件上，从而限制行为的执行时长。也可以将其应用于消息发送事件和相关的消息接收事件上，从而限制消息的传输时间，如图 3-18 所示，{10s..50s}表示"请求展开折叠翼"与"展开结果"两个事件的时间间隔为 10~50s。

状态常量是一个条件，可以在特定事件发生之前指定给对应的生命线，表示当条件为真时，事件才能够被执行。状态常量可以使用生命线上的布尔表达式约束进行表示，如图 3-18 所示，{展开条件=满足}表示当"展开条件"为"满足"时，发出"请求展开折叠翼"消息。此外，还可以使用状态标识符，即一个圆角矩形，来说明状态常量。该标识符会在特定事件发生前出现在特定的生命线上。在这种形式中，以状态的名称代替布尔表达式，则生命线在事件发生的时刻必须处于该状态。

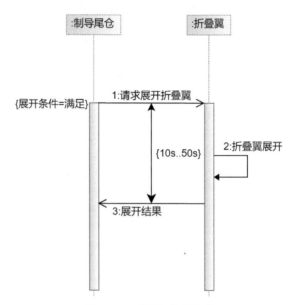

图 3-18　时间及状态约束

2. 组合片段

组合片段提供了向交互添加决策、循环和并发行为等控制逻辑的机制，用来解决交互执行的条件及方式。基于组合片段，可以在序列图中直接表示逻辑组件，用于经过指定条件或子进程的应用区域，为任何生命线的任何部分定义特殊条件和子进程。其标识符是出现在序列图内某处的矩形框。该矩形框可能横跨一条或多条生命线，并对这些生命线上所传递的消息进行封装。

组合片段由交互操作符及其操作数组成。交互操作符定义了其控制逻辑的类型，以约束其操作数。操作数为组合片段中的一个片段，显示为虚线分隔出的矩形区域。每个片段都有一个包含约束表达式的守卫(guard)，该约束表达式指示了该片段有效的条件。SysML 定义的组合片段交互操作符有 11 种，最常用的有以下 4 种。

1) alt/else 操作

该操作符用来指明在两个或更多的消息序列之间互斥的选择，在任何场合下都只发生一个序列。在该操作符中,基于每个片段守卫的估值,选择其中一个片段来执行。即在进行选择之前,每个片段上的守卫都会被估值,若其中一个片段的守卫为真,则选择该片段而跳过其他片段中的事件。如果多个片段的守卫都被判断为真,那么对片段的选择是非确定性的。这种情况的出现是由建模者没有遵从 SysML 规则所造成的,因此,建模者必须保证各个片段的守卫条件互斥。可以为至多一个片段指定 else 作为其守卫,表示其他任何守卫都不为真时应运行的片段。如果所有守卫都为假且没有 else,那么不执行任何片段。图 3-19 展示了 alt/else 的使用示例。当误差角不为 0 时,执行操作符的上半部分交互片段,包括"计算调整数据"、"姿态调整指令"及"姿态调整"等消息;否则,执行操作符的下半部分交互片段,包括"开启导引头指令"及"开启导引头"等消息。

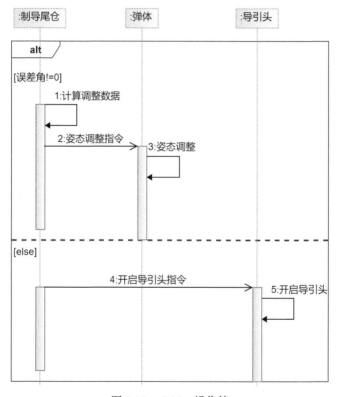

图 3-19 alt/else 操作符

2) opt 操作

该操作符包含一个可能发生或不发生的序列,即它是一个可选项。opt 操作符可以是一种只有一个片段的特殊 alt 操作符,它是一个一元操作符,仅有一个片段。根据其守卫条件是否为真,可以执行或跳过该片段。图 3-20 展示了 opt 的使用示例。当导引头未击中目标时，会执行 opt 操作符中的片段，包括"末端制导""参数传递""姿态调整"等消息。

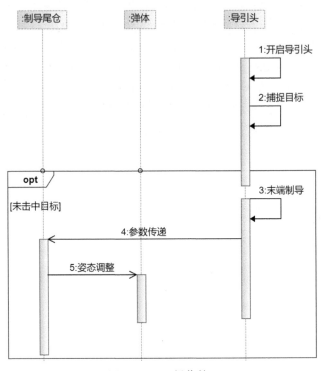

图 3-20　opt 操作符

3) par 操作

该操作符代表其包含两个或多个片段可以在交互执行过程中并行发生，每个片段中的事件则按序列图本身规定的时间顺序执行。不同片段中的事件之间没有明确的发生顺序，即两个来自不同片段的事件在交互执行过程中可以按任意顺序发生，并且得到的执行都是有效的。图 3-21 展示了 par 的使用示例。par 操作符中上半部分片段表示折叠翼展开交互序列，在该交互序列执行的同时，制导尾仓会同时计算炸弹与目标的距离。

4) loop 操作

该操作符表示片段所包含的交互过程可以多次重复执行，直到违反其在守卫(guard condition)中定义的终止条件。也可以在 loop 操作符右侧的圆括号中定义最低和最高迭代次数，格式为(<min.>，<max.>)。其中，最大迭代次数可以使用*号指定为无限上界。图 3-22 展示了 loop 的使用示例。在不满足炸弹与目标位置条件时，loop 操作符中的交互片段会重复执行。

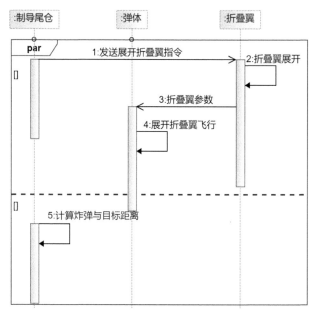

图 3-21　par 操作符

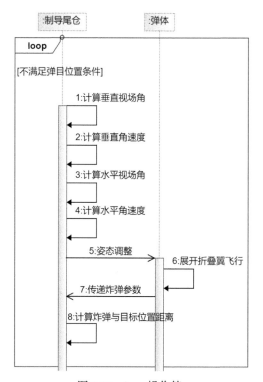

图 3-22　loop 操作符

3.3.4　小结

序列图可以用于描述系统各组成部分之间的交互，从而清晰地捕获在特定场景下系统组件间的消息传递。序列图的基本元素是代表参与交互的各组件的生命线，组件之间通过传递消息进行交互并触发事件，事件处理的起止通过执行说明来表示。

此外，序列图还可提供约束及组合片段等高级建模元素，从而对交互序列进行更为详细的说明。

3.4　状 态 机 图

3.4.1　概述

状态机图是描述对象动态行为的 4 种 SysML 图之一。它通过在生命周期过程中对象对于事件的响应的一系列状态及其转换来描述其行为。这里"对象"可以是某个类、某个用例、某个子系统甚至整个系统。它与活动图和序列图一样，都属于行为图，用于描述对象的动态视图。与这两种图不同的是，它关注对象中模块由事件所驱动的状态改变，因此，状态机是一个对象的局部视图，用于精确地描述一个单独对象的行为。由于其精确清晰的行为说明很适合对设计的最终结果进行描述，作为后续开发过程的输入。

状态机图外框的完整名称如下：

stm [模型元素类型] 状态机名称 [图名称]

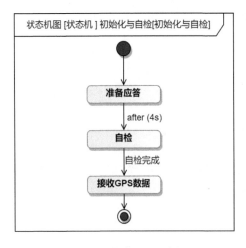

图 3-23　状态机图示例

状态机图的缩写是 stm，唯一可以与状态机图相关联的模型元素类型是状态机(state machine)。状态机本身既是一种模型元素，可以包含于模块之中以描述模块的动态行为，也是一种命名空间，可以包含其他模型元素。每个状态机至少需要包含一个区域(region)，区域中可以包含状态(state)和转换(transition)。图 3-23 展示了一个状态机图的例子，它描述了滑翔炸弹的初始化和自检过程。该状态机包含一个区域，其中，包含一个初始状态，用实心圆形表示；一个终止状态，用牛眼圆圈表示以及"准备应答"、"自检"和"接收 GPS 数据"三个状态及其之间的转换。

3.4.2 状态机图建模元素

状态机图的组成元素为以下 5 种：
(1) 状态：对象在其生命周期中的一种状况；
(2) 转换：两个状态之间的一种关系；
(3) 事件：引起状态变化的事情；
(4) 动作：状态机中可以执行的原子操作；
(5) 活动：状态机中进行的非原子操作。

1. 状态

状态描述对象在其生命周期过程中满足某些条件、执行某些活动且等待一些事件到来的一种状况。这一状况通常不会显式地说明，而是通过状态名来隐含地表示。任何一个对象应该都会有一个或多个状态。如台灯具有"开"和"关"两种状态，分别表示其在点亮及关闭时的行为。当描述对象处于某个状态时，可以对一系列事件做出反应，从而引起状态的转换。例如，台灯在"开"状态下，如果发生"按下关闭按钮"或"断电"事件，那么会转换到"关"状态。值得一提的是，状态内部并不一定表示一个静态的执行过程，当状态被激活时，对象会经历一系列更为详细的执行活动。如当台灯处于"开"状态时，其灯泡温度会发生连续变化，甚至可以通过电路控制灯泡颜色发生离散变化。如果将灯泡的每一种可变化的颜色对应于一种状态，如"红""黄""蓝"，那么这些状态可以作为"开"状态的子状态，而"开"状态本身将成为一个复合状态。具体地，一个状态包含的主要内容如表 3-1 所示。

表 3-1 一个状态包含的主要内容

内容名称	描述
状态名字	用来区分某状态与其他状态的文本字符串。状态也可能是匿名的
进入/退出效应	分别用来表示在进入和退出状态时需执行的操作
内部转换	用来表示在不离开当前状态的情况下发生的转换
子状态	用来表示状态的嵌套结构，包括非正交(顺序活动)或正交(同时活动)子状态
延迟事件	在当前状态下暂不处理，而是推迟到对象进入另一状态后才处理的事件

1) 简单状态
简单状态即不包含子状态或其他内部模型元素的状态。它用一个圆角矩形表

示。例如，图 3-24 展示了一个名为自检的简单状态。简单状态除了状态名，还可能具有三种内部行为，即入口(entry)、出口(exit)和执行活动(do)。这三种行为在表示时，首先以关键字 entry/exit/do 开始，后接一条斜杠，之后是具体的行为模型元素，如不透明表达式、活动、状态机等。例如，图 3-24 中自检状态具有执行活动，它是一个名为"检查炸弹状态"的不透明表达式。

图 3-24　简单状态

在执行时，当状态机进入某状态后，会首先执行该状态的 entry 行为，该行为是一个原子行为，即行为的执行是不可中断的。因此，在状态机处理新事件之前，会确保 entry 行为执行完成。例如，在图 3-24 中当状态机进入自检状态后，会首先执行名为发送应答的 entry 行为。之后，状态的 do 行为，即"检查炸弹状态"将会被执行。状态的 do 行为是非原子的，因此，如果此时有事件触发当前状态的输出转换使其转移到另外一个状态，那么 do 行为会被中断。例如，当自检状态的 do 行为在执行过程中发生了时间事件 after(5s)，表示时间超过 5s，则状态机会结束检查炸弹状态行为的执行并从"自检"状态跳入"接收 GPS 数据"状态。如果 do 行为在事件发生前自己执行完毕且没有触发器的转换使得状态机离开当前状态，那么状态机会停留在当前状态，并一直等待输出转换的触发器事件的发生。当状态的输出转换被触发时，状态机会离开这一状态。在离开状态之前，会执行状态的 exit 行为。该行为也是一个原子行为，因此不能被任何事件所中断。例如，状态机在离开自检状态之前，会首先执行该状态的 exit 行为，即"报告自检结果"，待该行为执行完成后，才会经由转换进入"接收 GPS 数据状态"。

2) 复合状态

复合状态是指拥有内嵌子状态的状态。与简单状态类似，复合状态使用圆角矩形表示，具有状态名，并可以具有 entry/exit/do 三种行为。它与简单状态的区别在于，复合状态可以具有一个或多个区域。在每个区域中，可以包含多个状态及转换。如图 3-25 所示，"传递对准状态"为一个复合状态，它具有一个内嵌的区域，该区域包含一个起始状态及"等待对准报文"、"惯导系统对准"和"传递求解精度"三个子状态。

当复合状态为非活动状态时，其内部的所有子状态都非活动。而当复合状态被它的输入转换所激活时，每个区域会有且仅有一个子状态为活动状态。当复合状态被激活后，会首先执行其 entry 行为，之后进入其内部子状态。在图 3-25 中，

"自检完成"事件使得复合状态"传递对准状态"被激活，状态机会首先执行复合状态的 entry 行为，然后进入其内部区域的初始状态，之后转换到"等待对准报文"子状态并执行其 entry 行为。

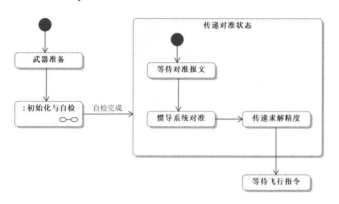

图 3-25　复合状态示例图

　　复合状态既可以从其边界跳出，也可以从特定的内嵌子状态跳出。如果转换是从复合状态的边界跳出，那么不管复合状态处于哪个子状态，当转换的触发器事件发生时，转换都会发生。而如果转换是从复合状态内部的特定子状态跳出，那么需要在复合状态已经进入到该特定子状态，且在子状态为活动状态期间转换的触发器事件恰好发生时，转换才会被执行。在跳出复合状态的转换被触发后，状态机会首先执行当前被激活的子状态的 exit 行为，之后执行复合状态的 exit 行为。例如，在图 3-25 中，当复合状态"传递对准状态"处于子状态"传递求解精度"时，事件传输完毕的发生会导致复合状态的跳出。此时，会首先执行子状态"传递求解精度"的 exit 行为，然后执行复合状态的 exit 行为。

　　3) 子状态

　　与上述的复合状态相对应，子状态(submachine state)是内嵌至另一个状态中的状态。在定义状态机时，可以为其指定进入点伪状态(entry point pseudostate)及离开点伪状态(exit point pseudostate)。这两个伪状态用于标识状态机的接口。基于这些接口，可以将被包含的子状态的转换与包含它的复合状态机的转换组合为一个复合转换。如图 3-26 所示，该状态机定义了一个进入点及"成功"和"失败"两个离开点。当该状态机被其他状态机引用时，可以基于这两个点将这两个状态机的转换连接起来。

　　状态机可以通过子机状态被其他状态机所引用，该状态通过状态名及被引用状态机名所标识。被引用的状态机的进入点和离开点分别由连接点(connection point)表示在子机状态上，从而可以与引用该状态机的外层状态机中的转换相连。

如图 3-27 所示，该状态机通过"测试"子机状态引用了图 3-26 所定义的"测试系统"状态机，该子机状态上存在三个连接点，与该状态机的进入点和离开点相对应。通过这些连接点，外层状态机中的转换可以与子状态机中的转换连接起来。

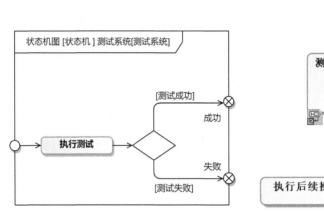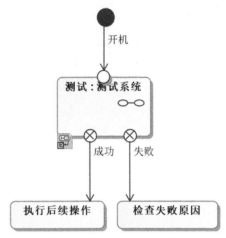

　　　图 3-26　进入点、离开点伪状态　　　　　　图 3-27　子机状态与连接点

4) 正交子状态和非正交子状态

正交子状态是指在某一给定时刻，复合状态中能同时到达的多个子状态。反之，非正交子状态是指在某一给定时刻，复杂状态中不能同时发生的子状态。一般地，非正交状态是一种互斥的顺序复合状态，在某一给定时刻，只有一个子状态会被激活。而正交状态则是一种并发的复合状态，包括两个或多个并发执行的子状态机的复合状态。如在车辆运行时，其"向前"与"向后"两个状态是不可能同时发生的两个状态，因而它们是非正交状态，"低速"与"高速"也是如此。但"向前"和"向后"可以既与"低速"同时发生，也可以与"高速"同时发生，因此，它们是正交子状态。

5) 分支和结合伪状态

对于连接到复合状态内部子状态的输入和输出转换，需要引入两个新的伪状态来进行表示。分支伪状态(fork pseudostate)包含一个输入转换和多个输出转换，用于从一个状态转换到复合状态中多个正交区域的子状态。当输入转换被触发后，多个输出转换会被同时触发。因此，其输入转换可以包含触发器、守卫和效应，而输出转换只能包含效应而不能包含触发器和守卫。分支伪状态所连接的一个输入和多个输出转换共同构成一个复合转换(compound transition)。

与分支伪状态相反，结合伪状态(join pseudostate)包含多个输入转换和一个输出转换，用于从复合状态的多个正交区域同时跳出并转换到同一个目标状态。其每个输入转换只能有效应，而唯一的一个输出转换除效应外，可以指定触发器和守卫，从而表示整个复合转换的激活条件。

图 3-28 展示了正交复合状态及结合伪状态的使用。其中，"传输数据"是一个正交复合状态，它包含两个并行的区域，上区域表示读取数据的过程，下区域描述解密数据的过程。在数据读取完毕并解密完毕后，会跳出两个区域并转换到"存储数据"状态。

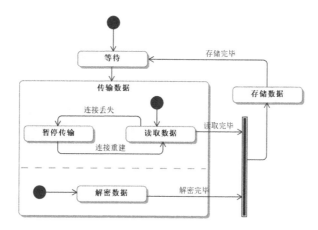

图 3-28　正交复合状态与结合伪状态的使用

6) 连接和选择伪状态

连接伪状态(junction pseudostate)用于将多条转换连接成为一个更为可读的复合转换。它可以有多个输入转换及多个输出转换，用一个实心圆标识。如果有多个状态经由多条转换同时指向一个状态，那么可以将这些转换经由连接伪状态组合在一起，形成一个共享的输出转换。连接伪状态还可用于将一条输入转换分割为多个可能的输出转换。其中，输入转换可以有触发器、守卫和效应，而输出转换只能有守卫和效应。当输入转换被触发后，状态机会同时判断输入转换及每一条输出转换的守卫，并选择其中守卫条件被满足的输出转换，并执行输入转换及该条输出转换上的效应。图 3-29 展示了一个连接伪状态的例子。由状态"获取数据"出发，可以经由连接伪状态 j1 引向状态"清理过期数据"或另一个连接伪状态 j2。当该复合转换上的触发器事件"数据获取完毕"发生时，状态机会同时判断输入转换的守卫及每一条输出转换的守卫，并选择其中一条进行执行，例如，如果守卫[剩余空间充足=FALSE]判断为真，那么会执行输入转换的效应"存储数据"并转换到"清理过期数据"状态；如果守卫[剩余空间充足=TRUE]判断为真，那么会执行输入转换的效应"存储数据"并转换到 j2。由于所有守卫均在整个复合转换被执行之前被判断，因此，这是一种静态的条件分支。如果每一条输出转换的守卫均为假，那么整个复合转换不会被执行，触发器事件同时被消耗。对于有多条输出转换的守卫均为真的情况，状态机需要选择其中一条进行执行，而SysML 标准并没有给出具体的选择算法。

选择伪状态(choice pseudostate)用一个空心菱形块标识。它与连接伪状态非常类似，其唯一的区别在于守卫条件的判断时机不同。在执行选择伪状态时，当其输入转换的触发器事件发生且输入转换的守卫为真时，首先会执行输入转换上的效应；之后，对每一条输出转换的守卫进行判断，并选择其中条件为真的转换进行执行。因此，这是一种动态的条件分支。如果所有输出转换的守卫均为假，那么该转换是一种不合法的转换。一种有效的解决方法是，在所有输出转换中选择唯一一条，将其守卫设定为 else，意为当其他守卫条件均不满足时，状态机将执行守卫为 else 的转换。

图 3-30 给出了一个选择伪状态的例子。当状态机处于"操作"状态且输入转换上的"关机"事件发生时，其上的效应"结果=用户确认关机"会被首先执行；之后，由选择伪状态所连接的两条输出转换的守卫会被判断。其中，守卫[结果=TRUE]中使用的参数"结果"的数值由输入转换的效应所设置，这正是动态条件判断的意义所在。

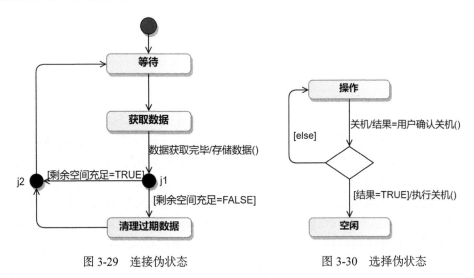

图 3-29　连接伪状态　　　　图 3-30　选择伪状态

7) 历史伪状态

历史伪状态(history pseudostate)用于记录离开某复合状态时最近的一个活动状态，其目的是当返回继续执行该复合状态时，避免从该状态的原始状态重新执行一遍，从而当该复合状态重新执行时，会自动跳入历史伪状态所记录的子状态继续状态机的执行。历史伪状态具体分为两种：深历史伪状态(deep history pseudostate)和浅历史伪状态(shallow history pseudostate)。前者用来记录其所有深度的嵌套子状态信息，用标识符Ⓗ标识；而后者只会记录其所在顶层的子状态中，用标识符Ⓗ标识。以图 3-31 所示状态机为例，假设当前状态机正执行到"传输"状态中的"传输数据"子状态，而其中两个区域的活动状态分别是"读取数据"及"解密数据"。如果此时"出错"事件发生，那么状态机会从这两个深度嵌套的子状态直接跳出到"异常处理"状态，而此时，深历史伪状态会记录下这两个子状态的信息。当该状态下的行为执行完毕且"重启传输"事件发生后，状态机会基于深历史伪状态的记录回到"读取数据"及"解密数据"子状态。而如果这里采用浅历史伪状态而非深历史伪状态，那么只能回到"传输数据"这一复合状态，而其内部的两个区域需要从初始状态重新开始执行。

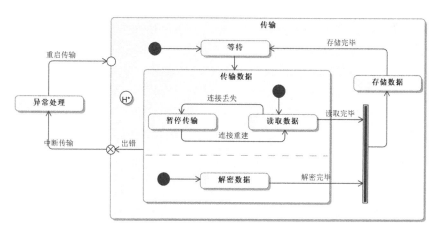

图 3-31　历史伪状态

2. 转换

转换(transition)用来表示某对象两个状态间如下的关系，即当给定的事件发生且相应的条件得到满足时，对象执行一定的动作从而从一个状态进入到另一个状态(或同一个状态)。对于一个给定的状态，在某条件下只能产生一个转换。因此针对转换的条件必须要确保是互斥的。除了必须具有源状态和目标状态，转换还带有三种可选信息：触发器(trigger)、守卫和效应(effect)，其标识符写为<trigger>[guard]/<effect>。转换的类型共有四种。

(1) 外部转换：最常见、改变对象状态的转换。

(2) 内部转换：它会执行一个效应来响应事件，但不改变对象状态的转换。

(3) 完成转换：没有明确触发事件，是由源状态中活动完成来触发的转换。

(4) 组合转换：由多个简单转换通过分支、分叉、汇合等形成的转换。

守卫与活动图及序列图中的定义一致，以下主要介绍触发器和效应。

1) 触发器

触发器用于描述可能引起源状态转换的事件。事件是一种模型元素，在对象执行过程中，事件可以发生多次，从而触发行为的多轮执行。但事件不是持续发生的，它只发生在某个时间点上，SysML 中定义了四种类型的事件，可用于触发转换，即信号事件(signal event)、调用事件(call event)、时间事件(time event)与改变事件(change event)。以下分别加以介绍。

(1) 信号事件。信号是一种消息，而消息是先由一个对象异步发送，再由另一个对象接收的命名对象，因此信号事件本质上是异步消息，它可以通过类(class)的扩展机制——构造型来表示，即信号可以有属性和操作，也可以在不同信号间建立泛化关系。当信号事件用于触发状态机中某个转换时，状态机所属的对象需要相同名称的接收(reception)，从而对该异步消息进行接收并由其状态机对消息进行处理。接收是对象的一种行为特性，它代表由信号所触发的异步行为。图 3-32 显示了信号事件及其相应接收的定义，其中左图中的状态机中存在由"信息处理"状态指向"电池激活"状态的转换，该转换由"激活电池"事件所触发；相应地，右图中该状态机所属的对象"飞行控制系统"具有相同名称的接收。如果接收有参数，那么信号事件可以为参数赋值，随后在状态机中其他部分使用。

(2) 调用事件。调用事件表示对象收到对其操作的调用请求，它是对操作的一种同步调用过程。与信号事件类似，如果调用事件被用于触发状态机中的某个转换，那么状态机所属的对象必须有相同名称的操作(operation)。图 3-32 展示了调用事件及其相应操作的定义。左图中存在由初始状态指向"信息处理"状态的转换，该转换由"获取目标数据"事件所触发。相应地，右图所示的状态机所属的对象"飞行控制系统"中定义了相同名称的操作。如果操作有参数，那么调用事件可以为参数赋值，随后该参数值可以在状态机中的其他部分使用。

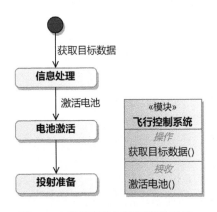

图 3-32　信号事件与调用事件示例

(3) 时间事件。时间事件是在特定时间点发生的事件。时间事件分为两种：绝对时间事件和相对时间事件。前者是在指定的时间点触发，由关键词 at 表示，如 at(上午 8:00)表示在早上 8 点要发生的事件。后者从进入当前状态的时间点开始计算，经过指定时间间隔后触发，由关键词 after 表示，如 after(2min)。

图 3-33 展示了相对时间事件的使用。当状态机进入"等待任务规划"状态后，会启动相对时间计数器。在经过 10min 后，如果状态机还处于该状态，那么该事

件会发生并触发向"休眠"状态的转换。需要注意的是，状态的离开会使相对时间计数器重置。例如，如果在进入"等待任务规划"状态后 10min 之内，"接收任务数据"事件发生并使状态机离开"等待任务规划"状态，那么该状态下的相对时间计数器就会重置。当状态机下次进入到"等待任务规划"状态时，相对时间计数器会重新开始计数。

(4) 改变事件。改变事件的关键字是"when"，一旦其条件的值由假变为真时，事件就会发生。反之，当条件的值从真变为假时，不会发生这种情况。同时，当事件保持为真时，事件不会重复发生。图 3-34 展示了一个改变事件的例子。其中，当状态机处于"武器准备"状态下，如果条件"准备完成=True"被满足，那么会从该状态转换到"初始化与自检"状态。

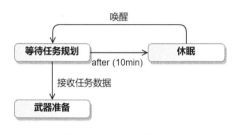 

图 3-33 时间事件示例   图 3-34 改变事件示例

2) 效应

效应(effect)是在转换过程中执行的行为。与状态的 entry、exit、do 行为类似，它可以是一个不透明表达式、活动或者状态机。当转换触发成功时，状态机首先会执行转换的源状态的 exit 行为，随后执行转换上的效应，而后执行转换的目标状态的 entry 行为。这一行为序列被称为"执行到完成"(run-to-completion)。整个行为序列是原子的，不可以被中断。

在图 3-35 中，当触发器事件"启动"发生时，状态机将先判断守卫[已通电=True]是否满足。若满足，则会执行以下行为序列：首先执行"离线"状态的出口行为"初始化"；然后执行转换上的效应"校准"；最后执行"在线"状态的入口行为"更新状态"。之后，状态机维持在"在线"状态并等待新事件的到来。

图 3-35 守卫和效应示例

3.4.3 小结

状态机图中包含了丰富的建模要素，可以描述系统中模块对于事件发生所做出的响应及所引起的状态改变情况。状态是模块在某一时间内相对稳定的行为过程，状态内的行为可以通过 entry、exit 和 do 及子状态进行描述。状态之间的切换通过转换表示，它通过触发器和守卫描述转换的发生条件，通过效应表示转换上所执行的行为。状态机内可以有多个区域，用于表示并发行为的执行。

一些进阶建模元素为基于状态机的行为建模提供了更为强大的描述能力。这些建模元素包括正交和非正交子状态、分支和结合伪状态、连接和选择伪状态、历史伪状态等。

状态机图为系统行为提供了相对精确的描述，因此，可用于记录设计的最终结果并为后续开发过程提供参考。

第4章 结 构 图

SysML 中的结构图是用来对系统模块间的层次关系、关联关系及约束关系等进行描述或对系统的模型层次关系进行组织。具体地，SysML 的结构图可进一步分为模块定义图(BDD)、内部模块图(IBD)、参数图(PAR)及包图(PKG)，其中，参数图可以认为是一种特殊的内部模块图,其组成的内部模块是特殊的约束定义块。以下对各种图进行详细介绍。

4.1 模块定义图

4.1.1 概述

模块定义图由 UML 中类图改进而来，是系统建模过程中最为常见的图之一，主要用来对系统的结构组成及组成元素间的关系进行描述。模块定义图中可包含以下多种建模要素：包、模型、模型库、视图、模块和约束模块(constraint block)等。其中，最为重要和常见的是模块(block)。模块是 SysML 中基本单元，可以用来定义系统、组件、在系统中或系统之间流动的项目、外部实体、概念实体或者其他逻辑抽象对象。模块是一种类型，描述一组有共同特征的类似实例或者对象，它用属性来定义，属性包括结构属性和行为属性。

模块的结构属性主要包括部件属性(part property)、引用属性(reference property)、值属性(value property)、约束属性(constraint property)和端口(port)五类。其中，部件属性用来描述模块的组成层次；引用属性用来描述引用模块与被引用模块之间存在的关联关系；值属性描述模块的可量化的物理、性能等特征(如重量、速度)，值属性由表示值的可行域的值类型(value type)、量种类(quantity kind)和单位(unit)等来定义，值属性可以通过参数约束关联起来；约束属性用来描述对约束模块的引用，而约束模块则定义了一种数学关系约束；端口用来表示模块与外界交互的窗口，外部可以通过该窗口与模块进行数据或事件等的交互。

模块的行为属性用来描述系统或结构的行为，包括操作(operation)和接收(reception)，描述了模块对外部刺激做出反应所触发的行为。操作与接收的区别在于：前者是一种调用后执行的行为，即 operation 基于调用事件而触发，一般来讲，它应该是同步行为，但 SysML 并没有对其做严格限制；后者是基于信号事件而触发的行为，因而它总是表示异步行为，其参数则只有输入而无输出。

模块定义图外框的完整名称显示如下：

bdd [模型元素类型] 模型元素名称 [图名称]

其中，图的类型是 bdd，模型元素类型可以是包、模块或者约束模块。图 4-1
展示了一个模块定义图的例子，其中，包括一些最常用的符号，它表示滑翔炸弹
的组成。该图描述的对象是一个名为"架构"的包，图的名称是"滑翔炸弹架构"。
由图 4-1 还可以看出，模块的构造型是《模块》，在模块矩形中可以选择显示或者
隐藏该标识。

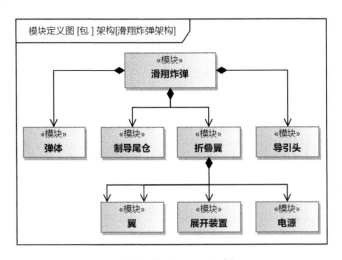

图 4-1　模块定义图示例

4.1.2　模块的结构属性

模块的结构属性是用来描述模块的结构特征，属性的值可以是另一个模块或
基本类型值。如前所述，模块的结构属性可以分为五种：部件属性、引用属性、
值属性、约束属性和端口，其中，约束属性在 4.3 节参数图中介绍，下面介绍其
他四种属性。

1. 部件属性

部件属性是用来描述模块内部的结构，即模块是由部件属性构成的。很显然
这是一种所属关系，这种所属关系既可以用来表示物理上的所属关系，也可以用
来表示逻辑上的所属关系。在 SysML 语言规范中，所属关系意味着一个部件属性
一次只能属于一个对象，但它所属的对象是可以变化的。部件属性显示在模块中
以关键字 part(部件属性)命名的分隔框中，每个属性的显示格式一般是

<part name>: <type> [<multiplicity>]

部件属性的名称(part name)由建模人员自己定义，
类型(type)一般就是在系统模型某处创建的模块的名称。
多重性(multiplicity)是一种约束，用来限制该部件属性的
实例数量，以单个整数或者一系列整数表示。如一个部
件属性可能有任意数量的实例，可将多重性设置为 0..*
或直接设置为*。

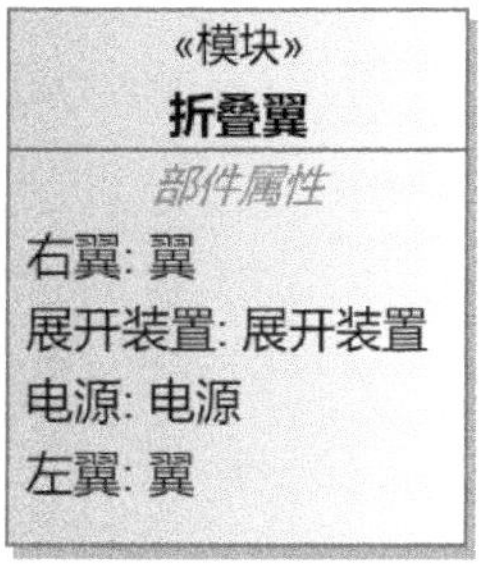

图 4-2 显示了折叠翼的定义，它由"左翼"、"右翼"
"展开装置"和"电源"组成。折叠翼被定义为模块，它
的各个组成部分被定义为其部件属性。例如，"左翼"和
"右翼"是两个不同的部件属性，它们都以模块"翼"为

图 4-2 部件属性

类型，它们有相同的特征，但是每个翼在折叠翼中角色不同。

2. 引用属性

引用属性表示包含引用属性的模块对另一个模块实例的引用。与上述的部件
属性不同，引用属性描述的是一种"需要"关系，即带有引用属性的模块因为某
种目的，如为了提供一种服务，或为了交换事件、能量或者数据，需要那个被引
用的外部对象。和部件属性一样，引用属性可以显示在模块的以关键字
reference(引用属性)命名的分隔框中，每个引用属性的格式也与部件属性一样，只
是将部件属性名字改为引用属性名字。具体如下：

<reference name>: <type> [<multiplicity>]

3. 值属性

值属性用来对模块的可量化特性进行建模，它的取值可以是数字、布尔值、
字符串或向量值。值属性的定义是基于值类型的，后者定义了属性的取值范围。
SysML 还定义了单位和量类型来进一步表示值类型。如图 4-3 所示，为"弹体"
模块定义了两个值属性"重量"和"成本"，其类型分别为值类型"千克"和"万"。
在 SysML 中，值属性的定义方式如下：

<value name>: <type>[<multiplicity>] = <default value>

值的名称由建模者定义，其类型可以是 SysML 自带的或者建模者定义的值类
型。SysML 自带的类型有上述提及的数字、布尔值或字符串类型等，而建模人员
自定义的类型则多种多样，如针对颜色、强度大小、距离远近等的枚举类型等，
甚至自定义类型可能是一个复杂的数据结构。多重性的含义和上述部件属性与引
用属性的多重性含义一样。值属性的默认值是可选信息，代表其所属模块第一次

被实例化时该属性的值。

图 4-4 展示了一些值类型的定义。其中,"打击精度等级"为一个枚举类型,其包含高、中、低三个字面值;"尺寸"为一个结构类型,它包含长、宽、高三个值属性;"整型"为一个原始类型。

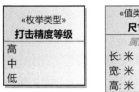

　　图 4-3　模块的值属性　　　　　　图 4-4　模块定义图中基本值类型的定义

4. 端口

如前所述,端口是定义在模块边界上的"窗口",模块所有与外界交互的活动都通过端口来完成,如提供服务、请求服务、交换事件、能量和数据等。端口的作用在于能够把模块看成一个黑盒,使用者无须考虑其内部的具体实现,从而基于端口可以实现模块间的解耦,避免对该模块进行修改时,影响系统其他部分的设计。因此,它代表了一种面向对象技术中"封装"的思想。值得注意的是:端口的含义可以十分广泛,可以代表任意类型的交互点,如物理对象间的连接点、软件层面的消息队列、公司间的交互点(如网站、邮箱)等。

SysML 中定义了两种端口:完整端口和代理端口。完整端口可认为是正好位于该模块边界的部件属性。因此,完整端口本质上也是部件属性,它和其他部件属性一样,可以拥有执行行为,也可以拥有内部结构,即可以拥有自己内嵌的部件属性。代理端口不同于完整端口,它不会执行行为,也没有内部结构即没有内嵌的部件属性,它既不表示拥有它的模块的部件属性,也不表示任何物理事物。代理端口代表了拥有它的模块的行为和结构特性的子集,而且这些行为和结构可以被外部模块访问。因此,代理端口可视为拥有该端口的模块本身或其内部组成部分的代理。

完整端口在图中显示为所属模块图标边界上的矩形框。它的类型、多重性通常表示为下面的形式:

《full》　<port name>: <block name> [<multiplicity>]

当端口类型有流属性时,可以在端口标识上用箭头表示它们的方向信息。完整端口可以列在单独的 full ports 分隔框中，用如下格式：

<direction port name>: <block name> [<multiplicity>]

图 4-5 展示了折叠翼的端口定义。它包含左右两个挂接装置，用于与其他部件进行连接。这两个挂接装置的类型均为"吊耳"，而吊耳本身被定义为一个模块，可以具有形式、材质、承重等属性。

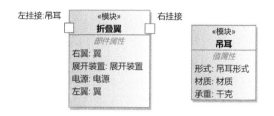

图 4-5　带有完整端口的模块

与完整端口类似，代理端口也表示成它的父图标边界上的矩形，且代理端口一般用接口模块(interface block)作为类型。它的名字、类型和多重性表示如下：

《proxy》 <port name>: <interface block name> [<multiplicity>]

图 4-6 展示了制导尾仓的两个代理端口。其中，"p_弹体"表示制导尾仓与弹体之间传递参数的端口，其类型为一个接口模块"弹体交互接口"，该接口模块具有一个名为"炸弹飞行参数"的接收，用于从弹体接收飞行参数；类似地，"p_导引头"表示制导尾仓与导引头之间传递参数的端口，其类型为"导引头交互接口"，该接口模块具有一个名为"制导参数"的接收，用于从导引头接收制导参数。

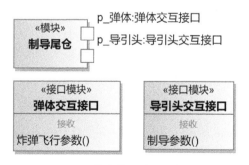

图 4-6　带有代理端口的模块

4.1.3　行为特性

行为特性是对建模对象行为的表达，它和前述结构特性同为模块定义的重要组成部分。如前所述，SysML 中行为特性主要分为两种：操作和接收。以下分别进行介绍。

1. 操作

如前所述，操作是一种由调用事件触发的行为。在 SysML 中，可以把任何行为表示为操作，也不做同步和异步行为的区分，调用者不必等待它完成。其表示格式如下：

<operation name> (<parameter list>) : <return type>[<multiplicity>]

图 4-7 展示了滑翔炸弹电源的充电操作。如 operation 分隔框中所示，操作通常由操作名称、参数列表、返回类型、多重性等来表示。其中，操作名称由建模者定义。参数列表由逗号分隔，是一个可以拥有零个或者多个参数的列表。参数列表中的参数的方向可以是 in、out 或 inout。参数名称由建模者定义，类型必须是在模型某处存在的值类型或模块名称。参数的多重性会约束参数能够代表的实例的数量。当操作被调用时，如果没有指定参数值，那么赋予参数默认值。如果操作有返回值，那么它可以是在系统模型中某处创建的值类型或者模块的名称。返回值的多重性用于约束操作完成时能够给调用方返回的实例数量。

图 4-7　模块的操作

2. 接收

接收是信号事件触发而发生的行为，因此总是用来表示异步行为，无返回值，参数只有输入，没有输出。其表示格式如下：

《signal》 <reception name> (<parameter list>)

要注意的是这里标识中的《signal》是必需的标识，此外，接收名称需要与模型某处定义的《signal》模型元素的名称一致。这样，当信号到达接收端并触发接收动作时，信号的属性会成为接收动作的输入。

4.1.4　模块间的关系

与 UML 中类间的关系类似，SysML 的模块间也存在着多种关系，分别为依赖关系、关联关系和泛化关系。其中，关联关系又可以进一步分为引用关联和组合关联。

1. 依赖关系

依赖关系是指在两个模块间一方(依赖方)依赖于另一方(被依赖方)，当被依赖方改变时，则依赖方可能也需要改变。在 SysML 中依赖关系用带有箭头的虚线标

识，其中，箭头端是被依赖方，非箭头端是依赖方。依赖关系经常用来体现模型
间的追溯性。如图 4-8 所示，"展开装置"由"电源"供电，因此，二者之间存在
依赖关系。SysML 中还对依赖关系进行了泛化，定义了跟踪、满足、验证等几种
特定类型的依赖关系。

图 4-8　依赖关系

2. 关联关系

关联关系中的组合关联表示一种整体-部分关系，即表示一种构成关系。如
图 4-9 所示，带实心菱形的一端表示整体，另一端表示组成部分。箭头是用来表
示访问方向的，没有箭头表示双向访问，有箭头表示单向访问。其多重性信息可
以分别在其整体端和部件端进行表示。整体端的多重性通常是 1，因为一个部件
的实例一次只允许属于一个整体。若是 0，则代表该部件端实例没有整体端的实
例，但它依然可以存在。图 4-9 采用组合关联展示了折叠翼的组成。在模块定
义图中，不限制模块的组成层次数量，但为了提高可读性，通常只展示较少的几层。
值得注意的是：图 4-9 的组合关联关系表示和图 4-2 的基于部件属性的表示效果
是一致的。

引用关联用来表示模块之间存在一种连接，双方可以相互访问。若引用关联
是双向的，则连线两端都无须箭头修饰。若只是单向引用关联时，则被引用端表
示为开放箭头，另一端则没有箭头或表示为空心菱形。图 4-10 展示了"弹体"与
"炸药"模块之间的引用关联，由于炸药存储在弹体中，但不是弹体的组成部分，
因此，使用引用关联表示二者之间的关系。

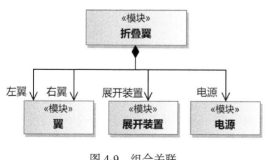

图 4-9　组合关联

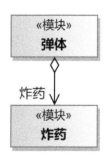

图 4-10　引用关联

3. 泛化关系

泛化对应于面向对象思想中的继承，子模块可继承父模块的特性，并对父模块的特性进行扩展或重定义。因而设计者可以基于继承方式扩展出新类型的子模块，提高系统的可扩展性。图 4-11 展示了不同种类折叠翼之间的泛化关系。

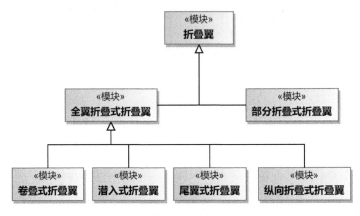

图 4-11　模块泛化

4.1.5　小结

模块定义图是系统设计中最常见的图之一。它不仅可以用来描述系统的结构化信息，如结构类型、关系、提供的服务、所需的服务、遵循的约束和值类型，还可以通过模块间的泛化关系来方便系统的扩展，通过端口来体现封装的思想并降低系统间的耦合。但它不能给出系统的内部结构和系统的数学模型，因而还需其他 SysML 图来完善对系统的描述。

4.2　内部模块图

4.2.1　概述

SysML 的内部模块图是基于 UML 的组合结构图(composite structure diagram)扩展变化而来。和模块定义图一样，内部模块图是一种用来描述系统或者系统某组成部分的静态视图。但不一样的是：创建内部模块图是为了描述单个模块的内部结构，即它的部件是如何基于端口进行连接的。内部模块图可以表示部件属性和引用属性之间的连接关系，在连接之间流动的事件、能量和数据类型，以及通过连接提供和请求的服务。但内部模块图不会显示模块，只是显示对模块的使用，即模块是内部模块图中出现的模型元素的类型，模块不能出现在内部模块图中，它们只在模块定义图中出现。内部模块图中出现的是模块的实例。由此可以看出，内部模块图和模块定义图提供了相互补充的模块视图，共同提供完整的系统结构描述。模块定义图定义模块和它的属性，而内部模块图显示对模块的合法配置，即模块属性之间特定的一系列连接。内部模块图外框的完整名称描述如下：

ibd [模块] 模块名称 [图名称]

内部模块图的描述对象通常为模块，模型元素类型在图的外框中通常省略。图 4-12 展示了一个内部模块图的例子，该图描述了滑翔炸弹所在系统上下文的组成部分及其间的通信关系。

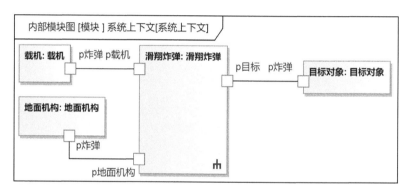

图 4-12 内部模块图示例

由于内部模块图和模块定义图中部件属性和引用属性的意义相同，因此，这里就不再繁述。重点介绍内部模块图中特有的连接器和条目流(item flow)。

4.2.2 连接器

在内部模块图中，连接器用来连接两个属性，实现两个属性之间的交互。由于部件属性和引用属性是模块的实例，因此，属性之间的交互可能包括模块实例之间的输入输出流、模块服务的调用、模块之间信息的发送和接收等。两个相互连接的属性可以是相同的部件属性、引用属性，或两者不一样。同时，一个属性可以和多个其他属性连接，但是对每个连接都要有一个单独的连接器。连接器名字的完整格式是

<connector name>: <type>

连接器的名称是建模者定义的，是可选的，类型也是可选的。连接器的类型必须是其所连接的两个模块之间的关联模块。关联必须连接同样的两个模块，而那两个模块会指定连接器两端属性的类型。连接器的两端可以用连接端口的名字和多重性来修饰。如果没有显示多重性，那么就认为多重性是 1。图 4-13 是导引

头的内部模块图，它表示了导引头各组成部分之间存在的关联关系。例如，"光学子系统"从外界接收红外信号并发送给"探测器"；"探测器"对光进行探测从而产生数字信号，并将数字信号发送给"信息处理子系统"进行处理；"二次电源"向"探测器"、"信息处理子系统"及"微型电机"供电。所有这些连接器都具有默认的多重性，即它们之间都是一对一的关联。

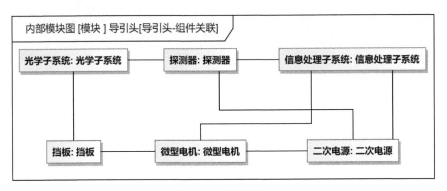

图 4-13　关联部件

　　如果通过流端口连接两种属性，则可通过这些端口在属性之间传递事件、能量或者数据。图 4-14 展示了滑翔炸弹各组成部分之间通过其代理端口建立的连接器及连接器上的部分条目流(条目流的定义详见 4.2.4 节)。例如，制导尾仓的代理端口"p 弹体"与弹体的代理端口"p 制导尾仓"之间存在一条连接器。

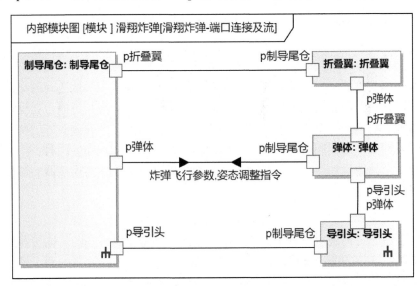

图 4-14　端口之间的连接及条目流

被连接的两个端口需要遵循特征兼容性规则。具体来讲,设被连接的源端口和目标端口分别为 A 和 B,则 A 端口的流属性类型必须与 B 端口流属性类型相同或为其子类,A 端口与 B 端口流属性的方向必须相反或均为 inout。当端口之间为外部连接时,即被连接的两个端口属于不同模块,均遵循上述特征兼容性原则。然而,当代理端口之间为内部连接时,即被连接的两个端口属于同一模块,由于代理端口表示所连接的内部部件的特征,因此,两个代理端口的流方向需要相同。

4.2.3 嵌套属性

内部模块图还提供了一个强大的功能,即允许显示内嵌在其他属性中的属性,从而允许在单独视图中表示系统层级结构的多个层级。内嵌属性的表示方法是在一个属性的图标中显示另一个属性的图标。然而,内部模块图的内嵌特性是一把双刃剑,它在让建模者看到内嵌组成部分之间关联的同时,也会使得内部模块图的可读性变差。SysML 没有对内部模块图中属性的嵌套层次进行约束,建模者可以根据画布的维度和图的可读性自行确定。

由于属性的内嵌属性会占据很大空间,因此,SysML 提供了另一种表达内嵌属性的标识法,即点标识法。点标识法是用字符串的形式简洁地表示结构化的层次关系。根据内嵌深度的不同,点标识法的字符串可以任意长。对于表示系统层级关系的大量信息及不同层级上组成部分之间的关联,这是一种高效的方式。但是和内嵌方式相比,点标识法也存在一些缺点,即不能表达决定属性类型的模块名称,不能表示属性的多重性。

图 4-15 在内部模块图中显示了嵌套部件的两种表示方式。图 4-15(a)使用图标标识法,在部件图标中显示另一个子部件图标。例如,"透镜"嵌套在"光学子系统"图标中,"光学子系统"嵌套在"导引头"图标中。图 4-15(b)使用点标识法,在嵌套部件之间用分隔符(如".")分隔。例如,"探测器"由于包含在"导引头"部件中,因此,其名称为"导引头.探测器"。

不同层级的内嵌属性与外界关联的方式有两种:一是在内嵌属性边界的端口处停止,然后再绘一条连接器至内层的内嵌属性;二是直接跨越封装内嵌属性的边界绘制连接器至内层的内嵌属性。前者体现面向对象技术中的封装原则,用于隐藏模块的内部实现。而后者则简单高效,可用于描述嵌入式系统等对实时性要求很高的系统结构。但在一般情况下,不提倡使用这种方式。

图 4-16 展示了嵌套连接器示例。其中,导引头光学子系统中的"分光镜"接收外部光线并将其分为可见光和红外线,两种光线分别经过相应的"反射镜"和"透镜"模块并发送给导引头的"探测器"。

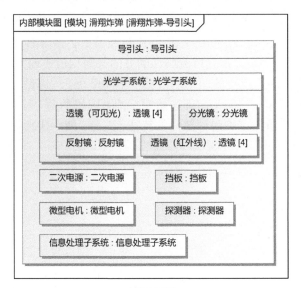

(a) 图标标识法

导引头.探测器：探测器

(b) 点标识法

图 4-15　嵌套部件示例

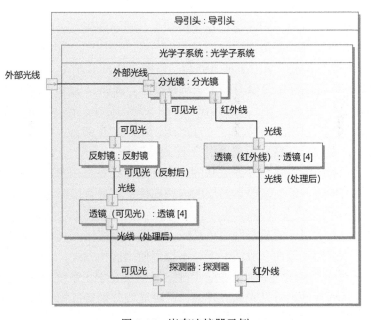

图 4-16　嵌套连接器示例

4.2.4 条目流

条目流表示在系统的两模块间流动的事件、能量或者数据。在属性之间流动的流必须和连接器两端流端口的类型兼容。对于一个在源属性和目标属性之间传动的流，连接器两端都要有一个类型和方向均兼容的流属性。如果目标流属性的类型和源流属性的类型相同或者比源流属性类型更通用，那么认为流属性类型是兼容的。如果两端属性的方向都是 inout，或者两端属性的方向相反(即一个为输入，另一个为输出)，那么认为它们的方向是兼容的。

图 4-17 给出了目标对象和导引头的光学子系统之间的关联。目标对象和光学子系统具有类型为"红外辐射"的流属性，且二者方向兼容，从而允许红外辐射从目标对象流向光学子系统。

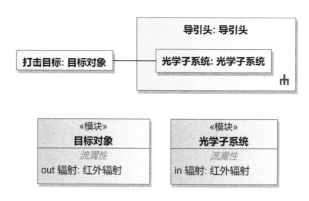

图 4-17 带有流属性的连接器

条目流在内部模块图中以实心黑色箭头表示，位于连接两个流端口的连接器上，其指向代表流的方向。当在一个连接器上有多个条目流时，所有相同方向的条目流通过用逗号分隔的列表在流箭头旁边展示。每个条目流都包含类型名字和条目属性。图 4-18 展示了"直流电"由"二次电源"流向"信息处理子系统"、"探测器"及"微型电机"。

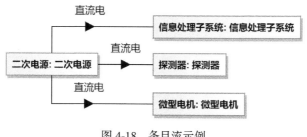

图 4-18 条目流示例

4.2.5 小结

内部模块图能表示与模块定义图互补的信息，如系统组成部分之间的关联、一个组成部分为另一部分提供的服务，以及它们之间能够流动的事件、能量和数据等。因此，建模时这两种图通常是依次出现的。

4.3 参 数 图

4.3.1 概述

本质上，参数图是一种特殊的内部模块图，主要用于描述系统的约束。这些约束以数学表达式的形式被封装在约束模块中，这些约束所涉及的变量通过约束模块的约束参数(constraint parameter)来描述。通过对约束模块进行实例化，可以将这些参数与系统中模块的值属性(value property)进行绑定(binding)，从而对模块进行约束，支持针对系统各方面的工程分析。

在约束模块中，可以通过定义数学模型，表达出所需的工程含义，从而应用于多种不同的工程分析场景。例如，它可以用来描述牛顿定律，从而对系统的物理属性进行约束，进而支持系统的动态仿真；也可以表示性能需求的各项指标，从而对系统性能进行约束等。因此，可以在系统生命周期的任何阶段创建参数图，以支持所需的工程分析。参数图的完整外框如下：

par [模型元素] 模型元素名称 [参数图名称]

图 4-19 显示了一个描述滑翔炸弹成本约束的参数图。其中，"成本"为一个约束属性，其类型是约束模块"成本计算"，它基于滑翔炸弹各组成部分的成本计算其总成本。

参数图涉及的模型元素主要有约束模块、约束属性和绑定连接器(binding connector)。以下分别加以介绍。

4.3.2 约束模块

约束模块是一种特殊的模块，用于定义可复用的约束表达式。约束模块包含两种要素：约束表达式和约束参数。其中，约束表达式可以是等式或不等式，用来约束模块的值属性之间的数学关系。约束参数是约束表达式中使用的变量，它是从绑定的值属性获得值，即被约束的值属性。一个约束模块可包括一个或多个约束表达式，以及相关的约束参数，它表示约束参数必须符合约束表达式中所定义的等式或不等式。值得注意的是：约束表达式只是一种声明而不是赋值。因此，约束参数之间在默认情况下不存在依赖关系，即不区分自变量和因变量。例如，

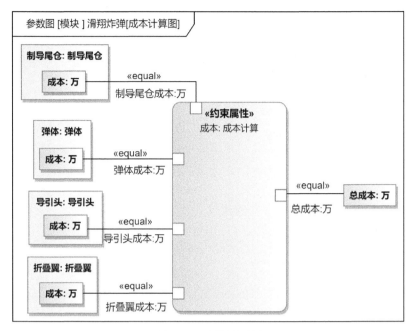

图 4-19 参数图示例

表示牛顿定律的约束 $\{f = m \times a\}$ 中有三个约束参数 f、m 和 a，可以基于其中任意两个(如 m 和 a)推导出第三个(如 f)的值。约束模块也可以作为约束属性应用于其他模块，从而对模块进行约束。约束关系的具体实现是通过将约束模块的约束属性与模块的值属性相绑定来完成的，这一绑定关系通过参数图进行描述(详见4.3.4 节)。

进一步，基于简单的约束模块还可以构建复杂约束模块，这种约束模块之间的组合关系通过模块定义图来定义。被使用的约束模块作为约束属性被关联到复杂约束模块上，从而对复杂约束模块的内容进行描述。而约束模块间的参数绑定关系需要通过参数图进一步描述。图 4-20 展示了一个复杂约束模块"质心动力学方程"的定义，它包含了一个类型为"质心加速度方程"约束属性，以描述质心动力学方程中加速度 a 的计算方法。

1. 约束的定义

SysML 采用约束对数学表达式进行描述，因而在使用约束对系统进行精确描述之前，首先需要对约束(constraint)进行定义。SysML 中的约束是一个通用概念，也没有指定编写语言，可以由任何语言编写。典型的约束语言如对象约束语言(object constraint language，OCL)、数学标记语言(mathematical markup language，MathML)及编程语言 Java、C 等都可以用于编写约束表达式。

约束可以应用于各种模型元素，如包、模块等。当约束应用于模块时，表示模块的值属性必须符合约束中表达式所给出的定义。如图 4-21 所示，在滑翔炸弹模块的"约束"分隔框中定义了"总成本≤230"的约束，表示滑翔炸弹的值属性"总成本"需小于等于 230 万。

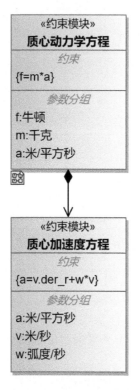

图 4-20　复杂约束模块

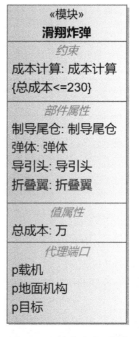

图 4-21　约束定义示例

2. 约束参数

如前面所述，约束参数(constraint parameter)是约束表达式中使用的变量，是约束模块的属性，它在约束模块的参数区段中显示。其定义形式为

: <type> [<multiplicity>]

上述定义说明约束参数可以有类型，表示其可以承载的数值类型。同时它还可以有多重性。当约束参数代表一个数值集合时，还可以进一步指定该集合是否有序(ordered)或唯一(unique)。

此外，和其他参数一样，约束参数也可以指定为导出的(derived)，即表示该参数的数值可以由其他属性推导出来。其作用在于它可以指定约束表达式的因变量，而将约束用于工程分析时，可以用于指导求解器识别需要分析和求解的目标变量。图 4-22 展示了约束模块"数列求和"的约束参数的定义。其中，参数 sum 为一个类型为实型的变量；参数 operands 的类型为实型，其多重性被指定为 0..*，表示该参数代表一个数组。

4.3.3 约束属性

与模块一样，约束模块也可以作为其他模块或约束模块的组成部分，称为约束属性。在具体使用时，约束属性可以在模块定义图中展示，而约束模块可以通过组合关联关系与被其约束的模块相连，从而实例化为该模块的一个约束属性；在约束属性定义后，它将会显示在模块的约束分隔框中。在图 4-23 中，约束模块"成本计算"通过组合关联关系与模块"滑翔炸弹"相连，从而定义"总成本"这一约束属性，该属性展示在模块"滑翔炸弹"的约束分隔框中。

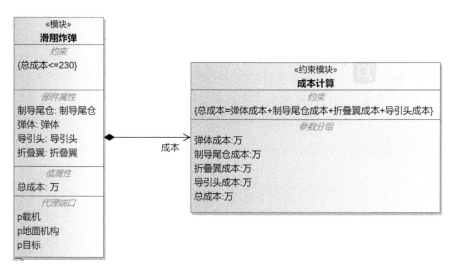

图 4-23 约束属性定义的示例

当约束属性定义完成后，它可以出现在描述其所属模块的参数图中，从而对模块进行约束。当出现在参数图中时，它的名称、类型及约束参数都必须与模块定义图中的定义保持一致。例如，在图 4-23 中定义的约束属性"成本"出现在模块"滑翔炸弹"的参数图(图 4-19)中，这些约束属性以圆角矩形为标识，以约束属性名"成本"及类型名"成本计算"作为命名，其约束参数显示为附在矩形边缘上的小方块。

4.3.4　绑定连接器

绑定连接器是一种特殊的连接器,它表示被连接的两个元素之间的等价关系。它出现在参数图中,用一条实线表示,其一端必须连接约束参数,另一端可以是值属性,也可以是约束参数。例如,图 4-19 中约束属性"成本"的约束参数"制导尾仓成本"与其所修饰的模块"滑翔炸弹"的组成部分"制导尾仓"的值属性"成本"绑定,表示该值属性必须与约束参数保持相等,并满足约束属性中的约束表达式。

图 4-24 展示了绑定连接器用于连接两个约束参数的情况,其中,约束属性"质心动力学方程"的约束参数 a 与约束属性"末时刻速度方程"的约束参数 a 绑定,表示二者是等价关系。

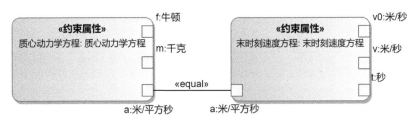

图 4-24　参数图中的绑定连接器

需要注意的是,与约束参数间不存在因果关系类似,绑定连接器并不传达求解方向信息。它仅声明所连接两端的变量值之间的恒等关系,并不表示赋值行为。具体的求解过程由分析人员或分析求解器根据具体情况动态完成。

4.3.5　应用场景示例

1. 基于参数图的分析配置信息建模

参数图所描述的数学模型通常被用于工程分析,工程分析人员可以手动或借助于求解器来分析模块是否符合约束。然而,在进行分析之前,需要给定一些属性的具体数值,否则整个分析工作将无法开展。这些已知量的集合被称为配置(configuration),可以通过参数图进行建模。

如图 4-25 所示,模块"导引头配置"用于描述导引头配置信息。两个约束属性"功率方程"和"功率求和"分别用于计算二次电源可提供的电能及其他三个组件需要的电能总和。工程人员可以为模块的值属性赋予特定值,从而确定是否满足约束条件。例如,工程人员可以为二次电源赋予电压和电流值,并指定探测器、信息处理子系统及微型电机需要的电能,从而确定二次电源可提供的电能是否能够满足功率需求。

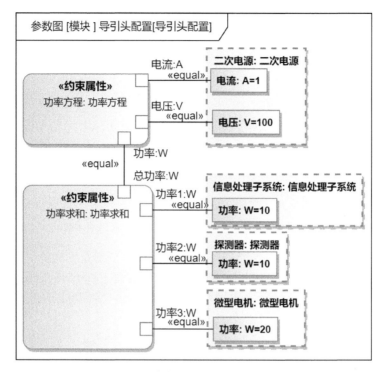

图 4-25　基于参数图对分析的配置信息建模

2. 基于参数图描述时间相关的分析

模块的值属性中通常会存在时间相关的属性(如速度、加速度等)，这些属性会随时间发生变化，而对这些属性进行约束的方程也通常包含时间参数。为了在分析模型中体现时间参数，一种方法是将时间信息隐含在变量的表达式中。如图 4-26 所示，约束"角位移方程"中包含一个随时间的积分计算 integral，将它施加到"角速度"上，从而可以计算出旋转角度的数值。

另一种方法是将时间信息显式表示为一个约束参数，并基于时钟模块提供时间参数的具体数值。图 4-27 所示的"末时刻速度方程"具有一个时间属性 t，为分析提供当前时间值；该属性可与时钟模块的时间属性相绑定，从而显式提供时间信息，供工程人员进行分析。

3. 基于参数图的权衡分析建模

针对同一个问题,在系统设计或实现过程中可能会产生多种不同的解决方案。这些解决方案反映到系统模型上，会形成多个不同的系统模型或同一系统模型的不同参数设定。权衡分析(trade-off analysis)的目的便是从这些方案中选择出最优解决方案。在进行权衡分析时，我们需要对每一种解决方案计算其效能指标

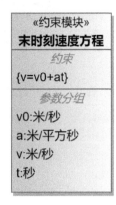

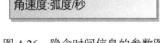

图 4-26　隐含时间信息的参数图　　　　图 4-27　显式表示时间信息的参数图

MOE(measure of effectiveness)，这些度量以定量的方式对系统从各个方面进行评价。之后，将每一种解决方案的 MOE 输入到目标函数(objective function)进行计算，从而产生一个唯一的指标。通过对该指标的比较，我们可以从多个解决方案中选择出最优解决方案。

以图 4-28 所示导引头系统为例来进行说明。该系统在设计过程中，产生了两种解决方案，即随动平台导引头及捷联导引头。成本、重量、精度等 moe 被定义在导引头模块中，该模块是两种解决方案的泛化，用于对 moe 进行定义，而每种解决方案的 moe 的具体计算结果则被分别记录在相应的模块定义当中。

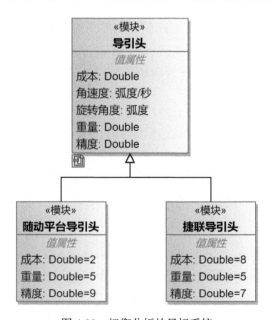

图 4-28　权衡分析的目标系统

图 4-29 展示了针对两种导引头性能的权衡分析的分析场景。该分析的目标函数为"加权方程",两种待分析的解决方案也被加入到分析场景中。

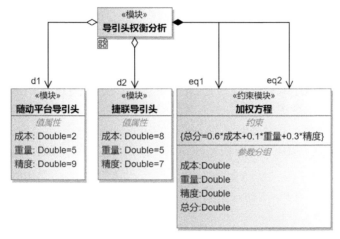

图 4-29 权衡分析的分析场景定义

图 4-30 用参数图描述了权衡分析的具体约束关系及计算结果。其中,每个可行解决方案中的 moe 与目标函数中的相关约束参数相绑定,作为目标函数的计算输入。通过计算,目标函数输出了每种解决方案的最终衡量指标,其中,方案 1

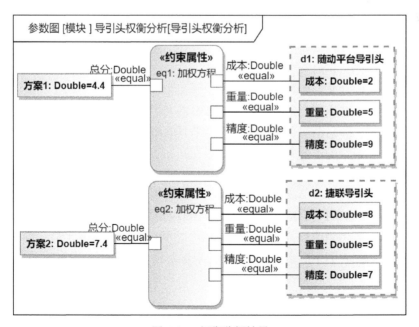

图 4-30 权衡分析结果

随动平台导引头的指标值为 4.4, 方案 2 捷联导引头的指标为 7.4, 因此, 方案 2 比方案 1 更优。

4.3.6 小结

参数图是一种特殊的内部模块图, 主要用于说明系统应满足的一系列等式或不等式约束。在具体使用时, 一般是先将系统应满足的约束定义为约束模块, 然后将其添加为系统中被约束模块的约束属性。参数图通过将被约束模块的值属性与约束模块的约束参数进行绑定, 从而具体说明约束是如何作用于系统中的模块的。

参数图最主要用途是支持工程分析。它可以支持分析配置信息的建模、支持基于时间的分析、描述多种分析场景及支持权衡分析的开展等。

4.4 包 图

4.4.1 概述

复杂系统的 SysML 模型包含成千上万的模型元素, 这些模型要素需要进行比较好地组织, 以支持模型元素的重用、存取及导航等。模型可以认为是一种特定的包类型, 它从一个特定的视点出发, 将相关的模型元素描述为一个感兴趣的领域。而包图就是 SysML 中用来组织模型的图, 这里模型组织的基础单元是包 (package), 包和它包含的内容显示在包图 (package diagram, PKG) 上。

包首先是一种容器。每个模型元素如模块、用例、活动等都包含在一个容器中, 这个容器称为它的所有者或者父元素, 被包含的模型元素通常称为子元素。当一个容器被删除或者复制的时候, 它的子元素也被删除或者复制。由于子元素也可以是容器, 这样模型元素之间就会存在嵌套的包含层次关系。同时, 包还是一个命名空间, 即它能使它的元素在其内部具有唯一标识, 且当一个元素在其命名空间外部使用时, 一个完整的限定名帮助其在容器层次内部进行无二义性的定位。此外, 还有一个重要的关系是导入关系, 它允许一个包中的元素导入到其他包中, 那样它们就可以仅仅通过简单的名字进行引用。

考虑到模型重用对于建模工作的质量和效率的重要性, 在 SysML 中包含了模型库的概念, 它可用于存放模型中或者模型之间可共享的模型元素。视图 (view) 和视点 (viewpoint) 可以根据多种组织原则来展示模型。视图是用来展示模型上的特定视点的包, 视点规定视图所展示的内容, 视图则必须要符合视点的要求, 如性能或安全性相关的模型元素。

可以在包图中显示各种类型的元素和关系, 以表达系统模型的组织方式。包图是显示系统模型的组织方式所创建的图。系统模型的组织方式由包的层次关系决定，而包的层次关系则将模型中元素分配到逻辑紧密相关的组中。系统模型可以根据不同的方法及项目的不同目标进行组织。在确定了对项目有效的组织方式后，创建包图会很有用，可以为利益相关者提供展示该模型组织方式的易于理解的视图。

包含在包中的模型元素可以在包图中展示。包图的完整外框如下：

pkg [model element type] package name [diagram name]

其中，图的类型是包图(pkg)，模型元素类型可以是模型、包、模型库或者视图。包图示例如图 4-31 所示，它展示了滑翔炸弹模型目录下的一些包及其之间的层次关系。

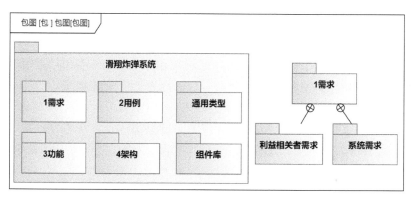

图 4-31　包图示例

包图会传达关于模型本身结构的信息。当利益相关者关注的问题有所改变时，就会创建新的包图。在项目开始，第一次创建模型结构时，会创建多个新的包及新的包图。随着生命周期的设计阶段不断发展，会把更高层次的结构元素分解成更低层次的结构元素。通常会向模型结构中添加新的包，以包含那些更低层次的新结构元素，此时，则需要创建新的包图。

4.4.2　包的特征描述

1. 包的类型

SysML 的模型组织成包的层次树的形式，类似于 Windows 目录结构中的文件夹。包用来把模型元素分成相互关联的单元，从而支持访问控制、模型导航、配置管理等。用来组织 SysML 模型的最主要的模型元素是模型、包、模型库和视图。

SysML 中的模型是包层次中最高层级的包。在包层次中，模型可能包含其他模型、包或者视图。通常，模型是对特定系统或者领域关键特征的抽象化表示。视图利用其他的组织原则提供查看模型的不同视角。包的一个重要目的是支持一部分模型在不同的项目中的重用，这可以通过使用模型库来实现。

2. 包的层次

如前所述，系统模型被组织成一个包的层次结构。包的顶层是一个模型，该模型通常又包括多个包，这些包又进一步包含一些子包。模型的组织十分关键，因为它影响重用、访问控制、导航、配置管理、数据交换等多个方面。例如，一个包是模型的一个单元，可以赋予它特定的访问特权以限定只有特定用户才可以修改其中的内容。一个组织不好的模型会使得用户的理解和访问十分困难。

模型层次可以基于一系列的组织原则。以下是一些常用的模型组织方式：

(1) 基于系统层次(如系统层、元素层、组件层)来组织；

(2) 当每个子包表示系统生命周期中的一个状态时，可以基于生命周期(如需求分析、系统设计)来组织；

(3) 基于工作于这个模型上的团队(如需求团队、内部产品团队)来组织；

(4) 基于包含在其中的模型元素(如需求、行为、结构)来组织；

(5) 将可能会同时改变的模型元素组织在一个包内；

(6) 将需要支持重用的模型元素(如模型库)组织在一起。

包含是包层次中的父子关系。包含有两种表示方式，一种是用带圆框十字的直线表示(图 4-31 右侧部分)，其中，带圆框十字的一端是父元素。包含关系通常表示成树状，从父节点端的带圆框的十字发散出多条直线连接到其所包含的子节点端。包含的另一种表示方式是在包中嵌套模型元素，如图 4-31 左侧部分所示。

包含层次通常是建模工具中主要的浏览视图。图 4-32 展示了一个与图 4-31 对应的模型浏览器视图。和 Windows 中的文件浏览器类似，模型浏览器中包含其他元素的模型元素可以展开或者闭合。模型和包组成包含层次中的分支，其他模型元素是更低层次的分支或者叶子。

除了包，包图用来展示可打包元素。可打包元素通常表示成不同形状和尺寸的节点符号。如图 4-33 所示，包图展示了"组件库"包中的细节，其中，包含了用来构建滑翔炸弹系统所需的部分组件。该图只是模型的简单视图，它并没有展示包含在包中的所有内容。

3. 包和命名空间

包相对于其中包含的元素既是容器，又是命名空间。除了注释，大部分的 SysML 模型元素是有名字的。任何类型的命名空间都定义了一系列的规则来区分其中包含的不同元素。包中元素的唯一规则是它们的名字不能重复。

包是有层次的，它可以嵌套其他的包，即模型元素可以包含在某个包中，而这个包又包含在其他包中。这种包含关系可以清楚地展示在模型浏览器中。模型

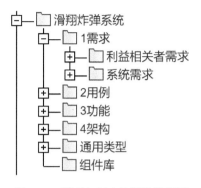

图 4-32　模型包层次的浏览器视图　　　　　图 4-33　包中的元素

元素可以出现在不同图中，这些图可能会显示或者隐藏它的父类命名空间。当一个模型元素出现在某个没有表示其父类的图中时，只用模型元素的名字可能会产生歧义。这种问题的解决方案是展示这个模型元素的限定名。如果模型元素嵌套在由图表示的包的包含关系中，那么它的限定名展示的是从包到包含元素的相对路径；如果模型元素没有嵌套在由图表示的包中，那么它的限定名是从根模型到元素的完整路径。模型元素的限定名通常是以模型元素的名字结束，前面包括由双冒号 "::" 分隔的命名空间的路径。限定名的路径由左向右解析，例如，模型元素 X 的限定名是 A::B::X，这意味着模型元素 X 包含在包 B 中，包 B 包含在包 A 中。

图 4-34 展示了在包中用限定符来表示"利益相关者需求"包的例子，它表示在"滑翔炸弹模型"中有一个名为"1 需求"的包，包中有一个名为"利益相关者需求"的包。在包层次中，每个模型元素都有一个唯一的限定符。

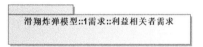

图 4-34　在包含层次中利用限定名表示
模型元素

4.4.3　包的关系

1. 包的导入

根据模型的组织关系，不同包的模型元素可能彼此关联，这些关系可能需要表示在包图上。在这种情况下，一个图可能需要展示其他包中的元素，这样出现了一个比限定名更合理的方式，来避免图的混乱。

导入关系用来把源命名空间中的元素或者元素集合导入到目标命名空间。导入元素的名字变成目标命名空间的一部分，这样在展示目标命名空间的图中就不需要限定名。需要注意的是，不管导入关系存在与否，很多 SysML 工具都自动隐藏限定名。

　　包的导入是导入整个包，这意味着源包的所有模型元素都被导入到目标命名空间。当导入整个包会导致混乱时，一般会导入单个元素。当目标命名空间中两个或者多个元素名字相同时，会导致命名冲突。命名冲突的规则如下。

　　(1) 如果导入的元素名字和目标空间中的子元素名字冲突，那么该元素不导入，除非使用别名空间来提供唯一的名字。别名空间用来为模型元素提供一个别名，避免名字冲突。

　　(2) 如果两个或者多个导入元素名字冲突，那么它们都不导入到目标命名空间。

　　命名元素在命名空间中被称为成员。成员在其命名空间中的可见性可以是公开的(public)或私有的(private)。命名空间中成员的默认可见性是 public。成员的可见性决定了它是否可以被导入到其他的命名空间。包导入时只导入源包中有public 可见性的内容到目标命名空间中。

　　导入关系的图示为一个带箭头的虚线，用关键字《import》标记。箭头指向要导入的源目标空间，它可以是单独的模型元素(元素导入)或者整个包(包导入)。导入关系可以指定其可见性，如 public、private、protected 等。当导入关系的可见性设置为 private 时，该关系用关键字《access》标记。

　　图 4-35 展示了导入关系示例。包 2 与包 1 之间存在导入关系，表示从包 1 导入模块 A，以及子包 1 及其包含的模块 B，该导入关系的可见性为 public，表示所有元素对包 2 外部元素可见。包 2 从包 3 导入模块 D，该导入关系的可见性为private，表示其对包 3 外部元素不可见。

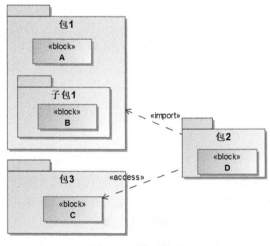

图 4-35　导入关系

2. 包的依赖

依赖关系可以应用在命名元素之间，表示依赖关系一端的元素出现改变时会导致另一端元素的改变。依赖两端的模型元素分别称为客户端(client)和提供者(supplier)。客户端是依赖于提供者的，即提供者的改变可能引起客户端的改变。

当某包中的元素需要依赖其他包中的元素时，应当在包图中建立相应的包间依赖关系。例如，系统软件应用层的软件应用可能依赖于系统软件服务层的软件组件。这可以利用应用层包(客户端)和服务层包(提供者)之间的依赖关系来表示。

依赖通常用来细化建模过程早期的关系，随后会被更精确的关系替代。在包图中有多种类型的依赖关系，下面是一些常用的依赖关系类型：

(1) 使用(use)是指客户端使用提供者作为它定义的一部分；

(2) 精化(refine)是指和提供者的细节相比，客户端增加了更多的细节，例如，功能与性能需求由组件定义中具体的物理和性能特征来细化；

(3) 实现(realization)是指客户端实现由提供者描述的细节，例如，执行包实现设计包；

(4) 分配(allocate)是指一个模型元素分配到其他的模型元素。

依赖表示为一个带有箭头的虚线，其中，箭头从客户端指向提供者。依赖的类型用构造型名称表示。图 4-36 展示了滑翔炸弹模型包含的几个包之间的依赖关系，其中，"2 用例"是对"1 需求"的精化，"3 功能"进一步对"2 用例"进行精化，"3 功能"分配到"4 架构"，"4 架构"使用了"组件库"。

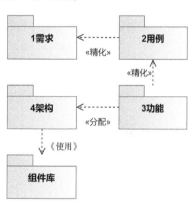

图 4-36 依赖关系

4.4.4 视图与视点

包含层次提供了模型的基本组织。然而，在建模过程中有时需要将包含在多个命名空间中的一系列模型元素展示到模型的一个视图中以支持特殊的利益相关者的视角。为此，SysML 引入了视图和视点的概念。

视点描述一个利益相关者集合的利益方面，它用来规定模型的一个视图。视点包含一个属性集合，它指定了以下信息：

(1) 利益相关者感兴趣的方面；

(2) 对这个方面感兴趣的利益相关者；

(3) 选择这个方面的目的或者理由；

(4) 用来展示这个视图的语言；

(5) 构建这个视图的方法(例如，定义何种标准来对模型库进行查询以组成视图)。

视图是一种包类型，它遵循它的视点。视图根据它的视点所描述的方法导入一个模型元素集合，并用视点定义的语言来展示利益相关者希望看到的相关信息。视点的属性通常被非形式化的描述，从而作为构建的指导，但有时则需要精确描述以便能够支持视图的自动构建和评价。

视点由矩形图标和关键字《view》表示，它的名字和属性在相应的分隔框中定义。视图用一个类标识和关键字《viewpoint》表示，同时要定义它的名字和引用。视图和视点之间的符合关系用带箭头的虚线表示，从视图指向视点，用关键字《conform》说明。

图 4-37 中展示了视图和视点的用法。"性能视点"强调与模型性能相关的方面，它的利益相关方为"项目经理"和"架构师"，建模语言为 SysML。"性能视图"符合"性能视点"，它导入"1 需求"和"4 架构"两个包，从而展示利益相关者希望看到的与性能有关的模型元素。

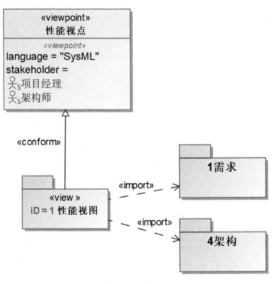

图 4-37　视图和视点

4.4.5　小结

一个良好定义的模型组织对于模型的重用、访问控制、导航、配置管理和数据交换等都十分重要。因此，需要采用合适的组织原则来创建一个一致的有层次的包结构。包图用于说明系统模型的组织结构，即包之间的层次关系。建模者通常会创建包图来表达模型元素的分组逻辑，并帮助利益相关者在需要定位特定元素时能够方便地在模型结构中导航。SysML 定义了四种特殊类型的包。模型是层次关系的根节点。模型库包含一系列需要在多个模型中重用的元素。视图是包含经过过滤的模型子集的包，这个子集符合利益相关者的视点。设计师可以创建包图来显示这些特殊类型的包及存在于它们之间的依赖关系。

第 5 章 领域元模型

5.1 引　　言

建模是指建立模型的过程。建立系统模型的过程，又称模型化，是研究系统的重要手段和前提。凡是用模型描述系统的因果关系或相互关系的过程都属于建模。建模需要遵循一定的规范，这些规范根据具体的需要进行定义。其中，对象管理组织(OMG)以经典四层元数据体系结构为基础定义的 MOF(meta-object facility)元元模型与元模型就是其中代表性的标准规范[17]，它可以用来解决产品数据一致性与企业信息共享问题。其具体的四层结构如下。

(1) 信息层 M0：信息层是按模型层给出的定义详细给出信息领域中某类对象的数据实例，即它通常是描述某一类型的用户数据。

(2) 模型层 M1：模型层是由元数据组成的，元数据是描述信息层的数据，元数据的集合被称为模型。模型层的主要职责是为描述信息层而定义的一种"抽象语言"(即没有具体语法或符号的语言)。信息层的数据，即用户数据，是模型层的一个实例。

(3) 元模型层 M2：元模型层是由元元数据组成的，元元数据定义了元数据的结构和语义，元元数据的集合被称作元模型。元模型层是为了描述模型层而定义的一种"抽象语言"，是对模型层的抽象，即模型层描述的内容通常要比元模型层描述的内容丰富、详细。一个模型是元模型的一个实例。数据词典中的元数据是对数据模型的描述。

(4) 元元模型层 M3：元元模型层是由元元数据的结构和语义的描述组成的，是为了描述元模型而定义的一种"抽象语言"。元元模型的定义要比元模型更加抽象、简洁。一个元元模型可以定义多个元模型，而每个元模型也可以与多个元元模型相关联。通常所说的相关联的元模型和元元模型共享同一个设计原理和构造，这也不是绝对的准则。一个元模型是元元模型的一个实例。

由上可知，元模型本质上是定义了一种建模语言，但这种通用的元模型定义的是通用建模语言。而针对某一特定领域及特定问题的建模语言，被称为领域相关建模语言(DSML)[18]。由于 SysML 是一种领域无关的通用建模语言，当需要针对某一特定领域系统进行建模时，通常需要构建其 DSML。使用领域元模型主要原因是通用系统建模语言 SysML 没有领域相关语义，如果直接用 SysML 表示目标系统，则无法体现它们的领域语义，如卫星、火箭、船舶，各自有自己的领域背景知识。因此，研究领域元模型的主要原因就是 SysML 缺乏领域相关语义，这会导致如下两个主要问题。

(1) 不利于专业人员理解和使用。由于 SysML 是一种通用建模语言，即它适用于所有产品的全生命周期设计过程，因此，它的语义表达能力有限，例如，对于所有的产品组件在 SysML 中都是表达成 Block 的形式。如何根据系统的领域相关语义及设计过程语义对 SysML 进行扩展，从而支持不同领域设计师的交流，支持不同设计阶段信息的无歧义表达仍然是一个有待解决的问题。

(2) 领域语义的缺失使得 SysML 建立的模型无法被计算机准确地理解。例如，对于系统的所有组成部分，由于其均采用 Block 进行表达，因此，计算机无法区分其为何种组件，因此，也无法采用相应的处理方法对该类组件进行自动处理。这使得系统设计过程必须依靠设计人员的经验采用手工过程来实现，开发成本高且易出错。

针对某一特定领域的 DSML 构建方法主要分为以下三种[19]：

(1) 在同领域已存在的 DSML 元模型的基础上细化，从而将更为宽泛的概念细化为更为具体的概念；

(2) 在某种通用的领域无关建模语言的基础上进行扩展，定义领域相关概念；

(3) 从零开始全新定义一门语言的元模型。

其中，第二种方法在已存在的通用建模语言 SysML 的基础上进行扩展，是系统工程中最常用的 DSML 构建方法。以下针对该方法进行详细介绍。

5.2　领域元模型构建方法

在 SysML 基础上构建 DSML 的过程主要包括以下四个步骤。

(1) 抽取领域知识：根据 DSML 涉及的领域及其目标应用场景，识别其中涉及的概念、关系及约束。

(2) 定义抽象语法(abstract syntax)：采用形式化的方法定义描述上述概念的抽象语法。这通常可以采用上面提到的 MOF 进行表示。

(3) 定义具体语法(concrete syntax)：在抽象语法的基础上，需要为每个模型元素定义相应的表示方法和符号作为其具体语法，从而在建模过程中对其进行使用。可以在 SysML 的基础上进行扩展来实现这一目的。

(4) 描述语义：对元模型中的模型元素的语义及使用方法进行说明，形成语言的规格说明书(specification)。

从上述步骤可以看出，领域知识的抽取是整个元模型定义的核心和关键，它决定了元模型所涵盖的内容；而后续三个步骤主要是对这些抽取出的内容从语法和语义角度进行描述，形成具体的模型元素，从而为建模工作的开展提供服务。

5.2.1　领域本体抽取

领域知识本体的抽取思路主要有以下两种：

(1) 在存在已知的本领域的上层本体的基础上，对本体中的概念进行扩展，形成针对特定目标领域的知识本体；

(2) 若不存在本领域的上层本体可供扩展，则需要对已有的领域知识进行梳理，提取出其中的概念及概念之间的关系(即概念的属性)。

对于第二种抽取方式，其抽取方法包括以下三个步骤。

(1) 领域概念及其属性的提取。在提取时，需要区分三个层次的概念，这三个层次概念之间具有 is-a 关系，即下层概念是上层概念的实例。

① 领域概念：表示本领域的通用概念，其属性的不同取值用于区分不同的实体类型。

② 实体类型：由领域概念实例化而来的具体的某种实体，其属性的不同取值用于区分不同的实体实例。

③ 实体实例：组成系统的某个具体的实例，其属性具有固定的取值。

(2) 梳理领域概念之间的关系，如继承、组成、引用等。

(3) 梳理领域实体的关系，并将其定义为领域概念。

5.2.2　抽象语法构建

元模型的主要目的是指定需要在 DSML 中表示什么及如何表示。在构造元模型时的一个常见误区是，依据与 UML 元模型的映射关系来定义领域元模型。因此，在构造元模型时，应注意以下两点。

一方面，应尽量地抛开 UML/SysML 元模型的固有模式，而关注于领域本身的需求，最好严格根据领域的应表达的信息内容定义初始领域元模型，而不考虑与 UML 元模型的映射关系。这样可以实现关注点的有效分离，并保证元模型的通用性。

另一方面，当领域元模型与 UML 元模型在元类、关系或约束上发生冲突时，可以适当地调整领域元模型，但这会损失其表达能力。但如果与 UML 元模型偏差太大，那么可能提示基于 UML 轻量级扩展的方法并不适合该 DSML 的创建。

DSML 的元模型应包括以下关键要素。

(1) 代表领域基本概念的基础语言构造子(construct)。例如，对多任务操作系统进行建模的 DSML 可能包含诸如任务、处理器、调度程序、任务队列、优先级等构造子。

(2) 上述领域概念之间存在的一组有效关系。例如，在操作系统示例中，调度程序可能拥有多个任务队列，每个队列具有一个调度优先级。

(3) 一组约束，这些约束控制如何组合语言构造子以产生有效的模型。例如，约束可以指定每个处理器最多可以有一个操作系统任务处于执行状态。

上述关系和约束的组合构成了 DSML 的格式规则。它们与语言构造子集合一起代表 DSML 的抽象语法。DSML 的抽象语法通常采用 OMG MOF 建模语言来表示，其中的基本语言构造子通过 MOF Class 及其 Attribute 来描述，构造之间关系通过 MOF Class 之间的 Association 关系表示。约束通常采用对象约束语言(OCL)[20]描述，该语言是 OMG 定义的标准语言且为众多建模工具所支持。

由于方法的第一步已经抽取了领域知识本体，因此，DSML 的上述语言要素可以从领域知识本体映射而来。其具体映射规则如下。

(1) 领域知识本体中的概念映射为 MOF Class。

(2) 概念之间的子类关系映射为 MOF Generalization 关系。

(3) 概念的数据属性，即类型为基本类型的属性映射为 MOF Class 的 Attribute。若数据类型为枚举类型，则需要定义该枚举类型及其枚举元素。

(4) 概念的对象属性，即类型为其他 MOF Class 的属性映射为两个 MOF Class 之间的 Association 或 Composition 关系。假设 MOF Class A 为概念，MOF Class B 为 A 的对象属性的类型，如果 A 仅引用 B 而 B 并不组合为 A，那么创建一条由 A 指向 B 的 Association；如果 B 组合为 A，则创建一条由 A 指向 B 的 Composition。此外，还需要为关系上 B 所在的一端指定其属性名称和基数(cardinality)，基数由上界和下界组成，表示 A 中可以存在的类型为 B 的属性的个数。

5.2.3　具体语法构建

在领域元模型基础上，需要对 SysML 进行扩展以构建领域相关建模语言。目前，存在两种扩展方法：①重量级扩展——对 UML/ SysML 语言的元模型进行修改，并创建全新的模型元素；②轻量级扩展——在 UML/SysML 语言所提供的模型元素基础上创建构造型(stereotype)，从而提供包含领域相关语义的模型元素。轻量级扩展方法有可移植性强、跨平台、实现快捷等诸多优点，是一种更为主流的扩展方法，被众多 SysML 建模平台所支持。

采用轻量级的方式对 SysML 扩展，需要执行以下四个步骤。

(1) 针对领域元模型中的每个元类，识别 SysML 中与其语义和语法最为接近的模型元素，即 UML/SysML 已有元类或构造型，在该基础元类的基础上定义构造型，从而形成领域相关模型元素。

(2) 检查新定义的构造型与其基础元类或构造型的约束是否存在冲突。这里除了检查基础元类约束，还需要检查基础元类的更上层父类的约束。

(3) 检查并确定是否需要对基元类的属性进行改进。由于基元类与新定义的领域相关构造型在语义上面存在一定差别，因此，通常需要对基元类的属性进行修改以更精确地描述领域相关概念。这可以是对其属性的增加，如将领域元模型中元类的属性表示为构造型的标签(tag)，从而对模型元素所表示的对象进行更为细致的描述；也可以允许删除某些基元类的属性，这可以通过将其多重性下限设置为零来实现。

(4) 检查新定义的构造型与其他已有元模型是否存在冲突。若存在冲突，可通过尝试修改元类属性来解决，若无法处理冲突，则需要重新选择其他基元类进行扩展。

5.2.4　语义描述

语义是任何计算机语言(包括 DSML)的基本部分。目前，语义大多使用自然语言非正式或半正式地描述。但由于自然语言的模糊性，难以确保对 DSML 进行精确的共享解释。在理想情况下，DSML 的语义应以与语法相同的形式指定。为此，OMG 提出了可执行 UML 模型基础子集语义(semantics of a foundational subset for executable UML models)规范[21]，该规范选取了一个 UML 子集(称为 fUML)并为其定义形式化的语义规范。该子集包括 UML 的一些非常基本的结构概念，例如，对象和链接，以及一些对这些结构概念进行操作(读取和写入)的核心原始 UML 操作，但它不包括大多数更高级别的概念，如状态机和更复杂的活动。该规范本质上定义了一种包含一系列原语的编程语言，使用该语言可以构造更高级别的 UML 或 DSML 语义。因此，这是一种用来定义语义的语言。

5.3　领域元模型构建的实例分析

以下以载人航天工程的任务需求建模为例来说明领域建模过程。载人航天任务规模庞大、实施周期长、任务风险高，其实施需经历需求分析、系统设计、制造总装、测试试验、发射保障及运行支持等多个阶段，且涉及总体、系统、分系统、单机等多个层次，信息交互量巨大，是一项复杂的系统工程。因此，探索形成高效的设计方法和规范化的设计流程，对提升设计效率和设计质量、降低设计成本、缩短任务周期至关重要[22]。传统的系统工程主要依赖于文本开展迭代设计，设计过程中的指标、分析、方案等均使用文字和图表来描述，从而导致工程文档繁多，设计状态变更和迭代流程长、环节多，且对于文字描述不同设计人员的理解不同，复用性较差。相反，MBSE 方法使用表述规范、关联紧密、逻辑一致的系统模型来描述系统工程的分析思路与结论，在设计过程中利用模型代替了传统的文本来传递设计信息，从而实现了基于模型驱动的数字化研制流程，避免了信息传递的二义性，改变了严重依赖文本、经验的粗放管理模式，能够大幅度地提升复杂工程的总体设计能力和设计效率。然而，直接采用 SysML 通用模型元素难以反映载人航天领域知识及约束规范，因此，亟须探索领域元模型构造方法，从而支持载人航天任务的高效建模。

基于 MBSE 的载人航天工程需求分析流程分为任务需求建模、能力需求建模、系统架构建模、系统需求建模、仿真分析与验证、需求发布 6 个基本步骤。任务需求建模的目的是全面收集并记录任务实施中各利益攸关方的需要和期望，并将任务目标及相关需要转化为明确、可标识的任务需求模型元素，以便后续任务分析、系统设计过程中快速查询、提取和追溯。

任务需求建模需要构造任务愿景模型、利益相关方定义模型、任务概念设计模型、飞行方案设计模型、任务框架定义模型、任务剖面分析模型等多种不同视角和用途的模型。由于篇幅所限，本章主要以下面三种模型为例分析其领域元模型构建过程。

1) 任务愿景模型

模型用途：根据国家要求，结合支撑国家战略、引领科技创新、带动产业发展等期望，明确本次任务的定位、关注项（结合先验知识和领域知识）和问题空间，以此为准绳度量后续设计过程中的整体统筹协调，积极资源整合，形成综合可行的任务模式。

主要领域概念如下所示。

(1) 载人航天任务：为探索、开发和利用空间开展的有人参与的航天活动，其属性应包括开始时间、完成时间、任务目标、期望/愿景、任务阶段、关注项、任务约束、载人航天任务框架等。

(2) 期望/愿景：载人航天任务高层客户(通常是国家领导人)的要求或指示。属性参照需求条目的属性(ID、拥有者、实现方式-载人航天任务)。

(3) 任务关注点：问题空间的基本组成单元，是一个或多个利益相关方对任务/系统的关切所在。涉及任务/系统对其环境产生的影响，包括研制的、运行的、组织的、政策的、经济的、法律的、监管的、生态的及社会的等。任务关注点的属性包括问题背景(载人航天任务/任务阶段/运行场景)、问题描述(关注的具体问题)、关注者(利益相关方或利益相关方类型)、处理方式(追溯至需求、产品特性、服务特性等)。

2) 任务概念设计模型

模型用途：结合任务关注项和利益攸关方期望定义高层概念的任务构想，描述任务的整体概念、主要实体和规划，宏观描述任务的大致目标、环节。为后续的需求分析、系统设计提供基本输入。

主要领域概念如下所示。

(1) 任务过程：与自身描述和认识有关的整个任务生命周期的节点。载人航天的任务节点通常包括研制、测试发射、运行控制、回收处置(测试发射、运行控制和回收处置共同构成飞行任务节点)。

(2) 目的地：描述任务的目的地，其子类包括地球、火星、月球、小行星、近地空间、同步轨道、地月空间等。

(3) 出发地：描述任务的出发地，其子类包括地球、火星、月球、小行星、近地空间、同步轨道、地月空间等。

(4) 过程连接：表达某个任务节点与相邻的任务节点之间的先后关系。

3) 任务框架定义模型

模型用途：识别载人航天任务背景下的主要实体对象，从要素组成的角度定义载人航天任务框架，考虑执行架构、任务环境、参考架构等。执行架构是负责/参与执行载人航天任务的各类实体，如飞船、火箭、发射场；任务环境是执行架构中的实体在储运、操作、运维过程中所处的物理环境；参考架构是国内外可供本次任务参考的成熟任务的任务方案。

主要领域概念如下所示。

(1) 载人航天任务框架：实现载人航天任务的综合性框架，通常从参考架构、任务环境、执行架构等方面描述载人航天任务的要素组成。载人航天任务框架与载人航天任务的"任务框架"属性相对应，前者"支撑"后者。

(2) 执行架构：描述一组负责/参与载人航天任务的各类人造实体，包括现有资源、新研系统等要素类型。

(3) 任务环境：描述一组执行架构中的实体在其储运、操作、运维过程中所处的物理环境，包括政治环境(如外交、监管、社群)、人造环境(如密闭舱内环境)、自然环境(如轨道、行星表面)等。

(4) 参考架构：描述与载人航天任务相关的可借鉴的国内外成熟任务方案，包括其执行架构、任务环境、主要约束和效能指标方面的信息和数据。

(5) 现有资源：已有的可获取的产品、设施或服务，体现为执行架构中的要素实体。

(6) 新研系统：为提供任务目标所需的能力，须更改现有资源的状态或重新开发相关产品、设施或服务，体现为执行架构中的要素实体。

(7) 提供：新研系统、现有资源的属性，表明新研系统/现有资源与执行系统的关系。

基于上述领域知识和领域概念，可以定义载人航天任务元模型的抽象语法。图 5-1 展示了基于元对象机制 MOF 所描述的任务元模型的抽象语法(部分示例)。其中，"载人航天任务"、"任务目标"、"期望/愿景"、"任务关注点"、"载人航天任务框架"和"利益相关方"等概念均被定义为 MOF 元类。"载人航天任务"与上述 MOF 元类之间存在关联关系，例如，"载人航天任务"与"任务目标"之间存在多重性为[1..*]的关联，表示载人航天任务具有 1 个或多个任务目标。上述 MOF 元类还可具有子类，表示对领域概念的进一步细分，例如，"载人航天任务"具有"工程任务"、"科学任务"和"研制任务"三个子类。

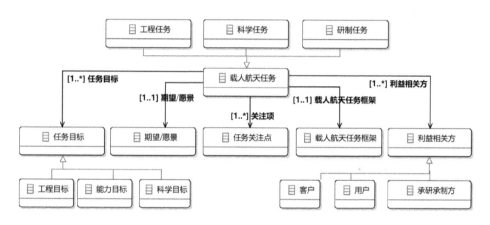

图 5-1　任务元模型抽象语法(部分)

基于上述抽象语法，可以选择 UML/SysML 中语义最为相近的模型元素作为基础，并在此基础上定义相应的构造型来对上述抽象语法中的元素进行表示。图 5-2 展示了基于上述 MOF 抽象语法所定义的 SysML 构造型。其中，MOF 元类由构造型表示，例如，《载人航天任务》构造型由 SysML 模块继承，表示 MOF 中的"载人航天任务"元类。MOF 元类之间的关联可通过构造型的标签表示，例如，《载人航天任务》具有名为"任务目标"的标签，其类型为《任务目标》构造型，表示载人航天任务具有任务目标。由于构造型和标签为 SysML 提供扩展机制，它们可直接用于创建模型，因此，基于抽象语法创建的具体语法为载人航天任务的具体建模提供了基础。

最后，可以通过自然语言对上述模型元素进行描述，形成元模型的说明文档，支持建模人员阅读和参照。例如，表 5-1 展示了任务元模型的部分语义示例。

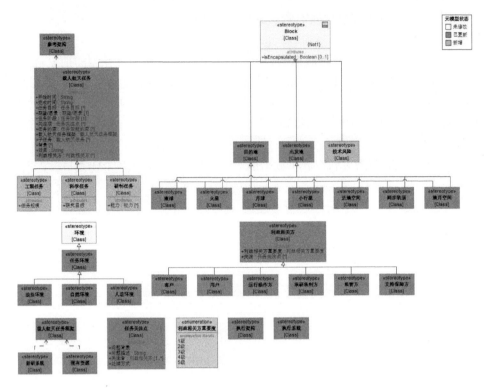

图 5-2　任务元模型具体语法(部分)

表 5-1　任务元模型的部分语义示例

模型元素	语义
载人航天任务	为探索、开发和利用空间开展的有人参与的航天活动,其属性包括开始时间、完成时间、任务目标、期望/愿景、任务阶段、关注项、任务约束、载人航天任务框架等。 语义约束:①载人航天任务的开始/完成时间不能早于当前时间;②载人航天任务的目标、期望、约束不能为空值;③任务目标的效能指标、利益相关方、目标陈述不能为空值
任务关注点	是一个或多个利益相关方对任务/系统的关切所在,其属性包括问题背景(载人航天任务/任务阶段/运行场景)、问题描述(关注的具体问题)、关注者(利益相关方或利益相关方类型)、处理方式(追溯至需求、产品特性、服务特性等)等。 语义约束:①任务关注点的问题背景应是某个或一组已构建的载人航天任务/任务阶段/运行场景;②任务关注点的关注者应是一个或一组已识别的利益相关方;③任务关注点的处理方式应体现为对需求、设计约束/规范、产品/服务的特性等

5.4　基于领域元模型的建模分析

以下以某载人登月任务为例来详细说明如何基于上述载人航天任务建模元模型来针对目标系统开展任务建模的过程。图 5-3 展示了该任务的概念图[23]。

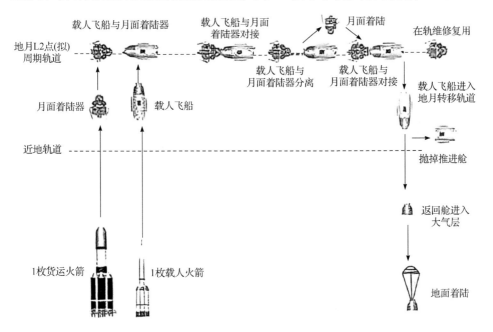

图 5-3　某载人登月任务的概念图

5.4.1　任务愿景模型

基于任务元模型构建的任务愿景模型如图 5-4 所示。该模型描述了本次载人登月任务的愿景、利益相关者及其任务关注点、载人登月任务的组成及相应的任务目标。其中，"2030 年前实现中国人首次登陆月球"为本任务的愿景，使用《期望/愿景》构造型表示。愿景的利益相关方包括"工程决策者"、"科研机构"及"系统提供方"，分别使用《客户》、《用户》及《研制承制方》三个构造型表示。利益相关者提出的关注点如"资源的开发与利用""科学发现和知识更新""起飞的重量下限"等均使用《任务关注点》构造型表示。本次载人登月任务定义为"ZRDY探测任务"，使用《载人航天任务》构造型表示，它包括"载人登月"这一工程任务，由《工程任务》构造型表示；"大幅提升月球科学研究水平"这一科学任务，由《科学任务》构造型表示；"研制新一代载人运载火箭和新一代载人飞船"、"研制月面着陆器"及"研制登月服和月球车"三个研制任务，由《研制任务》构造型表示。上述任务均识别自相应的任务目标，如"载人登月"工程目标、"大幅提升月球科学研究水平"科学目标及"载人地月往返运输能力目标"等能力目标，分别由相应《任务目标》构造型表示。

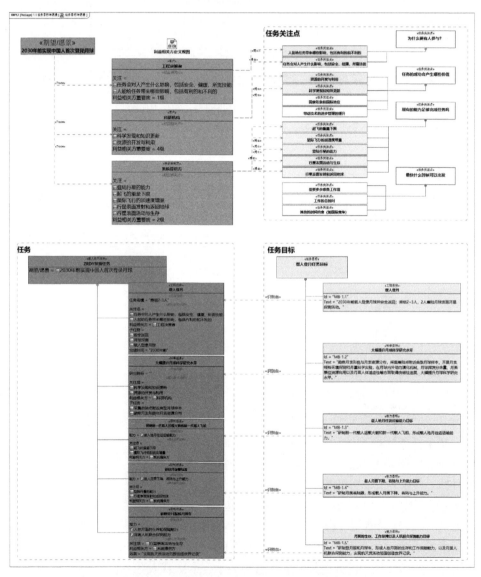

图 5-4　基于任务元模型构建的任务愿景模型

5.4.2　任务概念设计模型

基于任务元模型构建的任务概念定义模型如图 5-5 所示。该模型描述了载人登月探测任务的任务过程及相关参与者。整个载人航天任务包含"研制"、"测试发射"、"任务飞行"及"回收处置"四个过程，由《任务过程》构造型表示。四个过程之间通过《过程连接》描述其先后次序。"任务飞行"的参与者包括"工程决策者"、"科研机构"、"航天员"及"任务运行支持机构"，分别使用《客户》、《用户》及《运行操作方》构造型表示。

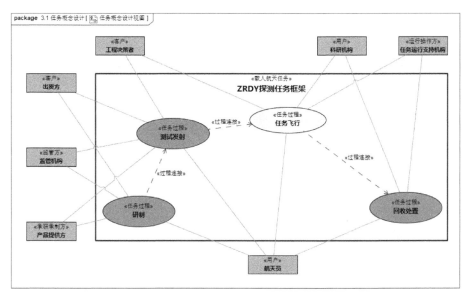

图 5-5　基于任务元模型构建的任务概念定义模型

5.4.3　任务框架定义模型

基于任务元模型构建的任务框架定义模型如图 5-6 所示。该模型描述了本次载人登月探测任务的执行系统、参考架构及任务环境。其中，任务执行框架定义为"ZRDY 探测任务执行框架"，使用《载人航天任务》构造型表示。它包括一个"ZRDY 探测任务执行架构"，使用《执行架构》构造型表示。该架构包含多个执行系统，如"着陆场""航天员""发射场""运载火箭"等，均使用《执行系统》构造型表示。本次任务的参考架构有"空间站任务"和"Apollo program 任务"，使用《参考架构》构造型表示。本次任务的任务环境包括"国家战略""政策法规"等政治环境，由《政治环境》构造型表示，以及"轨道空间""地球""月球"等自然环境，由《自然环境》构造型表示。

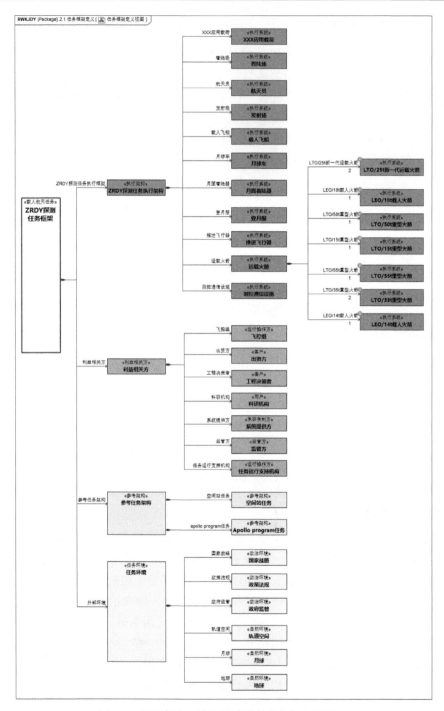

图 5-6　基于任务元模型构建的任务框架定义模型

5.5　小　　结

本章介绍了一种领域元模型的建模方法，该方法通过领域本体抽取、抽象语法构建、具体语法构建和语义描述四个步骤，能够指导系统工程人员以系统化的方式构造适用于其所属领域的领域建模语言，从而促进系统模型的准确高效理解和使用，并支持计算机对于模型的自动处理。基于该方法，以载人航天任务需求分析为目标领域，展示了其任务建模领域元模型的构建过程。以某载人登月任务为例，展示了基于领域元模型的建模方法。

第 6 章　MBSE 建模方法

6.1　引　　言

前面第 2~4 章介绍了通用的标准系统建模语言 SysML 的需求图、行为图与结构图，第 5 章介绍了如何在通用的系统建模语言基础上，构建领域相关建模语言(DSML)。基于这些建模语言，可以对复杂装备从需求、行为、结构等不同方面进行表征，从而在复杂装备的设计初期阶段就通过模型的形式化定义清晰地刻画产品在结构、功能与行为等各个方面的需求。其优势在于基于模型的方式为各方提供了一个公共通用的、无二义性的设计信息交流工具。然而，针对具体的复杂装备，如何基于上述的标准系统建模语言 SysML、基于何种建模方式与步骤建立正确的系统设计模型，则是 MBSE 建模方法需要解决的问题。

目前国际上各研究院所、软件厂商及大型军工企业等提出的 MBSE 建模方法有很多，INCOSE 对其进行了一定的归纳总结，共给出了 7 种建模方法[24]，分别如下：

(1) 面向对象的系统工程方法(OOSEM)；

(2) Harmony-SE 方法；

(3) 状态分析建模法；

(4) IBM RUP-SE 方法；

(5) 并行建模方法；

(6) 对象过程方法(OPM)；

(7) SYSMOD (system modeling)。

本章对上述各种方法的主要过程、特点等进行简要的介绍，更为详细的描述请分别参考其相关文献。此外，其他 MBSE 建模工具商如 NoMagic 公司也提出了自己的建模方法 MagicGrid，本书不作赘述。

6.2　OOSEM

OOSEM 是一种自顶向下、基于模型的设计方法[25]。在传统系统工程方法基础上，OOSEM 方法融合了面向对象技术及因果分析、逻辑分解等建模技术，支持需求可变、结构可扩展的系统设计。该方法于 20 世纪 90 年代中期由软件生产力联盟(Software Productivity Consortium，SPC)提出，后应用于洛克希德·马丁空间系统公司的大型分布式信息系统开发。INCOSE 于 2000 年 11 月成立了专门的 OOSEM 工作组以进一步推动该方法的发展。OOSEM 最初使用 UML 进行建模，在 SysML 语言建立后，相关建模工具的出现极大地推动了 OOSEM 的发展。

6.2.1　OOSEM 开发流程与开发活动

OOSEM 属于集成系统与软件工程过程(integrated systems and software engineering processing，ISSEP)研发流程的子集，其研发流程主要包括管理系统开发、定义系统需求和设计、开发系统组件、集成及测试系统等流程，如图 6-1 所示。其中，定义系统需求的目标是获取系统规格说明的详细描述，系统组件开发任务与 V 模型流程中的详细设计阶段类似。在 V 模型流程中，各开发阶段主要表现为特定的技术过程，而 OOSEM 流程在每个设计阶段均融入相应的系统管理流程。在图 6-1 中，实现定义系统需求和设计及后续开发系统组件是 OOSEM 的核心活动。其中，将开发流程应用于不同层次的系统，可逐层引出下一层次的设计需求，指导后续层次的研发活动。

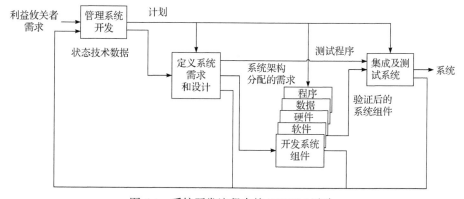

图 6-1　系统开发流程中的 OOSEM 活动

根据 INCOSE 定义，OOSEM 方法的目标是：获取并分析需求及设计信息，描述复杂系统设计应满足的详细设计规格说明；将基于模型的系统工程方法与面向对象的软、硬件及其他工程方法进行集成；支持系统级重用及设计演化。因此，OOSEM 是面向对象技术和已有系统技术混合的方法论，该方法设计流程主要包括如下活动：①分析需要；②定义系统需求；③定义逻辑架构；④综合已分配的架构；⑤优化与评价备选方案；⑥确认和验证系统。其中，定义系统需求的任务是获取指导后续开发活动的系统规格详细说明，即系统开发的技术需求；定义逻辑架构活动将系统分解为一系列逻辑组件，并指明组件之间的关联关系，以实现系统需求；综合已分配的架构定义逻辑组件与物理组件(软件、硬件、数据、程序等)的映射关系，完成系统物理架构的生成；优化与评价备选方案这一活动贯穿整个设计过程，通过综合运用工程分析与优化等技术，对设计方案进行优化和评价；确认和验证系统主要验证系统设计是否满足用户需求与指导设计活动的技术需求。图 6-2 列出了 OOSEM 活动使用的相关建模技术。

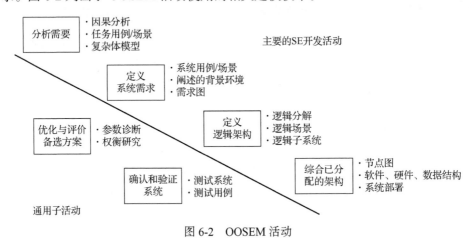

图 6-2　OOSEM 活动

6.2.2　OOSEM 活动详述

在 OOSEM 中，定义系统需求与设计活动的目标是分析系统需求、定义系统架构，并描述后续层次设计的规格说明。后续层次设计活动需实现相应的设计规格，验证设计结果是否满足需求，根据验证结果动态调整需求。对简单系统而言，系统层级的直接下层可能是硬件、软件、数据和操作程序等组件层。但对于复杂系统，系统层次中可能存在多层次的中间元素层(element levels)。

由图 6-3 可知，与优化与评价方案环节类似，管理需求追溯活动存在于设计流程全过程中，其目的是建立系统任务级别需求与组件设计需求的映射关系，使得高层系统需求均能在底层设计中得以体现，保证系统设计质量。

1. 分析利益攸关者需要

分析需要活动流程如图 6-4 所示，其目的主要是分析理解利益攸关者所关注的问题，并定义可解决这些问题的任务级需求说明书。在分析的过程中，需从各利益攸关者角度出发，详细评估已有系统的不足之处及可能的改进方案。根据分析结果，获取拟设计系统的任务级需求及总体设计目标。设计人员可以利用企业级用例、效能指标 MOE 等信息描述任务级需求。

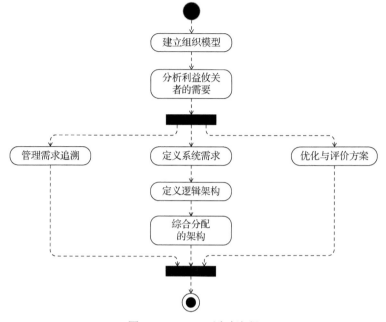

图 6-3　OOSEM 活动流程

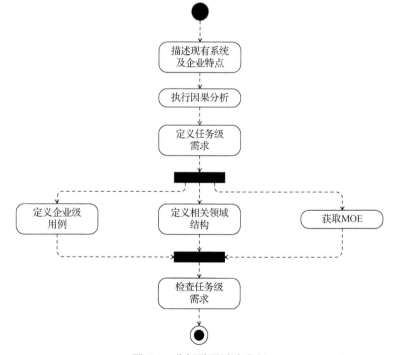

图 6-4　分析需要活动流程

　　在 OOSEM 中，企业包括系统、用户及其他关联方的集合，集合中各方相互协作，共同完成总体设计目标。在图 6-4 中，通过对现有系统(企业)进行分析，有利于在设计的早期阶段从中获取可重用的系统组件。当无供参考的设计方案时，可从系统用户、企业等角度入手，进行设计分析，直接定义任务级需求。设计人员可借助用户调查问卷、市场竞争对手数据等信息，利用鱼骨图进行因果分析，评估现有系统的能力与不足，探索待改进的区域，并导出衡量任务级性能需求的 MOE 指标，如系统响应时间、运营成本等。鉴于 SysML 语言并不直接支持鱼骨图建模，可扩展 SysML 参数图来间接地表示。

　　2. 定义系统需求

　　在该活动中，主要用以输入输出行为表示的黑盒及外部可观测的系统特性来描述系统，其流程如图 6-5 所示。图中，企业级场景分析用于描述系统如何与

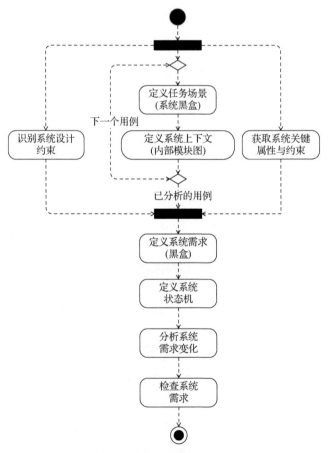

图 6-5　定义系统需求活动流程

外部系统和用户进行交互，完成设计目标。针对每一个用例，均需定义相应的场景。

任务场景是系统行为需求定义的基础。通常，任务场景可用活动图或序列图建模，用内部模块图描述系统上下文中系统与外部系统及用户的交互接口。场景分析关注的问题包括以下几个方面：

(1) 大概率任务场景；

(2) 影响系统性能及 MOE 的关键场景；

(3) 失败与异常场景；

(4) 系统关键功能；

(5) 系统新功能；

(6) 系统交互作用。

在图 6-5 中，系统关键属性是影响 MOE 的属性集合，系统约束可能是系统设计方案应满足的前提条件，也可能是作用于设计过程的约束条件，如系统设计周期限制条件。系统黑盒需求可描述系统功能、接口、控制、存储、性能及物理结构需求等。在此基础上，进一步定义系统状态机图，以描述多任务场景中，触发系统功能或操作的条件和事件。针对复杂产品设计中用户需求的不确定性，需分析、评估系统需求的变化概率及其对系统架构过程的影响，保证系统架构设计的鲁棒性。确认系统需求主要是进一步核实系统需求是否满足利益攸关者的需要与任务级需求，是设计评估与优化活动在该阶段的体现。

3. 定义逻辑架构

定义逻辑架构是系统架构设计的重要环节，其目标是将系统分解为一系列相互关联的逻辑组件，其流程如图 6-6 所示。逻辑组件不考虑系统设计约束条件，以黑盒形式表示系统需求与系统物理架构的中间层，是系统物理组件的高层抽象。例如，用户接口是一个逻辑组件，可由 Web 浏览器或显示面板等物理组件实现。

在该活动中，可创建逻辑场景来辅助描述逻辑组件是如何交互协作以完成系统功能的。对于特定功能对应的若干逻辑组件，设计人员需创建内部模块图来描述不同组件的连接方式，同时可用活动图定义组件间的协作方式。若逻辑组件包含重要的状态行为，还应进一步创建相应的状态机图。在定义逻辑组件时，需注意的是，逻辑组件可能需要多次分解方能得到粒度合适的功能实现。因此，逻辑组件本质上是用来定义系统功能的。在定义逻辑组件时，可根据活动图中组件行为及内部模块图中的逻辑接口分别定义组件操作及组件端口，并将系统性能指标分配至相关组件。

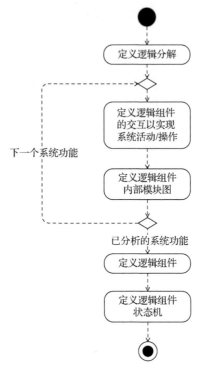

图 6-6　定义逻辑架构流程

4. 合成系统物理架构

合成系统物理架构流程如图 6-7 所示，其目标是生成满足系统需求的物理架构。该架构主要由物理组件、组件在系统节点的分布及组件之间的连接组成。系统物理组件主要包括硬件、软件、持久性数据及操作程序。系统节点代表分布式物理组件，不同组件可能以诸如空间方位等标准为依据进行聚类，分布在不同的系统节点上。系统逻辑节点架构定义了逻辑组件及其功能、持久化数据和控制与系统节点的映射信息。物理节点架构则描述了物理组件与相应逻辑组件的映射信息，单一逻辑组件可能由若干硬件、软件、数据或操作程序等物理组件组合实现。系统软件架构、硬件架构与数据架构是系统物理架构在软件、硬件及数据视图下的投影结果，其领域实现细节的侧重点各不相同，相应的组件划分标准也不相同。除上述视图外，基于不同的设计需要，设计人员可综合应用图、表、矩阵和树等工具来自定义其他的架构视图。

定义划分准则是系统架构的基础，用于划分逻辑组件与物理组件的功能、持久化数据与控制，以及架构中不同层次、节点和子系统中的组件分布，从而在提高组件模块内部聚合度的同时，降低模块之间的耦合度。此外，合理运用系统

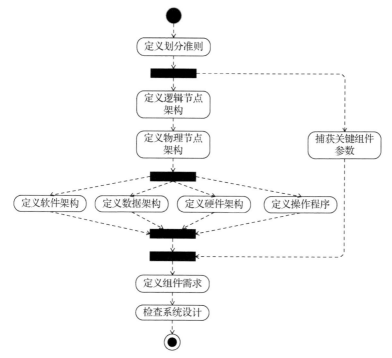

图 6-7　合成系统物理架构流程

划分准则有利于减少因需求变更或技术变化带来的影响。常用的划分准则有以下几种：

(1) 重构系统功能以利于组件复用；

(2) 基于更新频率的组件与功能划分，例如，将经常更新与较少更新的组件划分为不同模块；

(3) 按组件间的功能依赖关系或所提供的服务，将软件组件进行分层聚类；

(4) 根据安全等级将数据存储于不同的数据库中；

(5) 物理组件划分结果应尽量地减少系统装配与拆装中零件移动的次数；

(6) 按照已有可复用模式组织系统组件；

(7) 组件划分时应考虑需求变更和技术变化的潜在影响。

此外，为保证系统设计的鲁棒性和扩展性，还应考虑制定相应的设计策略或设计规范，包括：

(1) 使用标准接口；

(2) 通过软件升级的方式增加新的系统功能；

(3) 使用模块化可配置组件；

(4) 系统可在多种状态模式下工作。

　　根据不同的控制策略，分布式系统可分为完全分布式、部分分布式与集中式三种类型。在定义系统逻辑架构时，设计人员需综合考虑性能、可靠性、安全性和成本等多方面因素，制定相应的系统分布策略，将系统组件配置于合适的系统节点。当逻辑组件与物理组件的映射建立完毕后，还需将软件组件映射至运行该组件的硬件组件，定义存储持久化数据的硬件组件，并指定执行程序的操作者。

　　5. 优化与评价备选方案

　　优化与评价备选方案活动流程如图 6-8 所示，该活动贯穿 OOSEM 全过程，对每个中间设计结果进行工程分析与设计权衡。主要步骤包括确定分析目标、定义分析上下文、获取参数图定义的约束、执行工程分析等。

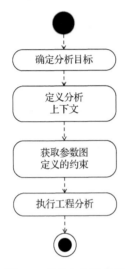

图 6-8　优化与评价备选
方案活动流程

　　系统分析活动往往伴随系统设计全过程。在不同设计阶段，系统分析的类型、可信度与设计信息的完备程度息息相关。在信息较为欠缺的早期设计阶段，为使得系统分析得以进行，设计人员可提出必要的假设，以实现如下所示的系统分析目标：

　　(1) 预测系统指标特性，如系统性能、可靠性、质量属性、成本等；

　　(2) 根据灵敏度分析，优化设计质量；

　　(3) 可行方案的评价及最优方案选择；

　　(4) 基于分析的系统验证；

　　(5) 通过成本预估及风险分析进行技术规划。

　　在确定分析目标后，应根据分析所需的相关目标和设计参数，构建相关的约束表达式，形成系统分析上下文。此时可利用 SysML 中的模块定义图和参数图对其建模。然后，根据约束定义关系进行系统分析。一般可利用模型转换技术将系统分析模型转换为其他可执行的领域模型完成分析操作，并将分析结果返回至系统分析模型。

　　6. 确认和验证系统

　　这一活动目标是验证系统设计是否满足各项系统需求，主要步骤包括制定验证计划和验证程序、执行验证、分析验证结果、生成验证报告等。其验证手段有观察、分析、演示和测试等。设计人员需制定翔实的验证计划和验证程序，按照既定程序执行验证操作，并分析验证结果，最后生成验证报告。在 SysML 中，可创建测试用例进行系统级至组件级验证。针对系统设计模型，系统分析与仿真技术是常用的验证手段。

　　系统需求是验证系统设计的关键依据，因此，系统需求管理及追溯是设计过程中的重要环节。系统需求逐步分解至子系统需求，进而生成组件设计需求，不同层次的设计需求相互关联，贯穿整个系统设计过程。管理需求追溯流程如图 6-9 所示，包括：定义设计规格说明树形结构、基于文本需求建立需求模型、利用 derive、satisfy、verify 及 refine 等关系建立基于文本的需求与需求模型元素的关联、管理需求变更及其他潜在关联分析等。

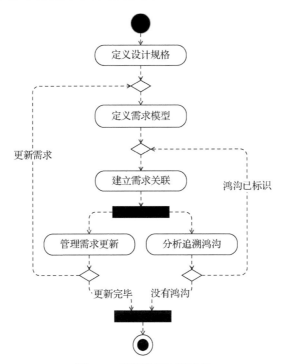

图 6-9　管理需求追溯流程

　　在设计初期，利益攸关者的需求通常记录成文本形式，基于此，需创建对应的 SysML 需求模型。设计人员可以利用 SysML 建模工具的导入功能将文本需求导入系统模型中，或与其他需求管理工具相集成完成该工作。也可以利用需求导出功能将 SysML 需求导出为文本、表格形式，或直接导出至需求管理工具中。

　　需求追溯主要是通过建立需求模型与其他模型元素、设计元素与测试用例之间的关联来实现的。在不同项目中，需求追溯管理的粒度并不相同。适宜的粒度有利于增加需求追溯的精度，同时也便于需求变更的评估。需求追溯分析通常可利用矩阵或表格工具，根据分析结果更新系统设计。另外，需求管理应考虑不同用户的需求视角及视图，便于验证其需求是否得到满足。

需求管理可能导致现有需求发生变化或产生新的需求。在大型项目中，需求管理工具往往与系统建模工具结合使用。因此，不同设计工具的有效集成对维护系统需求的一致性至关重要。

6.3　Harmony-SE 方法

Harmony 系统工程方法论由 IBM 公司提出[26,27]，它首先重点关注系统功能分析，即如何将功能要求转换为一致的系统操作描述；之后，将系统操作分配给系统架构模块并识别模块之间的接口，这些接口形成了各子系统之间交互的基础。

Harmony 是为集成系统与软件开发过程而提出的过程与方法。其主要基于系统建模语言(SysML)使用服务需求驱动来完成建模。所提供的服务位于服务请求的接收方，状态的改变以操作契约(operational contracts)的形式来描述。它以 SysML 中模块作为基本的结构要素，模块间通信通过服务请求来完成。Harmony 系统建模过程的主要特点是：具有一个集成的模型/需求管理库和逐级推进演化。以此为基础，Harmony 系统建模的目标主要有三个：识别所需要的系统功能、识别相关的系统状态与模式及将系统功能/模式与相关的物理架构对应起来。与之对应，整个建模过程主要包括三步：需求分析、功能分析与架构设计(图 6-10)。

Harmony 过程支持模型驱动开发(model-driven development，MDD)。在 MDD 中，模型是整个开发过程的核心工作产物(central work product)，每种特定的模型类型支持一个对应的开发过程。支持需求分析阶段的模型为需求模型(requirement model)和系统用例模型(system use case model)。一个需求模型对需求的分类进行可视化展示。系统用例模型基于系统需求构建系统用例。在系统功能分析阶段关注点集中在将功能分析转换为一致的系统功能(functions)描述。每个用例会被转换成一个可执行的模型并且系统需求将通过模型执行进行验证。有两种类型的可执行模型可用于支持架构设计阶段，即架构分析(architectural analysis)模型和系统架构(system architecture)模型。架构分析模型也称为权衡研究模型(trade study model)，其目标为对于已识别的操作详细地阐述架构概念。

系统架构模型捕获系统操作并将其分配到系统架构。系统架构的完整性和准确性通过模型执行进行验证。一旦模型验证完成，将分析架构设计方案的性能和安全需求。

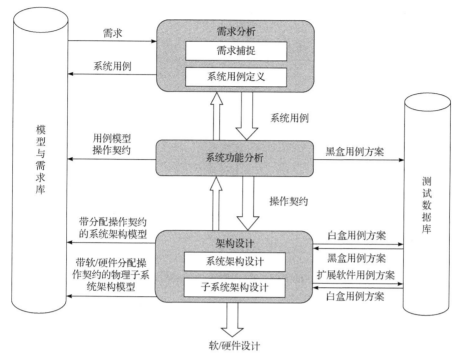

图 6-10　Harmony 系统建模过程

6.3.1　需求分析

　　需求分析阶段的目标是分析过程输入。利益相关者需求(stakeholder requirements)将会被转换为系统需求,包括功能性需求(functional requirement)和服务质量需求(quality of service requirements)。

　　图 6-11 显示了需求分析流程的基本步骤。其起始于利益相关者需求分析过程,此阶段的输出为利益相关者需求规格说明书(stakeholder requirements specification)。基本上,利益相关者需求聚焦于系统必须提供的能力(required capabilities)。下一步,将其转换为必需系统功能(required system functions)。为了保证利益相关者需求的可追踪性,需要将识别出的系统需求和相关的利益相关者需求进行链接。

　　需求分析阶段的下一个主要步骤为系统用例(system use case)的定义。一个用例描述系统的特定操作方面。其指定角色(actor)的行为和角色与用例之间的消息流。角色可以是人、另一个系统或者硬件。一个用例不会显示系统的内部结构(黑盒视图)。

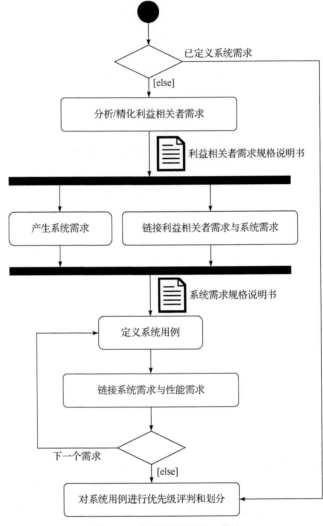

图 6-11　需求分析阶段工作流

6.3.2　功能分析

　　系统功能分析阶段主要强调系统需求到一致性系统功能描述的转换。以用例为基础，即每个系统层用例通过前期需求分析阶段进行识别，并将其转换为一个可执行的模型。图 6-12 为系统功能分析任务流程图。首先，在内部模块图 (IBD)中定义用例模型上下文，该图中的元素为 SysML 模块的实例，表示用例和相关的角色。注意，此阶段定义的模块是空的并且不与其他元素连接。

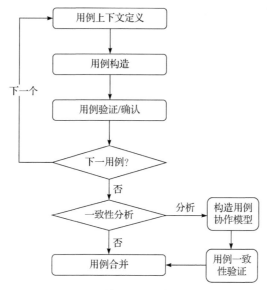

图 6-12　系统功能分析任务流程图

建模流程的下一步为用例模块行为的定义，通过 SysML 中的活动图(ACT)、序列图(SD)或状态机图(STM)来捕获。

6.3.3　设计综合

该阶段聚焦于系统物理架构的探索，即一组产品、系统和软件元素，它们能够在满足性能约束的情况下执行必要的功能。设计综合过程可以分解为两个子阶段：架构分析和架构设计。

1. 架构分析

图 6-13 为子系统设计综合流程图。在架构分析阶段，需要重点关注结构分解及如何将操作和行为分配给子系统组件。首先，需要构建将系统结构分解成子系统的系统模块定义图；然后，构建用例白盒活动图(use case white-box activity diagram)，并通过它将用例的操作契约分配给分解后的子系统。

当将系统分解成子模块后，将以关键系

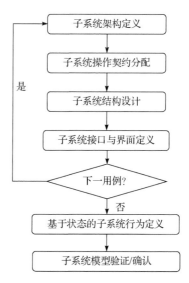

图 6-13　系统架构设计流程图

统功能的定义为基础，对系统功能进行分组，每个组可以通过一个子系统组件实现。

2. 架构设计

在架构设计阶段，需要重点关注端口和接口的定义，以及如何实现子系统模块基于状态的行为。为了实现这一点，必须使用白盒序列图确定子系统模块的端口和接口。

黑盒序列图的重点是确定不同的系统功能(操作)流，而白盒序列图的重点则是不同子系统之间的协作，以及操作的分配。接收服务请求定义一个模块的接口。在定义了端口和接口后，必须将所产生的每个模块的行为捕获到某个状态图中。

6.4　状态分析法

状态分析法是喷气推进实验室(jet propulsion laboratory，JPL)开发的 MBSE 方法，它融合了基于模型和基于状态的控制架构[28]。如图 6-14 所示，状态(state)表示系统的瞬间状态，模型(model)描述状态如何进化。状态分析法提供了一个利用明确的模型来提取系统和软件需求的过程，从而减少了由系统工程师描述的软件需求和由软件工程师执行这些需求之间的分歧。通常，软件工程师必须把需求转化成系统行为，这要求其能够准确地理解系统工程师对系统行为的预期，但这通常无法准确地描述。而在状态分析法中，基于模型的需求可以被直接映射到软件。

在状态分析法中，分清系统状态和状态中的知识十分重要。状态可能是任意复杂的，但是一个状态的知识通常是简单抽象的，用状态知识可以充分地表示系统的状态特征。这些抽象通常称作状态变量。系统的已知状态是它在某个时刻状态变量的值。状态和模型一起提供操作一个系统、预测未来状态、控制系统以达到某个状态、评价性能所需要的知识。

需要注意的是，在状态分析中定义的状态是对经典的控制理论中状态(如航天器的位置、状态及相应的比例)的扩展，以便涵盖系统设计师感兴趣系统的所有方面。这包括设备操作模式和运行正常与否、温度和压力、资源水平(如推进物、挥发物和非挥发物)和其他为了控制所需要考虑的方面。

在给定状态和状态变量定义的基础上，下面对图 6-14 中的主要元素进行阐述。

(1) 状态是明确的，由受控系统状态的所有知识用状态变量的集合表示。

(2) 状态评价和状态控制相分离，通过状态变量进行关联。分离两个任务促进了系统状态的客观评价，确保系统中多个状态的一致使用，简化了设计，促进了模块化并且方便了软件的执行。

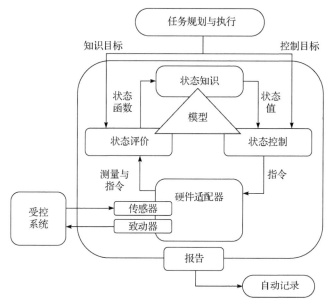

图 6-14 基于模型和状态的控制架构

(3) 硬件适配器在受控系统和控制系统之间提供了单一接口。它们组成了状态架构的边界，提供了所有用于控制和估计的测量和指令，并且能转换和管理硬件的输入和输出。

(4) 模型在架构中是普遍存在的。模型用于执行状态评价和状态控制及高层次的规划(如资源管理)。

(5) 架构强调面向目标的闭环操作。和采用低层次的开环命令描述需求的行为不同，状态分析法利用目标描述需求，目标是指在时间间隔内状态变量上的约束。

(6) 架构可直接映射到软件模块。系统架构可以直接映射到模块化软件架构中的组件。

除了这些基于模型和基于状态的控制架构的特征，状态分析法还包含以下三个核心原则。

(1) 控制包含系统操作的所有方面。通过受控系统的模型，控制命令可以被智能地理解和实施。因此，在控制系统和受控系统之间要有明确的区别。

(2) 受控系统的模型要在确保系统工程师之间一致性的情况下被明确地识别和使用。理解状态是成功建模的基础。系统设计所需要的一切信息都通过受控系统的状态来表示。

(3) 从模型获得软件设计和操作的方式应是直接的，应尽量减少需要的转换。状态分析法定义了一个状态发现和建模的迭代过程，允许模型在项目生命周期中更合理地进化。它提供了一个系统而严谨的方法来完成如下三个主要活动。

(1) 基于状态的行为建模。依据系统状态变量和它们之间的关系对行为进行建模。

(2) 基于状态的软件设计。描述能达到所需目标的方法。

(3) 面向目标的操作工程。提取由操作者意图驱动的具体场景的任务目标。

需要注意的是，基于状态的行为建模直接影响基于状态的软件设计和面向目标的操作过程，这使得状态分析法非常适合应用在复杂嵌入式系统、自治系统和闭环指挥系统工程中。一开始，状态分析法似乎是一个从传统的功能分析与分解方法到系统工程的重要范式转变，而事实上，状态分析法是功能分析与分解方法的补充，这两个方法都在复杂系统的开发中增加价值、减少风险。

6.5　RUP-SE 方法

IBM RUP-SE 方法为软件开发组织提供了一个用于简化开发生命周期中相关活动的框架[29]。自 1996 年正式推出以来，RUP 已经发展到可以支持包括系统工程或软件工程的各种开发需求。在 2001 年，Rational Software 的战略服务组织提出了第一个支持系统工程的 RUP 插件，并获得 IBM Rational 品牌服务团队的后续支持。

RUP-SE 提供了一个面向对象且基于网络的程序开发方法论，是一种以用例驱动、架构为中心、迭代增量式的开发方法。系统开发项目必须解决当前系统工程师面临的软件体量和复杂性增加及面向多领域等挑战，为了解决这些问题，IBM RUP-SE 插件包含以下设计要点：

(1) 遵循系统的工业标准定义；

(2) 将 RUP 框架应用于系统开发；

(3) 将 RUP 4 + 1 架构模型扩展到 RUP SE 模型框架中，并通过扩展或修改 RUP 的角色、活动、工件和学科来考虑新的视角；

(4) 使用 UML 作为建模语言；

(5) 提供工具支持；

(6) 在工程中将所有模型级别进行统一维护。

6.5.1　RUP-SE 方法概述

RUP-SE 框架为构建可靠的架构提供以下支持。

(1) 关注的分离。设计者可以为满足某组特定参与者的关注点进行建模。

(2) 关注的集成。在多个视角的模型中使用公共的设计部件模块，使设计模型得以集成。

(3) 系统分解(不同于功能分解)。框架提供支持并行开发的结构和层次。

RUP-SE 采用四个基本模型元素组织和构造系统开发过程:角色、活动、产品、工作流,它们分别用于描述开发中的参与者、使用的方法、完成的任务及在什么时候完成任务这四个方面的问题。每类模型元素的主要内容如下。

(1) 角色:定义技能、能力和责任。在 UML/SysML 中可被定义为一个参与者(actor)或类(class)。

(2) 活动:角色的活动定义了该角色的个体执行的工作单元。在 UML/SysML 中可被定义为一个活动(activity)或交互(interaction)。

(3) 产品:任务中的工作产出,如在过程中产生的、被修改的或所使用的一段信息,也包括在工作过程中生成的所有文档和模型。

(4) 工作流:工作流是产生具有可观察结果的活动序列。在 UML/SysML 中工作流可以表示为序列图、协同图或活动图。

在 RUP 中软件的生命周期在时间上被分解为四个阶段:初始阶段、细化阶段、构造阶段和交付阶段。它们的工作内容如下。

(1) 初始阶段:开发系统的业务用例。该阶段为系统建立商业案例并确定项目的边界。首先识别所有与系统交互的外部实体,在较高层次上定义交互的特性。在初始阶段将关注整个项目中业务和需求的主要风险。该阶段将确定 20%左右的需求并且决定是否进入细化阶段。

(2) 细化阶段:迭代地构建核心架构和解决技术风险。细化阶段的目标是分析问题领域,建立健全的架构基础,编制项目计划,淘汰项目中最高风险的因素。为了达到该目的,必须在理解整个系统的基础上,对架构做出决策,包括其范围、主要功能和性能等。在整个细化阶段需求都可能是变化的,通过不断地"反馈-适应"循环,评估已实现的部分,详细地探索大部分需求(大约为 80%)。与传统的瀑布风格的需求定义不同,在 RUP 中大部分需求是在开发核心架构的同时细化得到的,并且其从实际的开发中得到反馈,因此能够以此为据来决定是否继续此项目。

(3) 构造阶段:准备部署。在构建阶段,将迭代开发所有剩余的构件和应用程序功能并集成到产品中。所有功能将被详细地测试。由于大部分需求的不稳定性已经在细化阶段澄清,所以在构造阶段需求的变化较少。从某种程度上说,构造阶段是一个制造过程,其重点是管理资源及控制运作以优化成本、进度和质量。构造阶段的结果是确定软件、环境、用户,以及是否可以开始系统的运作。此时的产品版本也常被称为 beta 版。

(4) 交付阶段:完成 beta 测试,确定版本,部署系统。交付阶段的重点是确保软件对最终用户是可用的。交付阶段可以跨越几次迭代,包括为发布做准备的产品测试，基于用户反馈进行少量的调整，如设置、安装和可用性问题的解决。而所有主要的结构问题应该已经在项目生命周期的早期阶段解决了，因此，并不会出现在交付阶段中。根据产品的测试结果，要确定目标是否都已实现，是否可以交付或应该开始另一个开发周期。

6.5.2　RUP-SE方法模型架构

随着开发的推进，系统架构从抽象笼统演变为规范具体。RUP-SE的系统模型分为两个维度，因此，允许在参与系统设计和构建的不同团队间分离他们的关注点并分别提供模型展示。这两个维度如下所示。

1) 视点维度：用于解决从特定角度出发所关注的系统质量问题的上下文

视点，顾名思义，它是从特定立场、角度、位置出发，使得系统的某个特定方面对设计者来说可见。对一个系统的了解，通常不足以检验系统本身在实际中的运作情况，因此，模型被构造并表示在多个视图上以全面地展示系统的各个方面。

视图是从特殊视角出发展示各个实体及它们的关联的模型级别的投影。这些投影通常将通过不同的 UML 图来说明。表 6-1 中的 5 个视角是软件密集型系统最常见的视角。而对于不同的系统，其架构需要针对其所属的特定领域增加所关注的视角，如安全性和机械视角等。

表 6-1　系统模型视角

视角	表示	关注点
参与者	角色和系统参与者的职责	参与者的活动； 自动决策； 人员/系统交互； 人员表现说明
逻辑	将系统在逻辑上分解为一组内在关联的子系统，这些子系统通过合作实现期望的行为	充分的系统功能实现用例； 可扩展性和可维护性； 内部重用； 良好的内联性和相关性
物理	对系统进行物理分解并提供对物理部件的声明	承载功能所需的充足的物理特性及补充需求的满足
信息	表示系统中的信息储存和处理	为数据储存提供充足的容量； 为数据的及时访问提供充足的吞吐量
流程	控制线程，承载各个计算单元	为支持并发和可靠性需求提供足够的分区

2) 模型层次维度：捕获特定级别设计细节的 UML 图

模型是对系统的表达，包括捕获到的系统的各个方面、不同细化程度及模型实体关系的视图。模型的层次指每个模型被创建的不同抽象程度，这些层次从最笼统(隐藏和封装所有的细节)到明确(发现细节和表现清晰的设计决策)。

在 RUP-SE 为架构提供的四个模型层次和五个视角的共同支持下，设计者将在特定抽象层次上表达所关心的系统某方面的模型视图。表 6-2 体现了在这两个维度的特定层次上模型所关注的对象。

表 6-2　RUP-SE 模型层次和视点

模型层次	模型视点				
	参与者	逻辑	物理	信息	流程
环境	UML 组织视图	系统上下文图	企业位置 (企业资源分布)	企业数据视图	业务流程
分析	泛化的系统工作人员视图	子系统视图	系统位置视图	系统数据视图	系统流程视图
设计	系统工作人员视图	子系统类图 软件组件视图	物料节点视图的描述	系统数据框架	详细过程视图
实现	工作人员角色的声明和指令	配置：开发图及硬件和软件系统的部件			

在环境层中，整个系统被视为一个单一的实体，即黑盒，只关心与系统外部的交互而不处理系统的内部元素。

在分析层，系统的内部元素开始可见，领域元素被描述在相对高的层级中。而根据所处视点不同，这些系统元素的呈现方式各不相同。例如，在逻辑视点中，创建子系统来表示抽象的、高级的功能元素。抽象层级更低，即更细节更具体的元素由子系统的子系统或类来表示。在物理视点中，创建地点来表示功能部署的位置。

在设计层将获取设计决策以推动系统实现。在从分析到设计的过程中，子系统(或类)及其位置被转换为对硬件、软件和人力资源分配的设计。从分析到设计不是直接的映射，而是对子系统(或类)所表现功能的设计决策。分析层的原理方案被分解为设计层的设计决策。设计结果必须实现所有来自分析层的声明。换而言之，当设计者在分析层上设计系统时，他们是在创建设计层必须满足的需求。

在实现层将进行对实现技术的选择和决策。可指定商业产品的内部实现(如指定实现通信的中间件或者指定某个功能对应的硬件或零件)。从设计层到实现层是一个较为直接的映射过程。例如，对于软件的功能实现来说，设计层的参与者能够将功能的实现方案指定为特定技术规范。因此，可以通过雇佣具有对应技术的人(类似于选择具有某些功能的商业产品)或者培训员工以利用该技术进行功能实现。

6.6　并行建模方法

并行建模方法是由 Vitech 公司首席执行官和首席方法学家 Long 提出的，因而也称为 Vitech MBSE 方法[30]。虽然 Vitech MBSE 方法被认为是"与工具无关的"，但是出现在其教程中的材料与 Vitech 公司的 MBSE 建模工具集 CORE 有很强的联系。Vitech MBSE 方法基于四个主要的并行系统工程活动，并通过共同的系统设计库进行链接和维护。如图 6-15 所示，这些主系统工程活动在相关联的"域"的上下文内链接，其中，系统工程活动被视为是"过程域"的元素。

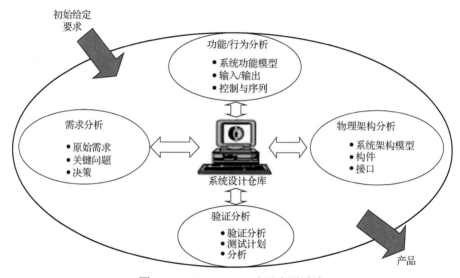

图 6-15　Vitech MBSE 方法主要活动

Vitech 公司自身或支持 Vitech MBSE 方法的第三方供应商并未提供基于该方法的整个设计过程框架工具。Vitech 仅通过其 CORE 产品套件提供了 MBSE 工具集。

6.6.1　并行建模方法概述

在并行建模方法中，强调了需要用 MBSE 的系统定义语言来管理模型工件，这意味着商定的信息模型要表现为特定的框架或本体形式，以便对模型语法(结构)和语义(意义)管理。这样的"系统定义语言"将为技术交流提供结构化、通用、明确的上下文无关语言。因此，可作为引导需求分析者、系统设计者和开发者的指南，同时，提供了图形化视图生成器、报告生成器脚本和一致性检测工具。Vitech 指定的基于实体-关系-属性模型的 MBSE 系统定义语言示例如表 6-3 所示。

表 6-3　MBSE 系统定义语言示例

系统定义语言	语言等价	MBSE 例子
元素(element)	名词	需求：下订单； 功能：烹饪食物； 组件：厨师
关系(relationship)	动词短语	需求(是)功能(的基础)； 功能(被落实到)组件
属性(attribute)	修饰性名词	构造器； 创建时间； 描述
属性的关系(attribute of relationship)	副词	资源(被)功能(消耗)； (资源的)总量； 可获取程度(优先级)
结构(structure)	无对应	构造为增强型功能流程框图(enhanced function flow block diagram, EFFBD)

实现 Vitech MBSE 的四个核心原则如下。

(1) 模型通过建模将问题和解空间语言化，包括使用具备语义的图形以保持模型意义的明确性和一致性。这将促进模型的可追溯性、图形一致性检测、自动文档生成、模型的动态验证和仿真，并可促进更精确的信息共享。

(2) 利用 MBSE 系统设计模型库。

(3) 在垂直方向设计前，先从水平方向设计系统，即在同一个抽象层次上尽量全面地建模。

(4) 使用工具辅助完成重复性的机械设计，使用大脑做灵感型的创意设计。

为了支持上述的第三项原则，Vitech MBSE 使用称为"洋葱模型"的增量系统工程过程，它允许在细节逐渐增加的系统规范过程中完善解决方案。在每一个细节层次上，均对给出的需求进行分析、设计、验证与确认，因而能尽早地在设计阶段发现问题，另外，由于在每一层次均保留了各个建模活动的中间状态的详细信息，故便于对系统分析与设计历史进行追溯跟踪，一旦发现存在需求冲突或不满足等问题，则返回上一层次进行设计修改。

6.6.2　并行建模方法建模过程

洋葱模型被应用于每一层的并发系统工程活动的迭代。随着系统工程团队成功完成一个层次的系统设计，他们就"剥离一层洋葱"，开始探索下一层。当团队达到所需的细节水平(中心)时，他们的设计就完成了。洋葱模型相对于更传统的瀑布模型方法的主要优点是提供了一种更低风险的设计方法，因为完整的解决方案可以在早期被审查和验证。

完整性和收敛性是洋葱模型的基本原则，因为系统工程团队必须在移动到下一层之前完成上一层的整个设计，并且只能回溯至多一个层级。如果在任何层次都找不到有效、一致的解决方案，则团队必须检查系统声明是否约束过度，并且进行协商修改。重要的是尽早地发现这样的约束，因为在迭代中较低层次中发生的系统设计问题将导致对开发成本和时间的不利影响。表 6-4 提供了用于确定每层完整性的标准。

表 6-4　洋葱模型中各层完整性标准

过程元素	完成标准
1. 原始需求	1. 协商验收标准
2. 行为/功能架构	2. 每个功能被唯一地分配到一个组件上
3. 物理架构定义	3. 在需求文档中完整记录了片段/组件规范
4. 合格	4. 验证与确认需求在测试系统部件中被追踪到

洋葱模型由如图 6-16 所示两组系统工程活动时间线支持，这两个活动时间线将应用于"洋葱"的每一层，一个用于自顶向下的过程，另一个用于逆向工程。需要注意的是，在这些系统工程活动时间线中，时间表表示在时间上从左到右增加，而活动条表示系统工程的"重心"转移。此外，重复迭代对于并发工程是很重要的。

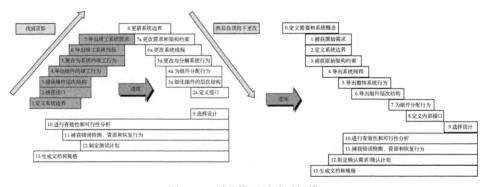

图 6-16　洋葱模型活动时间线

对于一个系统的描述，三种模型的使用是必要并充分的：①控制(功能行为)模型；②接口(输入/输出)模型；③物理(组件)架构模型。使用这三个模型中的部分或组合将帮助设计人员捕获性能需求和资源。这三个模型为了解系统的设计过程、何时完成提供基础。资源需求及分析与架构/综合相关的目标及活动如表 6-5 所示。其中，目标是指该阶段的目的，活动是指该阶段包含的活动。

表 6-5　资源需求及分析与架构/综合相关的目标及活动

项目	资源需求及分析	架构/综合
目标	从资源进行结构识别和需求分析	扩展对系统的认识
活动	1. 识别和提取需求 2. 组织需求 3. 分析需求 　　3.1 发现和识别问题 　　3.2 发现及识别风险 4. 建立需求间的关系 5. 查看图形化的需求 6. 创建需求及相关信息	1. 定义 　　1.1 系统边界 　　1.2 潜在接口 　　1.3 初步物理架构组件 　　1.4 初步功能架构 2. 维护原有需求的可追溯性 3. 识别性能指标 4. 识别约束 5. 继续减轻问题和风险

在 Vitech MBSE 方法中，可使用增强型功能流程框图(EFFBD)支持顶层活动中的功能/行为分析，这是一种描述功能及其关系的可执行图形语言。支持功能/行为分析的其他可视化建模语言包括标准功能流程框图(function flow block diagrams，FFBD、N2 图和行为图。注意，Vitech MBSE 工具 CORE 目前不支持 UML 或 SysML 可视化标准建模语言。

与 Vitech MBSE 相关的支持顶层活动的设计验证和确认(verification and validation，V&V)方法包括测试计划开发和测试计划执行。最佳实践强调测试计划在原始需求提取阶段开始。所描述的测试程序也将指定从系统行为导出的测试路径。软件测试方法及系统测试方法需要突出显示。表 6-6 为 Vitech MBSE 方法论中的系统测试方法。

表 6-6　Vitech MBSE 方法论中的系统测试方法

功能测试	设置测试条件，并确保基于测试条件的输入产生正确的输出。关注点是输出是否正确(也称为"黑盒"测试)
结构测试	查验系统结构是否正常工作。包括性能、可恢复性、抗压性、安全性、可重用性等要素
性能	在标准条件的范围下查验系统的性能，确保系统正常操作
恢复	创建各种故障模式，并且确认系统返回到正常模式的能量

续表

接口	检查与接收输入和发送输出相关的所有接口
压力测试	高于普通范围的负载被施加在系统上以确保系统能够对该情况进行处理。这些高于普通情况的负载继续增加，以确定系统的断点。在接近真实的环境中，这些测试被尽可能地长时间进行

6.7 OPM 方法

OPM 是用于捕获设计知识的系统概念建模语言和方法，并被采纳为 ISO 19450 标准[31,32]。基于描述状态对象的最小通用本体和它们之间的状态切换过程，OPM 形式化地指定了系统的功能、结构和行为。这些系统包括人工的、自然的，并来自多种不同领域。为了满足人类认知原则，OPM 模型对于设计或研究的表示将展现在图形和文本的双模式中，以便更好地表示、理解、交流和学习。其核心是它在同一个参考框架下集成了面向对象和面向过程的建模规范。在 OPM 中，系统结构模型和行为模型建立在统一视图中，使得系统的静态结构和动态过程有机结合，形成整体系统模型，能支持从系统需求分析到系统集成的全过程建模。同时，OPM 支持模型动态推演，能对系统行为进行检验和验证。

6.7.1 OPM 方法概述

OPM 包含两部分：语言和方法。其中语言是使用两种互补方式的双模型方法：可视图形部分——一个或多个对象流程图(object-process diagrams，OPD)的集合，及其对应的文字部分——基于对象过程语言(object-process language，OPL)的句子集合。OPL 是英文的子集。顶层的 OPD 是系统图(system diagram，SD)，它提供了系统功能的上下文。对于人造系统，该功能期望一个人或一群人(受益者)受益。功能是 SD 中展现的主要过程，其中还包含了参与该过程中的对象：受益人、操作数及在过程中被改变的属性。

OPM 基本建模元素分为实体(entity)和链接(link)。其中，实体包含了对象、过程及对象状态。

(1) 对象(Object)：对象是一种事物(thing)，它一旦被构造则存在，以物理或信息的形式存在。对象之间的关联构成了系统的对象结构。

(2) 对象状态(State)：对象状态是对象在其生命周期中的某个点的特定情况分类。在每个时间点，对象处于其状态之一或处于其两个状态间的转移(从其输入状态到其输出状态)。

(3) 过程(Process)：过程描述系统中对象之间的转换模式。一个过程不会孤立地存在，它总是关联并发生在一个或多个对象上。一个过程通过创建对象、消费对象或改变对象的状态来转换对象。因此，过程为系统提供动态的、行为上的描述。图 6-17 展示了上述建模元素及其之间的关系。

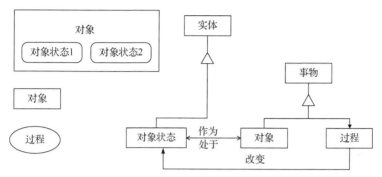

图 6-17　OPM 建模元素及其之间关系

链接分为结构性链接和过程性链接。

(1) 结构性链接：系统内实体之间静态的、与时间无关的关系。

(2) 过程性链接：链接实体间对象(过程和状态)，描述系统的行为。过程关系规定为实现其功能系统的运作方式，指定时间相关或由条件触发过程。

事件-条件-动作范式提供了 OPM 的控制流和操作语义。事件是对象被创建或进入指定状态时的时间点。在系统运行时，一个过程先触发对过程的执行条件的评估。因此过程执行需要满足：①触发了事件；②达到了前提条件。而一旦事件触发进程，事件本身就会停止。前提条件是在预处理对象集中存在的所需的对象实例。当且仅当评估显示前提条件满足时，该过程开始执行。

因此系统行为在 OPM 中有三种表现方式，并使用不同的过程性链接表示，分别是：①转换链接，用于表示过程对对象的转换，即过程中生成、消耗对象或改变对象的状态；②主体链接，对象执行过程但不被过程所转换，如对象启动或终止某个过程；③事件链接，实体满足某些条件后触发事件调用相应的过程。OPM 的事件类型支持状态进入、状态转移、状态超时、过程终止、过程超时等内部事件，也支持外部环境触发的事件。

OPM 支持动态的推演。在初始化模型后，根据行为模型的执行语义进行推演，则建模人员将观察到实体的状态改变、实体之间的动态交互、过程的实时执行情况等。基于可执行的 OPM 模型，建模人员可以在开发仿真模型之前对系统的行为进行初步逻辑校验，避免将概念建模的错误传递到仿真模型。

6.7.2　OPM 方法的特性

OPM 最早提出时并非特定针对 MBSE 过程，但利用 OPM 提供的建模原则，结合具体 MBSE 实践，能够帮助设计者在模型的细化过程中同时对系统功能的范围和层次进行细化。最初的任务是定义系统目的、范围和功能的边界及利益相关者和前提条件等，在此基础上确定需要出现在模型中的其他元素。这决定了系统模型的范围。OPM 提供了抽象与细化机制来管理模型清晰度和完整性的表达。

1) 识别利益相关者和系统的受益人

为了使用 OPM 对系统建模，第一步是确定系统的功能，即系统的主要过程。对于人工、人为的系统来说，其受益者是从系统得到功能价值和利益的利益相关者。对于人为系统，该功能预期会使一个人或一群人直接受益，他们即为受益人。在系统功能与其主要受益人的功能价值期望达到一致之后，建模者识别出其他主要利益相关者并将他们添加到 OPM 模型中。系统建模起始于系统层功能的定义、命名和描述，这也是系统的顶层过程。

2) 系统图的层级及 OPD 树

系统范围识别后所得到的顶层 OPD 就是系统图(SD)，包括利益相关者群体，特别是受益群体，以及额外的顶层环境事物(它们提供系统操作的背景)。SD 只包含最核心和最重要的事物，即对于理解系统的功能和上下文不可或缺的事物。功能是 SD 中的主要过程，它还包含此过程中涉及的对象及属性。OPM 模型需要出现在至少一个 OPD 中，以便在实现模型显示。SD 还应包含表示系统自身的对象，用于表现系统对功能的启动。

SD 始终是唯一的顶层 OPD，它是 OPD 树的根节点。一组 OPD 将被组织为过程树，并一起定义系统的行为过程。由于随着模型的细化和具体化，新的 OPD 将被不断地创建，并被加入系统的 OPD 集合中。如果当前 OPD 的结构超出了可识别的限制，就可以为它添加后续的从属 OPD 并转而在该新建的图上构建模型，从而避免单个 OPD 的过度复杂。

3) 清晰度和完整性权衡

清晰度是系统的结构和行为模型能够被明确理解的程度。完整性是所有系统细节被详述的程度。这两个属性彼此冲突。一方面，完整性要求系统细节被完整地定义。另一方面，对于清晰性的需要，则单个模型图内的细节上的表达有上限，超出这个清晰度范围则图中模型元素过于复杂而导致模型图可读性的恶化。因此，需要在模型开发期间仔细管理上下文，以在这两种属性间建立适当的平衡。因此，建模者可以使用一些 OPD 为系统的各个部分进行清晰的定义，而暂时忽略部分细节，然后使用另外一些 OPD 针对系统中特定部分完整地描述其细节。所有这些 OPD 的集合，从不同视角清晰或详细地描述了系统的各个方面，它们所提供信息的并集完整地描述了系统。

6.8　SYSMOD 方法

SYSMOD 是一个用于系统建模的 MBSE 实用工具箱。SYSMOD 由 Weilkiens 在 2008 提出，他是 OMG 及 INCOSE 的专家和成员，目前他对 SYSMOD 的论著 *SYSMOD-The Systems Modeling Toolbox-Pragmatic MBSE with SysML* 已于 2023 年出版第 3 版[33]。SYSMOD 提供了系统需求和系统架构的指南和建模实践过程，并可以与 SysML 语言进行完美的结合。

一些 SysML 工具供应商已将 SYSMOD 扩展包集成在其建模平台中，例如，No Magic 公司在其 MagicDraw 产品中为 SysML 提供了 SYSMOD 配置文件及相关 SYSMOD 构造型，则在 SysML 图中可以进行基于 SYSMOD 的系统建模。Eclipse 进程框架(Eclipse process framework，EPF)也提供了对应的插件。

6.8.1　SYSMOD 方法需求分析过程概述

基于 SYSMOD 方法的需求分析过程如图 6-18 所示。主要包括以下活动。

1. 识别项目上下文

对项目上下文的识别是为了向后续分析和建模过程提供关于系统目标、项目背景、项目环境、条件等已知信息。当这些信息明确展示给所有参与系统的人员后，才能保证在系统开发过程中进行正确的评估和决策。为了达到这个目的，需要描述项目上下文相关的所有信息，特别是系统的理念和目标。项目环境为后续的开发步骤提供了最基本的知识，特别是对于利益相关者的确定十分重要。

2. 需求的确定

需求的确定几乎是系统开发过程中最重要的一步。忽略了需求的收集，仍然可以开发一个系统，但它可能无法获得很大成功，因为设计者没有考虑系统的环境。例如，并不清楚系统的用户最需要的功能和最不喜欢的特性。需求的确定包括两个步骤：识别利益相关者和收集需求。

(1) 识别利益相关者。

充分满足所有利益相关者的需求对于项目的成功起着决定性作用。因此，在这一过程中，根据前一步得到的项目上下文，识别可能对系统有需求或感兴趣的所有个人和组织。利益相关者名单最初在开发团队的研讨会中详细地阐述，并在项目进行期间不断审查。对利益相关者的分析或建模可以使用 SysML 用例图，以及 SYSMOD 方法(构造型)中的利益相关者建模元素。

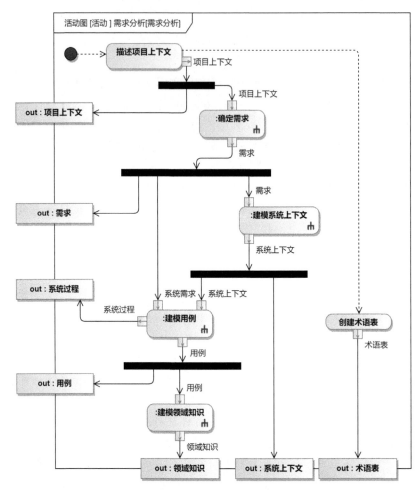

图 6-18　基于 SYSMOD 方法的需求分析过程

(2) 收集需求。

需求是系统开发的基础，它们决定系统将提供什么，并成为后续系统开发步骤直接或间接的先决条件。识别出系统的利益相关者并不意味着知道了他们的要求。因此，需要对利益相关者进行需求调研，以运行采访和研讨会等形式询问他们的需求，并从收集到的文档、遗留系统的手册中发掘需求。收集到的需求可以用 SysML 的需求图及 SYSMOD 方法(构造型)提供的需求分类进行表示，如功能需求，建立需求间的包含(containment)、细化(refine)、跟踪(trace)等关系。

3. 对系统上下文建模

系统本身的实现不是最终目的，而是为其上下文环境提供服务。如果系统的功能需要来自上下文的服务，也可以进行请求。因此，了解系统的上下文环境非常重要。系统与其上下文环境之间存在多种相互作用。因此，必须分析这些交互类型，以确保完成的系统能够很好地在环境中运行，而不是发生负面意外。系统上下文模型描述了与系统发生交互的直接环境，并给出系统的初始输入输出信息。系统的外部交互对象是系统的参与者。通信则由信息流描述。系统上下文图不是预定义的 SysML 或 UML 图，而是 SYSMOD 方法的一部分。可以选择模块定义图或内部模块图定义系统上下文。系统上下文建模主要有三个步骤，具体如下所示。

(1) 识别系统参与者。

系统参与者是与系统进行直接交互的伙伴，为此必须为参与者提供接口。参与者描述了系统的边界。系统参与者主要从需求中导出并在系统上下文图中建模。即在已知系统上下文环境后，将与正在开发的系统发生交互的所有用户和其他系统都进行标识，并对其角色进行建模，从而识别出系统的参与者。而系统的服务和接口将在已知参与者的基础上被识别。SysML 的模块定义图和执行者，SYSMOD 扩展包中的 system、执行者分类(如环境影响 environment effect)及执行者的角色、关联等建模元素将被用于该步骤中。

(2) 为系统/参与者的信息流建模。

为了清楚地理解系统与外部的关联，需要对系统的信息流及其上下文建模，从而描述系统与其上下文的信息交换。为每个参与者创建其向系统发送或从系统接收的相关信息，并关注在参与者与系统之间信息流动的方向。在后续系统分析中，信息流将用于对用例的识别和描述。在系统设计过程中，信息流将与特定的系统接口关联。这一步的建模将用到的 SysML 元素包括模块定义图、内部模块图、执行者、角色、关联关系、连接器、信息和信息流等。

(3) 识别系统交互点。

在上个步骤中获取了与系统发生交互的参与者，因此，可以在系统上下文图中创建从参与者到系统的关联。同时也已知道了将被交换的信息片段，但是这些信息怎么进出系统呢？因此，对于每个信息，都需要有一个系统交互点，用于系统与参与者进行关联。它描述了系统与外部环境交换信息的端点。一个交互点可以被多个参与者使用。而在后续设计过程中可以更详细地指定交互点。这一步骤使用的 SysML 元素包括模块定义图、内部模块图、模块、执行者、关联、角色、连接器、标准端口等。

4. 用例分析和建模

用例表示系统所提供的服务，因此，它是需求分析的核心要素。系统所提供的服务确定了系统的意义和目的，因此，用例中展现的功能需求具有高优先级。

所有其他需求，如响应时间、重量或大小等都是性能上的或起支持作用的，但这并不是说其他需求不重要。

在之前的步骤中已经收集了包括功能需求在内的所有需求。用例帮助设计者更好地描述这些需求。用例本身不是必需的，但在自顶向下的系统设计方法中，它帮助设计者在项目早期阶段实现广泛的需求收集。它也有助于设计者尽早地获得系统的成本和时间预算。用例分析和建模过程主要分为以下几个步骤。

(1) 识别用例。

用例主要描述了外界要求系统提供的服务，它通常是对系统需求的一个重要表现。用例在识别之后被分配到相关的系统参与者。用例的识别主要是根据需求和系统文档来系统地抽取出来，通常以给出一个流的描述作为结束。用例可以作为进一步设计的起点。在识别用例过程中涉及的 SysML 元素有用例图、包图、用例、包、需求、关联、信息流、精简关系。

(2) 描述用例本质。

设计者需要对系统所提供的服务有一个全面的了解，尤其是那些可以快速判断出来的和独立于技术实现方法的服务。在这一步只需要描述用例的关键步骤，忽略具体的实现细节和信息流。用例的关键步骤描述给出下一步实现的架构，这个描述是稳定不变的且可以被子系统或相似的系统所重用。在描述用例本质过程中涉及的 SysML 元素有用例图、用例、注释。

(3) 描述系统流程。

用例之间的复杂的信息流需要进行详细的建模，同时还需要描述用例之间的流依赖关系和分组关系。可以基于前置状况和后置状况来描述领域相关的流依赖关系。在设计过程中必须考虑系统流程，它们也许需要自身的模块来实现。在描述系统流程中涉及的 SysML 元素有用例图、活动图及 SYSMOD 中的系统流程、关系、活动、行为、边、控制节点、组合关系。

(4) 用例的非冗余建模。

冗余的模型信息在违背了一致性时可能会导致严重的问题。去除冗余的方法通常是识别用例流中相同的东西并对这些区域进行独立的建模。用例流中相同的东西通常被描述为二级用例，通过包含关系嵌入到主用例中去。无冗余的用例结构为优化的非冗余系统设计提供了有用的提示。在该过程中涉及的 SysML 元素主要有用例图、用例及 SYSMOD 中的二级用例、包含关系、泛化关系。

(5) 为用例的流建模。

用例的流描述需求分析的关键信息，它们对系统的行为提供了详细的概览。用例流用 SysML 的活动来描述。活动图构成了系统设计的直接基础，它们清晰地描述了系统的活动流程，让设计人员能深入地参与到系统的开发进程中去。该步骤主要涉及 SysML 元素中的活动图和活动及 SYSMOD 中的关键活动、行为、边、控制节点。

(6) 为对象流建模。

研究流的输入和输出数据可以加速对流的描述，并为设计提供重要的信息。对象流可以作为静态模型和动态模型之间的链接，同时可以确保一致性。对象流给模型增加了更多的细节，它可以用来支持模型仿真和一致性检测。对象流建模涉及的 SysML 元素主要有活动图、活动、活动参数、行为、控制节点。

5. 定义领域知识

首先为项目中处理的领域术语定义术语表,这些术语直接被系统描述所使用。术语表为专有词汇进行了解释，以避免在不同设计者间产生歧义。

设计者必须对在活动的对象流中使用的领域对象进行预定义，以确保所有利益相关者达到统一的理解，并在模型中重用以保证一致性。从系统的角度对领域相关项的结构进行建模，如在模块定义图中将术语及其结构建模为属于特定领域的模块。领域知识模型使用静态视图反映属于特定领域的逻辑。

6.8.2　SYSMOD 方法设计过程概述

在用例分析和建模步骤中已经识别并建模了系统的需求之后，接下来将进行系统的设计，即对实现需求的结构和行为进行确定与表示。SYSMOD 设计过程如图 6-19 所示，包括 4 个步骤。

(1) 为系统及参与者的交互建模。

在系统上下文和用例中无法观察到系统与其参与者之间交互的细节，这可能导致对系统可用性和集成性的错误估计。该步骤描述系统与其各个用户之间的关于用例的交互，可以在序列图中针对特定的流程场景描述系统与其参与者之间的交互。

(2) 导出系统接口。

系统需要指定接口以实现与环境的集成，这可以通过比较单个参与者与系统的交互点来确定。系统接口被建模为系统的端口，它代表系统与参与者间的一种契约。

(3) 为系统的结构建模。

系统结构建模形成了系统的静态设计。根据整个系统的需求，对系统模块及其关系进行详细建模。确定每个用例或需求所需的模块和结构，并在模块定义图中对所有模块进行创建和表示。

(4) 为期望的状态建模。

系统的行为通常由其模块的状态决定。基于模块和用例之间的交互，在状态机图中描述属于特定模块的状态机。状态机是可执行的，并且可以用于系统仿真。

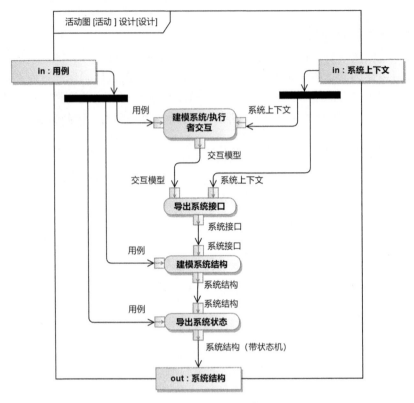

图 6-19　SYSMOD 设计过程

6.9　小　　结

本章介绍了 OOSEM、Harmony-SE、状态分析法、RUP-SE 方法、并行建模方法、OPM 方法及 SYSMOD 方法共七种系统工程方法论，对这些方法论的大体流程及其特点进行说明，从而使系统工程师可以根据目标系统及项目的特征，选择应用合适的方法论来完成系统工程过程。

第7章 MBSE 建模工具介绍

7.1 引　言

系统工程建模工具是 MSBE 的三个支柱之一，熟练使用建模工具能够帮助系统工程师深入地理解 MBSE 思想。建模工具和普通绘图工具(如 Visio、SmartDraw 等)相比，既有相似的地方，如使用建模工具和普通绘图工具都能创建各种形状，又有不同的地方，如使用建模工具绘制的图形元素及元素之间的关系不仅直观易于理解，同时还包含其建模语言所能表达的语义。当建模人员使用建模工具编辑图中的元素时，实际上同时也在底层模型中修改元素本身。之后建模工具会马上更新该元素所有其他的视图。因此，从本质上讲，普通绘图工具所建的图形只能由人来理解，而 MBSE 系统建模工具所建的不仅是图形，同时也是模型，即不仅能由人来理解，同时还能由计算机来理解。

目前已有许多支持 SysML 系统建模规范的建模工具，如商业建模软件 Enterprise Architect(厂商：Sparx Systems)、CSM(Cameo Systems Modeler)(厂商：达索系统,由原No Magic公司的MagicDraw被达索收购后改名而来)、Rhapsody(厂商：IBM)、M-Design(厂商：杭州华望系统科技有限公司)等。不同的建模工具提供的功能差异较大，同时界面风格丰富多样。本章以介绍建模工具的功能特色为主，不具体介绍软件的操作过程。

7.2　Enterprise Architect

Enterprise Architect(EA)是 Sparx Systems 公司的旗舰产品。它覆盖了系统开发的整个周期，除了开发类模型，还包括事务进程分析、使用案例需求、动态模型、组件和布局、系统管理、非功能需求、用户界面设计、测试和维护等功能，为系统工程师提供一个功能较强大、经济的建模方案。EA 基本框架和功能模块如图 7-1 所示，其中 TOGAF 为开放组体系结构框架(the open group architecture framework)。

EA 作为一个集成化的建模环境可以提供以下功能：

(1) 较强大的需求建模，从而描述系统需求；

(2) 使用模块与模块图设计深度嵌套结构的系统和子系统；

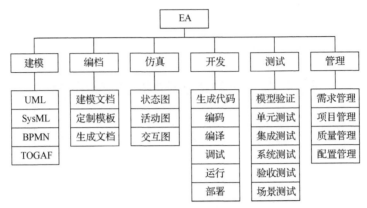

图 7-1　EA 基本框架和功能模块

(3) 使用交互图、活动图和状态图分析系统到系统的行为;

(4) 使用参数与约束模块明确系统动力与参数的正确性。

EA 是一个对于软件系统开发有着极好支持的 CASE(computer aided software engineering)软件，它支撑系统开发的全过程，即在需求分析阶段、系统分析与设计阶段、系统开发及部署等方面有着强大的支持，同时具有对 10 种编程语言的正反向工程、项目管理、文档生成、数据建模等功能，可以让系统开发中各个角色都获得最好的开发效率。下面详细地介绍 EA 的主要功能模块。

7.2.1　建模、管理和跟踪需求

EA 支持记录和跟踪需求以设计、构建和部署更多的任务。使用影响分析跟踪对原始需求的建议更改，从而建立正确的系统。图 7-2 为一个 EA 内建需求管

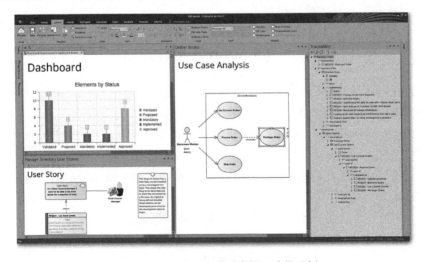

图 7-2　一个 EA 内建需求管理功能示例

理功能示例。内建需求管理功能可用来实现以下目标：

(1) 定义有组织的层次需求模型；

(2) 跟踪从系统需求到模型元素的实施；

(3) 搜索和汇报需求；

(4) 对拟议的需求更改进行影响分析。

7.2.2　复杂性管理

EA 可以支持构建规模庞大的项目，涉及多个方面和不同视角，为此 EA 内建管理复杂性的工具。图 7-3 为 EA 管理复杂性界面示例，细节方面包括以下几点：

(1) 用于跟踪与集成更改的基准线和版本管理；

(2) 基于角色的安全管理使各级人员各司其职；

(3) 创建策略层面概念模型和业务层面概念模型的图；

(4) 特定域的文件和可重复使用的模型模式。

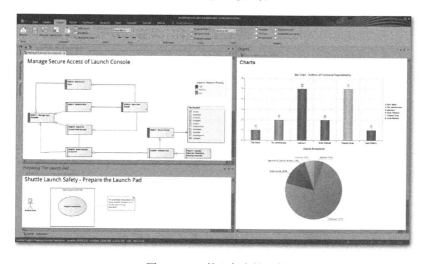

图 7-3　EA 管理复杂性示例

7.2.3　系统工程和仿真

EA 除了提供前端的系统建模功能，也提供后期的分析仿真功能，支持底层可执行代码生成，实现系统设计与底层仿真的高度融合，图 7-4 为 EA 系统仿真示例。其终极版和系统工程版为系统工程师提供系统工程和仿真功能，可为以下方面提供内建支持：

(1) SysML 1.6 建模；

(2) 参数模型仿真；

(3) 可执行代码生成；

(4) 硬件描述语言和 ADA 2005 的模型到代码的转换。

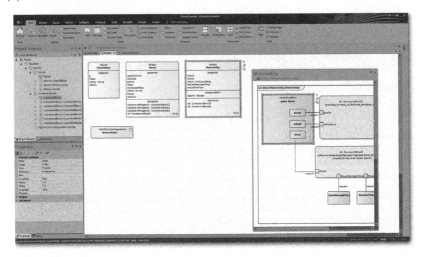

图 7-4　EA 系统仿真示例

7.2.4　业务流程建模

EA 加强了 UML 对业务流程建模与标注(business process model and notation，BPMN)的支持，并扩展了用于分析、需求管理、过程管理的元素(如更改功能和问题元素)，如图 7-5 所示。

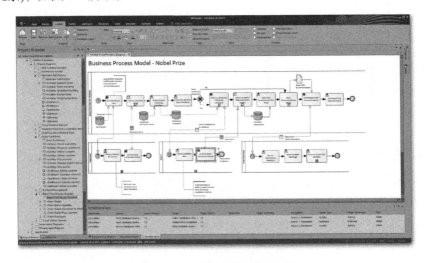

图 7-5　EA 业务流程建模示例

EA 的业务流程建模能力可让建模人员完成如下任务：

(1) 用 BPMN 的 UML 文件来可视化业务流程；

(2) 从 BPMN 模型生成可执行的 BPEL 脚本；

(3) 验证 BPMN 模型的正确性。

总的来说，EA 逆向工程中支持的语言有限，对于 MBSE 高级功能的支持也不尽完善。

7.3 Cameo Systems Modeler

CSM(Cameo Systems Modeler)是一款使用 Java 编程语言开发的建模和面向对象系统设计分析工具，适用于商业分析师、软件分析员、程序员、质量评估工程师、文档编制者及企业管理者使用，支持团队开发的 UML 建模和 CASE 工具。支持 J2EE、C#、C++、CORBA IDL、.NET、XML Schema、WSDL(web services description language)、数据库建模、DDL(data definition language)生成和反向工程。软件工程建模方面支持 UML 各个版本，在系统工程建模方面支持 SysML 1.0 到 1.6 所有版本。CSM 因其操作相对简单方便而在国内航天、船舶、兵器、发动机等领域应用较广。

CSM 支持功能众多，本章介绍其主要功能，详细的具体功能请参考其使用手册。

7.3.1 需求建模及需求工具集成

CSM 自 16.7 版本开始支持以表格化的方式表示需求，而图形化的需求则是直接使用 SysML 中的需求图表示。考虑到需求的来源多种多样，CSM 还支持与 EXCEL、IBM DOORS、PTC Integrity 和 Polarion、Simens Teamcenter 等工具的集成和基于需求标准交换格式(requirements interchange format，ReqIF)的集成。

此外，CSM 还支持在需求架构和后续的功能架构等之间建立追溯，图 7-6 展示了需求到功能及物理架构的分配关系。同时还能支持多种需求分析，如支持需求影响分析、需求覆盖率分析与需求验证等。

7.3.2 团队协同工作

CSM 本质上还是一个单机版的建模工具，但它为支持复杂系统的协同建模，提供一个专门的团队协作平台(team work collaboration，TWC)模块。具体的团队协同工作功能有以下几点：

(1) 多个用户工作在同一个项目上工作；

(2) 与轻型目录访问协议(lightweight directory access protocol，LDAP)和安全外壳(secure shell，SSH)集成；

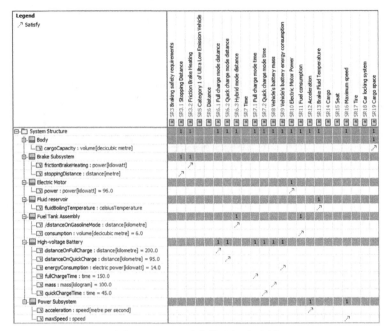

图 7-6　CSM 需求分配矩阵示例

(3) 支持项目分支管理；

(4) 支持项目存取权限管理；

(5) 支持项目版本的回退；

(6) 团队成员之间数据同步；

(7) 团队成员之间发送消息；

(8) 与其他协同工具集成。

但 TWC 也还存在诸多不足之处，如无法支持多服务器的协同、无法对不同来源的模型进行信息隐藏等。

7.3.3　体系建模

CSM 支持 UPDM(unified profile for DoDAF/MODAF)、UAF(unified architecture framework)的建模，具体包括以下几个方面：

(1) 提供可用于军事思想和指导作战的解决方案；

(2) 提供对 DoDAF 2.0、MoDAF 1.2、NAF 3 及 NaF 4 标准的支持；

(3) 自动和局部代码生成；

(4) 自定义和预定义 DoDAF(Department of Defense Architecture Framework)、MODAF(Ministry of Defense Architecture Framework)和 NAF(North Atlantic Treaty Organization Architecture Framework)用户接口；

(5) 支持面向服务的体系结构(service-oriented architecture，SOA)；

(6) 支持国防部信息企业架构(information enterprise architecture，IEA)；

(7) 自定义公共作战符号——MIL-STD-2525B；

(8) 支持 DoDAF、MODAF 和 NAF 模型之间进行会话；

(9) 全面支持基于活动的模型和方法；

(10) 已有 DoDAF 插件用户能够转换 DoDAF 模型到 UPDM。

UPDM 解决方案的关键特征包括：①七种不同的模型表示，如结构图、行为图、表、矩阵、关系图、甘特图和报告；②自动交联操作和资源交联创建；③OV(operational viewpoint)与 SV(systems viewpoint)间矩阵差距分析；④自动模型实例化；⑤测量自动化；⑥项目模型驱动甘特图和能力组合管理甘特图；⑦ISO8601：2019(日期/时间)编辑器；⑧支持信息工程表示，以及信息和数据建模。

同时，CSM 支持 DODAF 建模，具体包括以下几个方面：

(1) DoDAF 2.0 架构和 DoDAF 1.5 架构用户接口模式；

(2) DoDAF 2.0 和 DoDAF 1.5 预定义结构项目模板；

(3) 主动与按需 DoDAF 模型完整性和正确性验证规则；

(4) 图形化 DOTMLPF 状态支持；

(5) DoDAF 预定义可追溯规则。

7.3.4　与其他产品的集成

CSM 一个比较显著的优势是其生态比较丰富，即 CSM 支持与众多其他产品的集成，具体如下。

(1) CSM 可与 Team Center、Windchill、MySQL 及 CAD(computer-aided design，计算机辅助设计)建模工具集成。

(2) 支持可插拔的求解器，具体的求解器有 Modelica、Maple、Mathematics、MATLAB 等。

(3) 支持与过程集成软件 ModelCenter 的集成，如图 7-7 所示，具体包括：基于 ModelCenter 的 MBSE Pak、多学科参数优化分析、参数敏感性分析等。

7.3.5　其他辅助功能

除上述建模、仿真、集成等功能，CSM 还支持其他一些在具体工作中十分有用的辅助功能，如下所示。

(1) 图像导出功能：能将当前图、选择的形状、选择的所有图导出为位图或向量图，可复制当前图、选择的形状到剪贴板作为 EMF(enhanced metafile)、BMP(bitmap)、PNG(portable network graphics)或 JPEG(joint photographic experts group)图像并选择图像尺寸和质量(分辨率)。

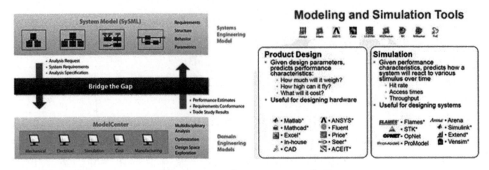

图 7-7　CSM 与 ModelCenter 集成

(2) 报告生成功能：能支持 WYSIWYG(所见即所得)报告的生成、基于模板的报告生成、用户自定义报告模板、动态导入 RTF 文档、从模板和外部脚本文件动态运行代码等。

Web 门户模板给出 Web 报告如图 7-8 所示。

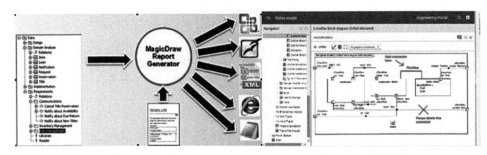

基于模板的报告生成　　　　　　　　　　　Web门户模型检查

图 7-8　CSM 中 Web 报告生成

7.4　M-Design

M-Design 由浙江大学计算机辅助设计与图形系统全国重点实验室于 2008 年开始研发，并于 2015 年成立杭州华望系统科技有限公司进行产业化，是完全自主可控的国产 MBSE 建模工具。在国家自然科学基金、科技部、工业和信息化部、浙江省科技厅等众多项目的支持下，M-Design 系列软件工具已更新发布其 4.0 版，可归纳为 1411，即 1 个语言内核 M-Core、4 个软件工具(基于模型的需求管理工具 M-Require、基于模型的系统建模工具 M-Design、基于模型的体系建模工具 M-Arch、数字孪生工具 M-DT)、1 个模型管理平台 M-PLM 及 1 个生态工具包 M-Ecolink，如图 7-9 所示。

图 7-9　杭州华望系统科技有限公司 M-Design 系列软件工具图

随着软件功能、性能及鲁棒性的不断增强，杭州华望系统科技有限公司M-Design 系列软件已经迈过试用、改进阶段，在一系列国家重大型号如载人航天工程、探月工程、航空/航天发动机、新一代核反应堆、大型舰船等的系统设计方案论证中得到充分的应用，实现了国产替代。下面从基础建模功能、高级建模功能、协同建模功能及生态协作与集成功能等方面进行简介。

7.4.1　基础建模功能

M-Design 完全支持标准系统建模语言 SysML 1.6 的语义与语法(支持 SysML 2.0 的新一代建模工具正在研制中)。能方便地支持对前述的 SysML 中需求图、行为图、结构图和参数图的构建，以及对行为图的逻辑仿真。具体如下所示。

(1) 九大图建模：能方便支持基于 SysML 标准的九大图(需求图、包图、模块定义图、内部模块图、参数图、用例图、序列图、状态机图和活动图)完全按照SysML 规定的语义语法进行建模。

(2) 表格建模：使用通用表、需求表、实例表、ICD(interface control document，接口控制文档)/IDS(interface design specification，接口设计规范)表等表格进行系统建模。

(3) 追溯图建模：使用通用追溯图、需求追溯图等进行系统建模与模型关联分析。

(4) 矩阵建模：使用通用矩阵、追溯矩阵、验证矩阵等进行系统分析与建模。

(5) 逻辑仿真：支持对系统设计模型进行逻辑仿真，包括活动图仿真、状态机图仿真、序列图仿真及参数图仿真等。

(6) 内置 JS(Java Script)和 Python 语言解算器，支持用户实时编辑脚本进行仿真计算。

(7) 支持基于不透明表达式的使用，进而支持数值计算和外部函数调用。

(8) 支持在调试控制台中与仿真运行进行交互。

(9) 支持在内部模块图和参数图上展示信号在组件之间的传递，有助于理解系统各组件之间的交互。

(10) 支持在行为图上展示系统运行逻辑，有助于设计阶段进行行为调试和深入理解系统行为。

(11) 仿真日志：支持对仿真过程进行日志记录。

(12) 仿真配置：支持对仿真过程进行模型化、个性化的用户自定义配置，如图 7-10 所示。这种统一的交互方式，可降低用户的学习成本。

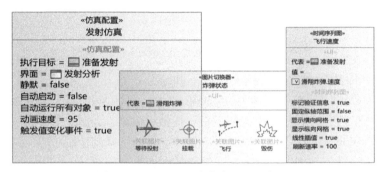

图 7-10　M-Design 中仿真配置示意图

(13) 支持用户界面自定义建模，快速构建产品原型：即能支持标签、按钮、面板等多种常见控件，支持系统状态实时显示，支持通过按钮发送信号，实现和系统的交互等。如图 7-11 所示，通过用户的自定义建模，可以快速对炸弹的发射

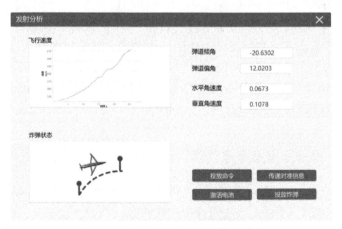

图 7-11　用户界面自定义建模示意图

进行快速的仿真分析与不断优化迭代。

7.4.2 高级建模功能

除了上述基础建模功能，M-Design 还提供了一系列高级建模功能，其中部分高级建模功能如下所示。

(1) 领域自定义：支持通过 Profile 扩展能力开展领域元模型定制，在此基础上，M-Design 还支持面向行业的领域视图的用户自定义定制，即用户可根据需要在不违反 SysML 语义与语法的情况下，自己定义用于建模的视图，因而可突破 SysML 标准的九大视图。如图 7-12 所示，是面向某行业领域元模型定制的利益相关方分析图。从图 7-12 中可以看出，定制的利益相关方分析涉及的领域元模型和模型库都放在了界面的中间位置，这与原来标准的界面完全不同。

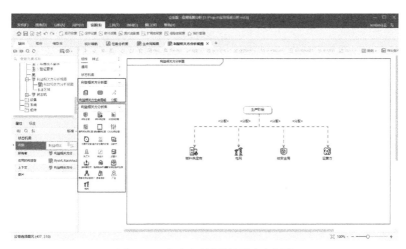

图 7-12 自定义的领域视图示意图

(2) 项目共享与使用：支持对模型进行跨项目的共享，其他项目模型可以使用共享的模型数据，且可根据用户需要，定义共享的模型数据是否随被共享模型的变化而变化。

(3) 模型版本管理：支持对模型的不同版本进行控制，包括版本自动升级、版本查看、版本回退、版本对比等。

(4) 模型库：提供模型库相关功能支持对模型进行复用。

(5) 扩展库：提供扩展库相关能力支持领域模型扩展。

(6) 基线发布：对进行过确认的模型进行基线发布并进行基线管理。

(7) 多图联合仿真：支持多种视图模型在同一仿真上下文内联合仿真。

(8) 自定义项目模板：支持项目模板的自定义，用于支撑不同的建模方法论。

(9) 建模流程配置：支持用户利用自定义的视图和标准建模视图定制建模流程，因此，支持用户建立其自己的建模方法论。

(10) 变更影响分析：用于分析模型变更对上下游模型的影响，支持对变更历史进行可视化表示和灵活地追溯变更影响范围。同时还能对变更进行闭环管理，以确保变更发放的完整性和时效性。如图 7-13 所示，通过变更申请单知道了变更对象，然后通过变更执行单完成整个变更操作，全程通过可视化展示且将整个变更过程闭环。

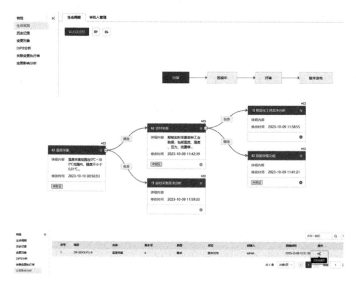

图 7-13　变更影响分析过程

(11) 文档自动生成：文档自动生成工具 M-Doc 基于 Apache-POI 技术开发且集成于 M-Design，能将 SysML 1.6 模型转换成 Office 文档，同时支持基于兴趣点-地形图层(points of interest-topographic layer，POI-TL)模板语言编写模板和基于 M-Doc 模板视图自动生成 Word 模板两种模式。

7.4.3　协同建模功能

(1) 协同建模：支持多人协同建模、上传项目、检入检出、提交更改、模型更新等功能。

(2) 模型封装：支持对部分模型进行加密封装，解决模型分发过程中存在部分模型不允许下游查看的问题。

(3) 模型校验：支持对模型进行规则校验，确保模型的正确性。

(4) 资源中心：对协同端各类资源文件进行管理，包括模型库、扩展库、标准库、案例库、文档模板库等。

(5) 权限管理：支持对模型进行包层级的权限管理、只读/读写管理、可见性管理和角色权限管理。

(6) 用户管理：支持对协同建模的用户进行管理，查看用户在线状态，控制用户强制下线等。

(7) 协同项目管理：支持对协同项目进行项目管理。

(8) 组织管理：对用户的组织部门进行管理。

(9) 日志管理：对所有协同操作进行日志记录与留痕，支持随时查看各个用户的操作记录。

7.4.4　生态协作与集成功能

M-Design 提供的生态协作与集成功能主要包括以下几个方面：与竞品工具如国际主流 MBSE 软件工具的 CSM、EA 与 Rhapsody 的数据导入导出，与系统仿真/详细设计/三维可视化工具的集成，与外部需求管理工具的数据导入导出，M-Design/M-Require/M-Arch/M-PLM 的底层集成与互联等。下面简述几个典型的生态协作与集成功能。

1) 与竞品 CSM 模型数据的导入与导出

前期由于国内 MBSE 建模工具的不成熟,国际两款主流 MBSE 建模工具达索系统的 CSM 和 IBM 的 Rhapsody 在国内应用较多,另一款 MBSE 建模工具 EA 也有一定的应用。

M-Design 提供与上述三款软件的模型数据进行基于中间格式可扩展标记语言(extensible markup language,XML)的导入与导出功能,如图 7-14 所示。图 7-14(a) 为基于 CSM 构建的 SysML 模型,基于 M-Design 的 CSM 模型导入功能,自动导入至 M-Design 的模型如图 7-14(b)所示，反之亦然。

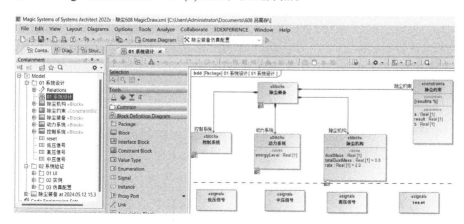

(a) 基于CSM构建的SysML模型

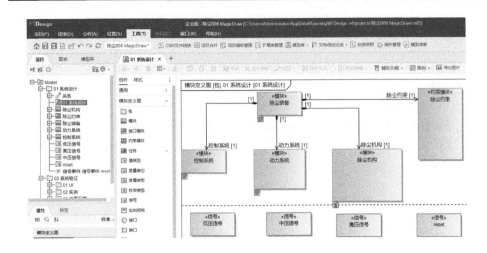

(b) 基于M-Design的CSM模型导入功能重建的SysML模型

图 7-14　M-Design 的模型导入导出功能示意图

2) 与 Modelica 建模平台的集成

Modelica 是一种开放的、面向方程的、非专有的物理建模语言，广泛地用于复杂系统的多域仿真。为了提高 SysML 工具的多域建模和仿真能力，集成 Modelica 是一种有效的策略。目前 M-Design 提供了以下四种与 Modelica 建模平台集成的方式，具体如下所示。

(1) 离线方式。具体的离线方式又有两种，一是由 M-Design 生成 Modelica 建模语言的标准文件格式 mo 文件，然后由 Modelica 建模平台如 Dymola、MWorks 或 OpenModelica 导入后进行仿真；二是由 M-Design 生成 SysML 模型的中间文件格式 XML 的文件，然后由 Modelica 建模平台对其进行解析，提取仿真所需信息后进行仿真。

(2) 在线方式。具体的在线方式也有两种，一是通过支持 FMI(functional mock-up interface)标准来进行模型交互实现，即基于 FMI 标准，将 Modelica 模型导出为功能模型单元(functional mock-up unit，FMU)，M-Design 在线集成已封装为 FMU 的仿真文件进行系统仿真，同时还可对 Modelica 模型的参数进行调整和优化，运行多种仿真场景以分析参数对模型性能的影响，优化系统设计；二是通过网络传输协议，直接将仿真所需的参数从 M-Design 传递至应用的仿真平台上，从而支持在线系统仿真分析。

3) MATLAB/Simulink 的集成

MATLAB 是一个高级数学计算、可视化编程环境，广泛地用于工程和科学计算。Simulink 是 MATLAB 的一个扩展，专门用于基于模型的设计和动态系统仿真。集成 MATLAB 和 Simulink 可以使 SysML 工具用户利用 MATLAB 的强大计算能力与 Simulink 的系统建模功能, 增强模型的分析和仿真能力。M-Design 提供了与 MATLAB/Simulink 无缝集成的能力, 具体如下所示。

(1) 脚本执行与数据处理。通过 MATLAB Engine API, 实现 SysML 工具与 MATLAB 之间的无缝数据交换, 允许用户在 SysML 环境中直接调用 MATLAB 算法进行复杂的数学计算和数据处理。

(2) 仿真控制与可视化。利用 Simulink API 在 SysML 工具中直接控制 Simulink 仿真过程, 实时更新和可视化仿真结果, 提供动态系统行为的深入分析。

(3) 自动化测试与模型验证。使用 MATLAB 和 Simulink 的强大功能集进行模型的自动化测试与验证, 确保设计满足规定的性能标准和行业要求。

4) 3D Experience 的集成

3DE(3D Experience)是由达索系统提供的一个综合性平台, 它支持产品设计和生命周期管理。通过将 M-Design 与 3DE 平台集成, 用户可以在更广泛的工程环境中使用 SysML 模型, 支持从概念设计到产品交付的全过程管理。

(1) 数据同步与一致性管理。确保 SysML 工具和 3DE 平台间的数据一致性与实时同步, 通过 M-Design 的应用程序接口(application program interface, API)与 3DE 平台进行高效的数据交换。

(2) 多用户协作与版本控制。集成 3DE 的协作工具和版本管理功能, 支持跨部门和跨地理位置的团队协作, 管理设计过程中的变更和迭代。

(3) 综合项目管理。通过 3DE 集成项目管理工具, 提供从需求分析到系统设计、测试和部署的全生命周期管理, 增强跨学科团队的协同工作能力。

5) 开放 API 平台

M-Design 提供了一个开放的 API 平台, 从而支持 M-Design 方便地与外部系统进行通信和数据交换。通过提供 RESTful API、WebSockets 等现代通信技术, 该平台可以支持广泛的定制和扩展功能, 从而增加 M-Design 的灵活性和适应性。具体功能如下所示。

(1) 全面的模型操作 API。提供一套完整的 RESTful API, 允许用户远程创建、查询、修改和删除模型元素, 支持复杂的模型交互和定制化的数据处理需求。

(2) 实时数据交互与推送技术。利用 WebSockets 技术实现双向的实时数据通信, 支持即时消息传输和实时状态更新, 适用于实时监控和控制系统。

(3) 高级安全性和访问控制。采用现代的安全机制如 OAuth 2.0 和 JSON web 令牌(JSON web token, JWT)来保护 API 访问, 实现细粒度的权限管理和安全访问策略。

7.5　小　　结

本章介绍了三款国内外比较有代表意义的 MBSE 建模工具,介绍其各自的基本功能及一些特色功能。作为一种商用软件,这些建模工具功能均已比较丰富,这里只介绍了一些主要功能,更多的建模功能可参考其操作手册。

第8章 模型驱动的多学科功能自动分解

8.1 引　言

在概念设计阶段，首先通过用户需求分析获取产品的功能需求。产品功能需求一般是自然语言短语形式的主观描述，难以直接用于驱动系统设计。而功能表示的目的就是提供规范化的建模方法，帮助设计者将主观的设计意图转换为相对客观的功能描述，进而通过功能分解将设计任务系统化地细分为具体的子任务。目前对功能的定义缺乏共识[34]，主流的功能表示方式是用输入/输出流的状态转换体现功能的任务目的，而功能自身的语义往往只使用一个动词体现其行为类型。同时，对流的状态描述，也仅仅由名词描述其类型，而具体的状态属性则缺乏形式化的定义[35]。因此导致以下问题：①功能表示缺乏计算机可理解的结构，浅层的流状态语义难以为知识推理提供足够的信息，阻碍了功能自动分解的实现；②功能的作用效果语义缺乏显式的表示机制，由动词概括的功能目的可能导致语义冲突和二义性，无法实现基于语义的功能知识检索；③缺乏有效支持自顶向下的概念设计过程中的功能建模及多视角、多解析度表示功能语义的工具[36-39]。

为了解决上述问题，本章提出基于本体的产品功能语义表示方法[40]。本体具备形式化的结构和逻辑可判定性，能够将功能知识结构化为计算机可理解的语义，实现功能语义的一致性检查，进而支持基于语义推理的功能分解和设计知识的语义检索。同时，考虑到在系统设计中的实用性，使用 SysML 作为功能语义的可视化建模工具。基于此，依次阐述功能语义本体的构建方法和基于 SysML 的功能语义建模表示方法，最后给出基于本体语义的功能自动分解方法。

本体化的功能语义具备计算机可理解的结构，是自动功能分解的基础。本章以 SysML 语言表示的总功能模型为输入，基于对输入输出流状态变化的推理实现任务分解。在功能语义本体中，"功能效应"概念显式地描述了功能的本质语义，即对所操控的流产生的客观可见的影响和改变。因此，基于功能效应的语义检索能够实现对原理解的精确查找。最后，本节提出原理解中关于实现所需功能效应的因果知识的结构化方法，以支持功能的原理分解。

功能分解是对功能任务迭代细化的过程，直到所获得的子功能可以由已知组件或原理方案直接实现。因此，对于自动功能分解过程执行完毕所生成的子功能，可以通过查找可行原理解，并在工作原理知识的帮助下继续细分，直到达到设计者所需要的功能粒度。图 8-1 展示了所提出的自动功能分解过程，具体步骤如下所示。

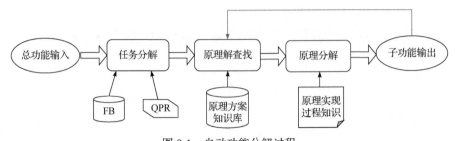

图 8-1　自动功能分解过程

FB 为功能基(functional basis), QPR 为定性过程推理(qualitative process reasoning)

(1) 任务分解。基于定性推理比较输入输出流的状态，将系统总功能分解为多个拥有具体功能效应的子功能。每个子功能完成一个独立的子任务，即只有一个确定的功能效应。所获得的子功能是与解决方案无关的功能任务。

(2) 原理解查找。在上一步获得的每个子功能，都拥有唯一的功能效应，描述了该功能的任务。本章对原理解知识的结构化中，也描述了原理方案所能够实现的功能效应。因此，使用功能效应作为语义媒介，能够为功能的实现查找可行的原理解决方案。

(3) 原理分解。为需要实现的功能，在检索出的工作原理中选取其中一个作为解决方案。每个工作原理都有关于其实现步骤的因果关系语义，能够将需要实现的功能分解为一系列支持子功能。所得到的支持子功能对于其上层功能来说是方案相关的，而这些功能又可以被进一步分解，直到它们能够被直接实现。

8.2　基于本体的产品功能语义建模表示

8.2.1　功能语义本体构建

基于本体的知识表示，需要为领域知识定义形式化的本体概念(concept)及概念间的关联关系。因此，领域内的具体知识可被实例化为本体对应概念中的个体(individual)，个体知识的具体内容通过其属性(property)赋值。为了消除功能基中流名词(noun)和功能动词(verb)在表达上的语义局限性与可能导致的歧义，构建功能语义本体以提供计算机可理解的结构化功能表示。在该本体中，定义了基于流状态的功能语义表示的相关知识概念。同时，在该本体中对通用的功能动词进行概念重定义和语义扩充。功能语义本体中的概念及其语义约束通过 OWL DL(web ontology language-description logic)语言实现[41]，因此所定义的概念具备可判定性，能够支持语义推理。

1. 概念定义

在传统的功能表示中，通过 verb+noun 的形式描述功能对流的转换。其中，动词描述功能的行为，名词表示流所对应的类型或名称。在实际的概念设计过程中，往往根据系统需要的对流产生的作用和改变进行功能设计。因此，流在输入输出时的状态揭示了功能的行为目的。在科学本体中，认为实体在特定时刻的状态由其拥有的所有属性在该时刻的值共同确定。因此，流的状态语义可以通过对其属性的描述实现。根据对功能表示的分析，定义了功能语义本体的核心概念定义，如图 8-2 所示[42]。功能 Function 及流对象 FlowObject 分别用于创建功能和流，它们的属性字段用于支持功能的输入输出流语义和流对象的状态语义表示。为了提取并直接表示隐含在输入输出流改变中的功能目的，功能效应 FunctionalEffect 概念用于显式地表示功能所提供的作用效果语义。

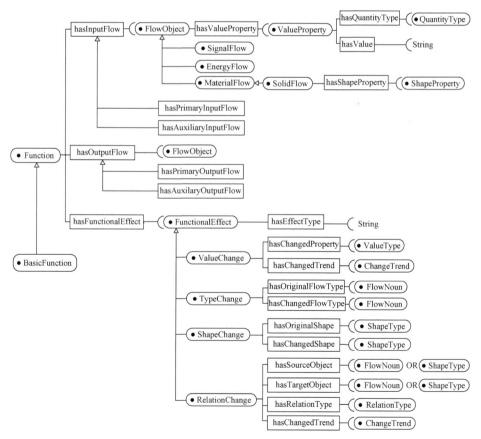

图 8-2　功能语义本体的核心概念定义

1) 功能概念定义

"功能"是对流从输入状态到输出状态改变的描述。在功能语义本体中，概念 Function 的存在性约束如图 8-3 所示，即在逻辑上，一个"功能"概念的实例至少拥有一个输入流或一个输出流。因此，Function 通过 hasInputFlow 和 hasOutputFlow 属性与 FowObject 关联，以表达功能语义中包含的关于输入输出流的信息。而这两个属性，分别被泛化为对应的 PrimaryInputFlow/Primary OutputFlow 和 AuxiliaryInputFlow/AuxiliaryOutputFlow，以区分功能所处理的"主要流"和"辅助流"。主要流是作为功能的作用目标，需要被改变状态的流；辅助流是在特定条件下(如基于特定的实现方式)，为了功能的顺利执行起辅助作用的流。

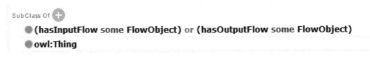

图 8-3　Function 概念定义

概念设计是产品功能细化的过程，因此功能语义的表达具有两种层次：第一种是只了解功能的需求，而不清楚功能的行为，即只清楚功能需要处理的流而不知道具体的作用模式，因此只能描述其输入输出流语义；第二种情况是，随着功能分解过程，已经清晰识别了功能的作用模式，此时需要支持对功能的作用效果语义的直接描述。Function 可以通过 hasFunctionalEffect 属性与反映其本质作用效果的 FunctionalEffect 关联，但该语义不是功能概念的必要条件。

基本功能 BasicFunction 是 Function 的子类，被定义为"有且仅有小于 2 个的基本输入流，有且仅有小于 2 个的基本输出流，且只有单一效应的功能"。BasicFunction 概念定义如图 8-4 所示。基本功能在作用效果语义上具有不可再分的"原子"性。一个拥有多个输入/输出流，并可能对流存在多个方面作用效果的总体功能，通过细化分解可以得到多个基本功能，每个基本能反映了总体功能对流单个方面的作用效果。

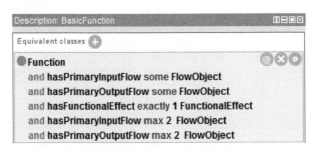

图 8-4　BasicFunction 概念定义

2) 流对象概念定义

流是一个类型为能量、信号或材料及其子类型的物理对象。FlowObject 概念用于描述存在于客观物理世界，并参与功能的实体。它必须拥有一个描述其类型的属性，对应的本体语义约束为

FlowObject hasFlowType some FlowNoun

其中，hasFlowType 是一个功能属性(functional property)，即只能拥有一个属性值；FlowNoun 是一系列实例值的集合，这些值是根据功能基中所罗列的流名词建立的，同时依照功能基流名词的层级划分，建立了 FlowNoun 实例间的subTypeOf 和 superTypeOf 层级关系。在功能语义本体中定义的部分流名词(对应于功能基中的第一级和第二级流名词)的本体实例如图 8-5 所示。

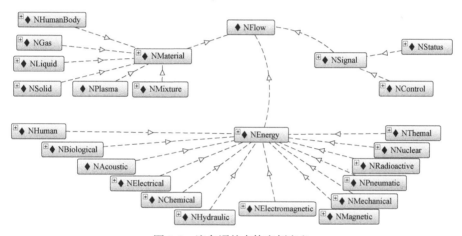

图 8-5　流名词的本体实例定义

FlowObject 通 过 hasFlowProperty 属 性 与 描 述 其 状 态 信 息 的 各 种ValueProperty(值属性)或 ShapeProperty(形状属性)相关联。其中，值属性通过hasQuantityType 与 hasValue 字段指定该属性对应的物理量类型和具体值。流属性的定义支持流的详细状态语义描述，能够为功能分解提供足够的语义信息。

FlowObject 的三个子类 SignalFlow、MaterialFlow 和 EnergyFlow 拥有对hasFlowType 属性值的约束。例如，SignalFlow 的 hasFlowType 属性值只能是对应于功能基中 Signal 子类名词的 FlowNoun。SolidFlow 是 MaterialFlow 的子类，可以拥有形态属性 hasShapeProperty。

3) 功能效应概念定义

功能的目的是对输入流进行作用，施加影响，以产生需要的输出流。在这个过程中流的属性、结构、类型等产生了改变，这些功能对流的作用和影响称为功能效应。在功能语义本体中，使用 FunctionalEffect 这个概念表示功能对流造成的

可观察的作用效果，功能效应反映了功能的本质语义。

由于功能目的是对流状态的改变，而流的状态由其类型和属性描述，因此，对于单个流来说，其基本改变单元是流类型的变化和流属性的变化。物料流中的子类 Solid，即固态流，拥有独特的形态属性，并可能会发生形态的改变。除了单个流自身的变化，一些功能将导致多个流之间关系的改变，如流的混合或单个流的分解。基于以上分析，FunctionalEffect 拥有四个子类：TypeChange(类型变化)、ValueChange(值变化)、ShapeChange(形状变化)及 RelationChange(关系变化)。其中，功能效应的每个子概念都拥有描述流具体变化情况的属性，如表 8-1 所示。

表 8-1 功能效应概念的属性关系

属性名	描述	定义域	值域
hasChangedProperty	发生值改变的属性类型	ValueChange	ValueType
hasChangedTrend	改变的趋势	ValueChange or RelationChange	ChangeTrend
hasOriginalFlowType	发生类型改变前流的类型	TypeChange	FlowNoun
hasChangedFlowType	发生类型改变后流的类型	TypeChange	FlowNoun
hasOriginalShape	发生形态改变前固体物料流的形态类型	ShapeChange	ShapeType
hasChangedShape	发生形态改变后固体物料流的形态类型	ShapeChange	ShapeType
hasSourcceObject	关系所约束的源对象	RelationChange	FlowNoun or ShapeType
hasTargetObject	关系所约束的目标对象	RelationChange	FlowNoun or ShapeType
hasRelationType	发生关系改变的关系约束类型	RelationChange	String

通过对"功能基"中功能动词定义的语义理解，认为所提出的 4 种功能效应类型，覆盖了功能基中除 Signal 大类对信号的作用外所有的功能动词。这使得用本体概念重定义功能基中的功能动词时，能够通过添加其功能效应属性增加其语义精确性，以消除自然语言导致的模糊性和二义性。

2. 功能动词语义扩充

"功能基"中所定义的功能动词是产品功能表示的通用词汇表。每个功能动词对应一种特定的功能类型，体现了对流的特定模式的作用。这些动词体现的是对流单个方面的无法基于任务目的(task-based)再继续分解的基本变化，体现了功能的"特异性"，即区分不同功能的目的。但这种纯文本的表达缺乏形式化的结构，难以显式表达功能的作用效果语义。同时，由于传统功能建模方法中描述功能类型的名词是由设计者主观选择的，可能在不同项目参与者间造成理解上的冲突和歧义。

为了帮助设计人员对功能进行差异化描述，保证对功能语义理解的一致性和准确性，将功能基中分层定义的功能动词重定义为 BasicFunction 的对应子概念。此外，基于 OWL DL 的描述逻辑扩充这些概念的语义，即将动词术语的自然语言定义转换为对概念的输入输出流和功能效应属性的语义约束。对功能概念的语义细化，提供了将人类对功能认知转化为计算机可理解的语义结构表示的方法。同时，本体描述逻辑使得功能语义具备可判定性，有助于实现功能推理。

1) 输入输出流的语义约束

为 BasicFunction 概念定义两个子类：单流变换功能 SingleFlowChangeFunction 和多流变换功能 MultiFlowChangeFunction，如图 8-6 和图 8-7 所示。前者约束了输入输出流数目不能大于 1，而后者是经本体推断不属于 SingleFlowChangeFunction 的 BasicFunction 实例的集合。这两个子类的定义是为了在功能类型推理时，消除由于本体的"开放世界"特征造成的逻辑不确定性障碍。

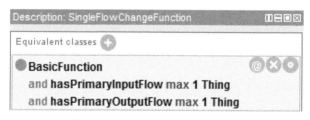

图 8-6　SingleFlowChangeFunction

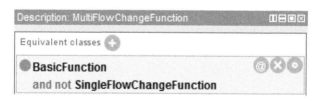

图 8-7　MultiFlowChangeFunction

根据每个功能动词的定义中暗示的该功能所拥有的主要流的数目，可以将它们归纳为 SingleFlowChangeFunction 或 MultiFlowChangeFunction 的子类，并定义其 primaryInputFlow 和 primaryOutputFlow 的基数限制(cardinality restrictions)。具体示例如下。

例 8-1　Branch: To cause a flow (material, energy, signal) to no longer be joined or mixed。

　　该自然语言定义可被转换为如图 8-8 所示的本体语义约束。即 Branch 类的实例有且仅有一个主要输入流并拥有超过两个的主要输出流，且对流的类型不做限制。

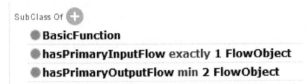

图 8-8　Branch 的输入输出流约束

　　例 8-2　Convert: To change from one form of a flow (material, energy, signal) to another。

　　该自然语言定义可被翻译为如图 8-9 所示的本体语义约束。即 Convert 类的实例有且仅有一个主要输入流与一个主要输出流，且对流的类型不做限制。

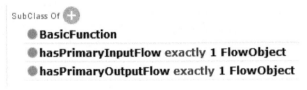

图 8-9　Convert 的输入输出流约束

　　由于只约束了作为功能的改变目标对象的主要输入输出流的数目和类型，因此，根据本体的开放世界准则，可根据对一个基本功能实例的不同实现方式添加需要的辅助输入输出流。

　　2) 功能效应的语义约束

　　接下来，对功能动词概念添加其表达的功能效应的语义约束。在 8 个一级功能大类动词定义中所描述的功能目的，都可以直接对应为一种确定的功能效应类型，如分支 Branch 大类的功能效应是对流之间关系的解除即关系变换 RelationChange，转换 Convert 的功能效应是类型变换 TypeChange。甚至根据个别动词的定义还能够对功能效应的属性值进行约束，如传输 Channel 中的功能效应是值变换 ValueChange 且 hasChangedProperty 的值为位置 Location，体现了对流的位置属性的改变。表 8-2 中给出了功能动词概念的本体化语义定义方法。完成基本功能 BasicFunction 子概念的效应语义扩充后，其功能效应的语义与输入输出流数目和类型约束一起，可以作为判断一个功能个体(individual)是否属于某个基本功能类型或检测功能个体与其类型的语义一致性的充分必要条件。因此，功能动词的本体概念重定义和语义扩充，能够支持对功能实例的语义推理。

表 8-2　功能动词概念的本体化语义定义

功能基中的动词定义	本体等价类
Branch To cause a flow (material, energy, signal) to no longer be joined or mixed.	BasicFunction and hasFunctionalEffect only RelationChange and hasPrimaryInputFlow exactly 1 FlowObject and hasPrimaryOutputFlow exactly 2 FlowObject
Channel To cause a flow (material, energy, signal) to move from one location to another location.	SingleFlowChangeFunction and hasFunctionalEffect only (ValueChange and hasChangedProperty value Location)
Connect To bring two or more flows (material, energy, signal) together.	BasicFunction and hasFunctionalEffect only RelationChange and hasPrimaryInputFlow exactly 2 Thing and hasPrimaryOutputFlow exactly 1 Thing
Control magnitude To alter or govern the size or amplitude of a flow (material,energy, signal).	SingleFlowChangeFunction and hasFunctionalEffect only (ShapeChange or ValueChange)
Convert To change from one form of a flow (material, energy,signal) to another.	SingleFlowChangeFunction and hasFunctionalEffect some TypeChange
Provision To accumulate or provide a material or energy flow.	SingleFlowChangeFunction and hasFunctionalEffect only (ValueChange and hasChangedPropertyType value Amount) and hasPrimaryInputFlow　only (EnergyFlow or MaterialFlow) and hasPrimaryOutputFlow only (EnergyFlow or MaterialFlow)
Signal To provide information on a material, energy, or signal flow as an output signal flow. The information providing flow passes through the function unchanged.	SubClassOf BasicFunction and hasPrimaryOutputFlow some SignalFlow /*由于信号大类与控制功能相关，暂时没有研究其语义，而从其自然语言定义来看，该功能至少要有一个信号流作为主输出*/
Support To firmly fix a material into a defined location,or secure an energy or signal into a specific course.	SingleFlowChangeFunction and hasFunctionalEffect only (ValueChange and ((hasChangedPropertyType value Location) or (hasChangedPropertyType value Direction)) and (hasChangeTrend value ToKeep))

3) 基于语义的功能动词概念分级

在功能基等词汇库中，虽然专家提出将标准词汇库作为知识共享和规范表达的基础，但无法判断这些词汇的组织是否正确。基于词汇本身的自然语言定义难以区别其语义差异性。在本体中重定义功能动词时，通过描述逻辑为每个功能动词添加的语义约束能够作为判定该概念的充要条件。因此，基于每个概念的语义特异性，能够对概念与概念间的继承关系和层次结构进行逻辑推导。当本体概念化功能动词时，属于同一层级的兄弟概念(sibling concepts)是互斥的，即每一层的概念不相交，一个功能个体在一个特定的类型级别上只可能被划分为单个类型。

在功能基中，8 大类功能动词被细化为二级和三级子概念。子概念继承其父类语义的同时，被赋予更具差异性的语义约束，故可以进一步细化子概念的语义。如表 8-3 给出了控制规模 ControlMagnitude 概念的部分子类定义。

表 8-3　ControlMagnitude 的部分子类定义

功能基中的动词定义	本体等价类
Actuate To commence the flow of energy, signal, or material in response to an　imported control signal.	ControlMagnitude and (hasFunctionalEffect only (ValueChange and (hasChangeTrend value ToGenerate))) and (hasAuxiliaryInputFlow some SignalFlow) and (hasPrimaryInputFlow exactly 0 FlowObject) and (hasPrimaryOutputFlow exactly 1 FlowObject)
Regulate To adjust the flow of energy, signal, or material in response to a control signal, such as a characteristic of a flow.	ControlMagnitude and (hasFunctionalEffect only ValueChange) and (hasAuxiliaryInputFlow some SignalFlow) and (hasPrimaryInputFlow exactly 1 FlowObject) and (hasPrimaryOutputFlow exactly 1 FlowObject)
Change To adjust the flow of energy, signal, or material in a predetermined and fixed manner.	ControlMagnitude and (hasFunctionalEffect only(ShapeChange or ValueChange)) and (hasPrimaryInputFlow exactly 1 FlowObject) and (hasPrimaryOutputFlow exactly 1 FlowObject)
Increment To enlarge a flow in a predetermined and fixed manner.	Change and (hasFunctionalEffect only (ValueChange and (hasChangeTrend value ToIncrease)))
Shape To mold or form a flow.	Change and (hasFunctionalEffect only ShapeChange) and (hasPrimaryInputFlow only SolidFlow) and (hasPrimaryOutputFlow only SolidFlow)

将基于文本的功能语义定义转化为结构化的本体概念后，基于本体语义推理，能够检测出控制规模 ControlMagnitude 子类层次关系的合理性，并消除可能存在的语义冲突。如表 8-3 所示，按照功能基中原有层次，塑造(Shape)属于改变(Change)的子类，而根据本体概念语义约束，对控制规模 ControlMagnitude 的子类进行层次的重新划分后，其本体推理结果如图 8-10 所示，Shape 概念被本体推理器识别为在语义上与 Change 平级的功能类型。

8.2.2　基于 SysML 的功能建模

使用本体形式化的表示功能知识，只是在概念层建立了功能的结构化语义；若不提供功能的可视化表示形式和工具，则无法有效地支持概念设计阶段的功能建模操作，通过计算机执行的功能推理结果也无法以设计者能理解的形式进行展示。

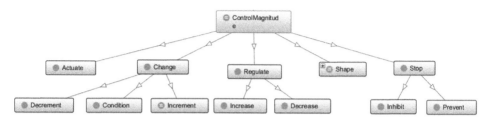

图 8-10　基于本体推理的 ControlMagnitude 子概念的分级结果

SysML 是构造系统设计模型的常用建模工具。其中的活动图是一种行为视图，用于描述系统功能行为的流程，但不支持基于流的功能结构描述。而模块定义图和内部模块图则通过建模元素《Block》支持流属性定义，创建模块之间的层次关系和结构。但《Block》本身的语义是面向系统的物理构件，无法直接用于功能语义的表示。SysML 提供了基于构造型(stereotype)的轻量级扩展机制，即在已定义的 SysML 元模型基础上构造新的模型元素。构造型通过标记属性(tag value)扩展出不被基本元模型支持的语义，所扩展出的建模元素能够在任何支持 SysML 的建模工具上使用。基于以上分析，本章对功能语义本体中定义的概念，使用构造型从 SysML 扩展出对应的建模元素，以支持功能的可视化模型表示。

1. 基于状态语义的流建模表示

1) 流的元模型定义

用于描述流建模的 SysML 元模型定义如图 8-11 所示。构造型《FlowObject》对应于功能语义本体中 FlowObject 概念，它只能作用于元模型为类(Class)或实例(InstanceSpecification)的模型元素上。因此，基于面向对象的思想，《FlowObject》可以为存在于客观世界的物理流创建对应的模型表示。《FlowObject》的 Type 标记值对应于本体中的 hasFlowType 属性，用于表示流对象所属的类型，它的值是功能基中的流名词。物料流可能存在复杂的组成结构，如混合物由多种物质组成，装配机器的输出流是多个部件组装而成的物体，需要定义支持对此类物料流结构建模的方法。因此，《FlowObject》拥有标记属性 ownedComponent 和 ownedRelation，分别表示流对象的组成成分及组成成分之间的关系约束。由于流的组成成分也是一个《FlowObject》，可以拥有 ownedComponent 和 ownedRelation 属性，能够支持对物料流结构的层次化建模表示。《relationConstraint》表示关系约束的具体内容，其属性 source 与 target 分别是约束关联源流对象和目标流对象；relationType 定义了几何约束类型或空间约束类型(如 in / on)，Value 是关系的定性或定量值。例如，关系类型 angle 的度数值和 distance 的长度值。

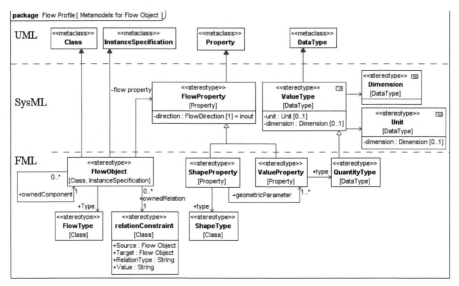

图 8-11　流建模的 SysML 元模型

此外，构造型《FlowProperty》用于修饰流对象所拥有的流属性，以支持流状态语义的描述。《FlowProperty》有两个子构造型《ValueProperty》和《ShapeProperty》。其中，后者用于描述固体物料流的抽象形状属性；而前者拥有两个描述字段：属性的类型(type)和状态值(value)。当其类为物理量类型(QuantityType)时，将包含量纲(dimension)和单位(unit)两个标记值。针对基于国际单位制(International System of Unit, SI)[42]所定义的7个基本量纲(basic dimension)：长度 L、质量 M、时间 T、电流 I、热力学温度 Q、物质的量 N 和光照强度 J，在SysML 中均定义了对应的基本物理属性类型(basic quantity)和基本单位(basic unit)。而其他物理量类型则可以由这7个基本量复合而成。为属性赋予确定的类型，便于在后续设计过程中使用定性推理等方法推断流的状态变化。

2) 流对象实例的 SysML 模型

如图 8-12 所示，是将"瓶装牛奶"抽象为物料流对象，并对它的结构建模。Bottled_Milk 拥有三个组成部分：牛奶 Milk、瓶子 Bottle 和瓶盖 Cap。这个流对象拥有的两个关系约束描述了瓶装牛奶的组成部分间的关系组：牛奶在瓶子中，瓶盖在瓶子上。

如图 8-13 所示，将胶水作为流对象，为其状态语义创建的模型表示。胶水(Glue)是由构造型《Flow Object》修饰的一个类，它是物料流，其流类型为 Material。Glue 的三个流属性定义了它的初始状态。该流的每个值属性都拥有已知的类型。例如，属性 M 的量类型是 amount，初始值被定量表示为*(意味着多个)；属性 T 是温度，其量纲是热力学温度，单位是 Kelvin，值为 290；属性 P 是位置，类型

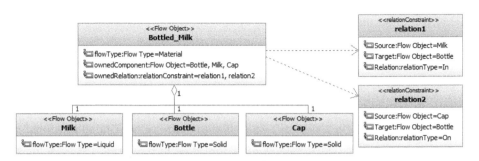

图 8-12　物料流 "瓶装牛奶" 的 SysML 模型表示

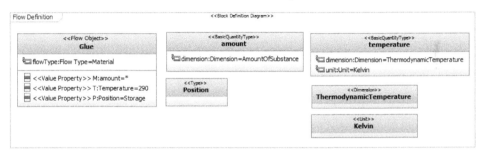

图 8-13　物料流 "胶水" 的 SysML 模型表示

为 Position，是非物理量，值为 Storage。

2. 基于输入输出流语义的功能建模表示

1) 功能表示元模型定义

面向概念设计中设计者对功能的分析过程，对输入输出流的可视化，是功能建模表示的重点。用于功能建模表示所定义的 SysML 元模型如图 8-14 所示。

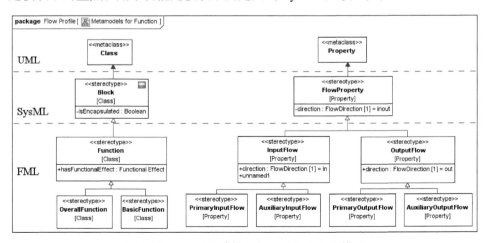

图 8-14　用于功能建模所定义的 SysML 元模型

　　构造型《Function》继承于 SysML 中的《Block》。《Function》拥有两类属性，输入流《InputFlow》和输出流《OutputFlow》。它们都扩展于《FlowProperty》，并分别对其方向属性添加"输入"(in)或"输出"(out)的约束。当定义每个《InputFlow》与《OutputFlow》时，需要指明该属性所关联的《FlowObject》。与功能语义本体中相关概念对应，《InputFlow》与《OutputFlow》分别派生出构造型《PrimaryInputFlow》和《AuxiliaryInputFlow》，以及《PrimaryOutputFlow》和《AuxiliaryOutputFlow》。利用《Block》的图形符号，设计者可以在 SysML 的模块定义图中展示单个功能的输入输出流及功能效应定义。同时，由于《Function》还继承了《Block》的端口(Port)特性，因此能够使用 SysML 的内部模块图(IBD)定义功能结构模型，使用端口作为功能之间流传递的接口。此外，从《Function》还派生出构造型《OverallFunction》和《BasicFunction》。前者用于修饰产品的总功能定义模型，后者用于表示已知明确功能效应的基本功能。

　　2) 功能实例的 SysML 模型
　　胶水枪产品是功能建模表示的基准案例，其形式及内部结构如图 8-15 所示，其功能是将输入状态为固体的胶棒热熔，并在输出端挤出一滴胶水将分离的部件粘连到一起。

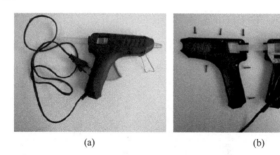

(a)　　　　　　　　　　　　　(b)

图 8-15　胶水枪产品结构

　　当设计师开始设计一款新的胶水枪时，其内部功能结构和每个功能的实现原理是未知的，因此只能通过输入输出胶体的状态为"黑盒"状态产品的总功能建模。"以设备为中心"的胶水枪总功能定义模型如图 8-16 所示。《Overall Function》强调了该模型对总功能的定义。该功能的主输入流与主输出流是 Glue_Stick(胶棒)和 Used_Glue(被用掉的胶)，基于面向对象的思想，它们分别是前面所提到的 Glue 在输入及输出状态的对象实例。Glue_Stick 和 Used_Glue 各自的质量、温度和位置属性值表明了流的状态信息。在概念设计初期，往往无法得知属性的具体定量值，故定性值被用来区分属性的输入输出状态。总功能及输入输出流状态的模型，不仅向人类用户提供了清晰的图形化表示，计算机通过跟踪《Flow Object》实例的属性改变，还能够推断出功能产生的作用效果。

图 8-16 胶水枪的总功能定义模型

3. 基于效应语义的基本功能建模表示

1) 功能效应表示元模型

通过设计过程中对产品功能的细化和分解，低层次子功能的目的比总功能更为具体，其作用效果也是明确的，因此需要显式地展示功能的效应语义。与功能语义本体中功能效应概念对应的元模型如图 8-17 所示，能够实现对功能作用效果的具体语义的可视化建模表达。

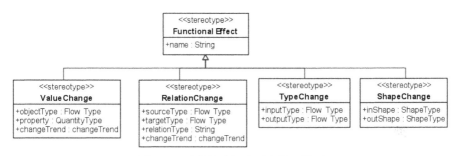

图 8-17 功能效应概念对应的元模型

2) 基本功能实例的 SysML 模型

目前功能基中所有的动词除属于信号(signal)大类外都被创建为基于《BasicFunction》扩展的构造型，定义在 Basic Function 配置包中。当通过本体检测，一个基本功能实例符合特定功能动词的语义约束时，将该功能推断为这个功能类型并在功能的模型表示中使用对应的构造型进行修饰。如图 8-18 所示，SupplyGS 是根据图 8-16 中的胶水枪总功能中输入输出流的状态改变推导出的一个子功能。SupplyGS 是 Supply 类型的一个基本功能，其目的是将胶棒从 Storage 引入到设备。它的功能效应 P_Change_Effect 体现了这个功能的本质作用效果，即对固体位置的改变，且原始位置状态是 Storage。

功能基对功能动词的定义与解释中包含了对个别功能的输入流的来源和输出流归处的约束。例如，动词 supply 被定义为 To provide a flow from storage(提供来自存储的流)。该定义约束了 supply 的输入流的来源是 Storage。为了体现这类语义约束，图 8-19 所示的边界节点也被定义在 Function Profile 中。《BoundaryNode》

有两种类型，系统外部环境节点《Environment》和系统内部储存节点《Storage》。而环境节点的子类《Source》与《Sink》分别表示输入流在系统外部的来源节点和输出流离开系统后的回收节点。

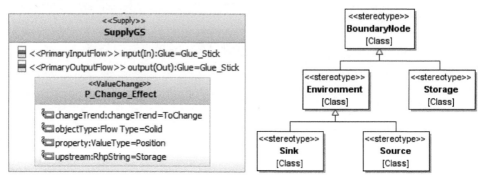

图 8-18　供应胶水的基本功能实例模型　　　　　图 8-19　边界节点的定义

4. 功能建模语言配置包

为实现基于本体的产品功能语义的模型化表示，所有相关元模型及可重用建模元素都被封装在名为功能建模语言(function modeling language，FML)的 SysML 扩展包中，如图 8-20 所示。其中，功能扩展包 Function Profile 放置了用于功能实

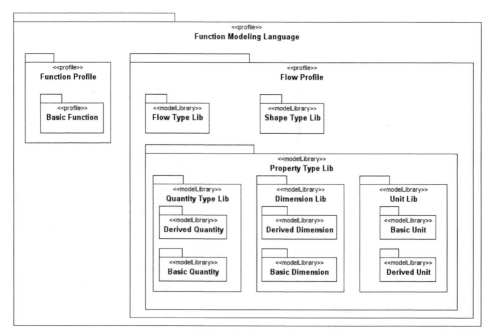

图 8-20　功能建模语言 FML 的配置文件

例建模的元模型，所有继承于基本功能的功能动词对应构造型被封装在基本功能扩展包 Basic Function 中。而流扩展包 Flow Profile 则放置了用于流状态建模的元模型。在流类型库 Flow Type Lib、形状类型库 Shape Type Lib 及属性类型库 Property Type Lib 中，分别预定义了表示流类型、形状类型和物理量类型的可重用模型。在 Property Type Lib 中基于国际标准单位定义了常用的物理量类型及对应的量纲和单位，实现了流的物理状态信息的规范表示。这些可重用模型库的创建，能够提高设计者的建模效率。在任意支持 SysML 的建模平台上配置 FML 包，就能基于本体化语义为功能建模。

8.3　基于本体语义推理的自动功能分解

8.3.1　基于输入输出流语义的任务分解

　　任务分解的流程图如图 8-21 所示，首先是总功能模型中输入/输出流的状态识别，包括将输入流匹配为经过功能作用后对应的输出流，并解析流对象在输入端和输出端的状态详情；然后，通过对两端状态的比较，确定实现流对象之间的关系改变的功能效应，以及实现每个流自身变化的功能效应；最后，当所有子功能任务确定后，通过每个子功能的输入输出流及唯一的功能效应语义，由本体推理确定其功能类型。

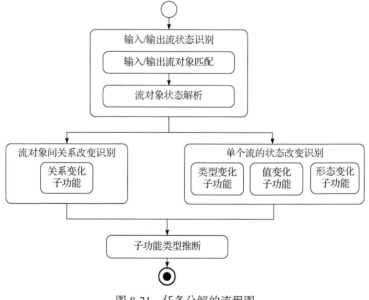

图 8-21　任务分解的流程图

1. 输入/输出流状态识别

本章的功能分解是基于 8.2 节中由 SysML 实现的功能语义的模型表示的。在 SysML 中，基于面向对象的思想，先定义流对象的类(Class)模型，再用实例 (Instance)模型描述流在特定时刻的状态。因此，基于 SysML 表示的功能模型，能够直接追溯单个流对象的变化。在本章所提出的功能建模表示及功能分解方法中，流不会在功能作用过程中凭空出现或消失，即出现在输入中的流对象，一定会在输出流中找到至少一个它经过变化后的输出，除非物料的合成或拆解导致流对象数目的增减。为了处理这种情况，还需要对流对象的组成成分变化进行追溯。

令 I 是所有输入流的集合，O 是所有输出流的集合；递归地获取总功能输入输出端的流对象及每个流对象的所有 ownComponent，并放入集合 I 或集合 O。令 f 是一个流对象，根据它在集合 I 或集合 O 中的存在性，f 的输入输出状态的追溯和识别方法如下。

(1) $(f \in I \land f \notin O) \land f.\text{ownedComponent} \neq \varnothing$。如果 f 拥有组成部件，f 仅存在于输入集合中，且不存在于输出集合中，则通过功能的作用流对象 f 被分拆为其组成部件。这种改变的功能类型属于 Branch 大类。例如，对于坚果去壳功能，输入流是由组成成分"果仁"和"外壳"构成的"坚果"，而"坚果"消失在输出流中，因为它被分解为两个独立的输出流对象："果仁"和"外壳"。

(2) $(f \notin I \land f \in O) \land f.\text{ownedComponent} \neq \varnothing$。如果 f 拥有组成部件，f 只存在于输出流集合中，且不存在于输入流集合中，则它由其组成部件通过功能作用组合生成，此类变化的功能类型属于 Connect 类。

(3) $(f \in I \land f \in O)$。如果在输入与输出流集合中都存在具有确定类型和流属性信息的 f，那么根据 f 的具体状态变化确定功能效应。

2. 基于定性推理的子功能生成

在任务分解阶段，作为输入的总功能模型只拥有主输入流和主输出流，它们暗示了总功能需要完成对流的改变和影响，因此，任务分解的关键是基于定性推理推断实现主输入流到对应主输出流变化的功能效应，并分解出对应的子功能。

1) 定性推理过程

定性过程理论用于确定给定子任务的功能效应。因此，首先简要地介绍定性过程理论中的相关概念，这些概念的实体关系如图 8-22 所示。

(1) Quantity：量是指对象的参数。在本章中被表示为流对象的值属性，例如，空气的"压力"和水的"温度"等。在定性推理过程中将用到量的数值(Amount)和导数(Derivative)。

(2) Amount：表示量的数值。在定性
过程理论中数值不是由定量值表示的，
而是由"量空间"组成的。

(3) Derivative：指量的导数。一个量
的导数可能是另一个类型的量，如"速度"
的导数就是"加速度"。

(4) Quantity Space：量空间是一个量
所有可能的取值的集合，体现了量的取值
范围及对应导数的取值。例如，水的温度
的量空间可以定义为[冰点，低，正常，
沸点]。导数的取值一般被表示为-1，0，
1，以体现量的变化趋势。

本书的流状态语义表示支持对值属
性的定性和定量表示。因此，对于值属性

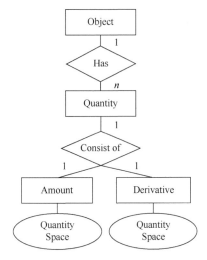

图 8-22　定性过程相关概念的实体关系图

的变化趋势，当该属性是定量表示时，可以直接通过对输入和输出时的值相减获
得；当属性值是定性表示时，则通过定性过程推断。而对值属性定性表示时，需
要在本体中预定义值类型对应的量空间，以及导数与变化趋势间的关系。

2) 功能效应的确定

根据流的输入/输出状态值确定实现对流的改变所需功能效应及对应子功能
任务的推理算法如下。

(1) 根据输入输出流匹配的结果，当输入流对象被分拆为多个输出流对象，
或多个输入流对象组合为一个输出流对象时，创建关系变换 RelationChange 效应
的实例。relationChange 的 source 和 target 分别对应关系约束两端流对象的类型；
关系类型 relationType 与本来存在的或生成的关系约束类型一致；而根据对流在
输入输出状态时关系约束值的定性推理，changeTrend 值的定义可以是 generate、
remove、increase、decrease、change 和 keep，分别代表关系约束的产生、消除(解
耦两个对象)、增加、减少、改变和保持。

(2) 对于单个流对象自身状态的改变，通过追溯其在输入与输出时的流类型
和流属性值，确定是否存在实现 typeChange、valueChange 或 shapeChange 的子
功能。

① 如果流对象的类型发生改变，那么创建一个 TypeChange 效应。其
InputType 和 OutputType 分别是流对象在输入输出状态时由功能基中流名词表示
的流类型值。例如，将液体转换为气体所需的类型改变效应是 InputType="Liquid"，
OutputType="Gas"。

② 当流对象的任何值属性发生改变时，都创建一个 ValueChange 效应。其中，ObjectType 为输入流对象的流类型，property 是被改变的属性类型，changeTrend 基于定性或定量描述的输入属性值和输出属性值的改变趋势，使用定性推理推断得出。

③ 当流对象的类型是物料流且形态属性发生改变时，创建一个 ShapeChange 效应。其 inShape 和 outShape 分别是流对象在输入输出状态时的形状类型。如果物料流的形状被具体形态结构模型描述，那么可以通过形状变化分解过程获取实现物料流整体形态变化的所有局部形态变化子功能。

(3) 对每个推导出的功能效应生成对应的子功能，根据这个子功能所处理的流对象设置主输入流和主输出流。由于每个流对象通常都不止一种属性或结构约束发生变化，因此，需要重复整个任务分解过程，直到所有的流状态改变生成对应的子功能任务。

如图 8-23 所示，是 8.2 节中的胶水枪产品总功能通过执行自动任务分解所获得三个子功能。三个子功能的效应分别为对胶体量的减少、对胶体位置的移动及对胶体温度的提高。这三个子功能由于都只拥有主输入输出流及唯一的功能效应属性，因此是《Basic Function》的实例。

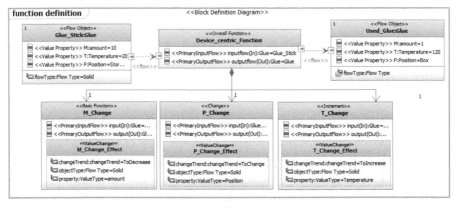

图 8-23　任务分解示例

3. 子功能类型的推断

通过任务分解获得的子功能，功能的任务即其对流的作用效果，由功能效应属性显式而清晰地描述。但在习惯上，设计者一般会使用功能基中的动词抽象描述功能类型，而这个表示功能类型的动词也将作为关键词，既用于功能检索，又为探寻功能的原理性解决方案提供依据。但基于人工主观的功能类型的动词抽象，可能出现功能本身作用效果与其功能动词语义冲突的情况。此外，由于每个设计人员或项目参与者对功能动词的语义理解不同，基于关键词的功能类型描述可能产生歧义。

在 8.2 节提出的功能语义本体中，重定义了功能基中的功能动词。根据功能基对每个动词的定义，这里扩充了对应本体概念的输入输出流及功能效应语义，并作为概念实例语义检测和类型推断的充要条件。因此，对于一个已知的基本功能实例，可以根据其内在语义属性值，由本体推理自动确定其所属功能类型，以保证其语义内涵功能动词描述的一致性。功能类型推断的具体过程如下。

(1) 解析基本功能的 SysML 模型，统计其主输入流及主输出流的数目。根据计数结果，在本体创建 singleFlowChangeFunction 或 multiflowChangeFunction 概念的实例。对于图 8-23 中的三个子功能，由于都只有单一的主输入流和主输出流，因此，都被对应为 singleFlowChangeFunction 实例。

(2) 填充所创建本体实例的语义属性值。继续解析 SysML 模型中功能的输入输出流类型及功能效应语义，并在本体中创建对应概念的实例，为相应属性赋值。由于子功能已经拥有显式的功能效应语义，功能类型的推断只需要再补充输入输出流的类型信息。流的其他具体状态信息，如具体物理属性值、物料流的具体形态属性等都不再需要被解析和填充。

(3) 调用本体推理引擎，根据子功能本体实例中的语义及每个功能动词概念的充要条件推断出功能实例所属的功能类型。

图 8-24 是对图 8-23 中三个子功能任务所属功能类型的本体推断结果。根据它们的 ValueChange 效应中对属性的改变趋势，M_Change、P_Change 和 T_Change 分别被认为属于功能类型 Decrement、Change 和 Increment。这种基于语义为功能确定类型的方式，使得功能动词不再只是概括功能特性的关键词符号，更被赋予了具体的语义内涵，能够消除由设计者主观选择功能类型而造成的歧义和冲突。整个自动功能分解阶段产生的基本子功能，或设计者自定义的基本功能模型，都可以使用这个基于本体语义的方法推断其功能类型。

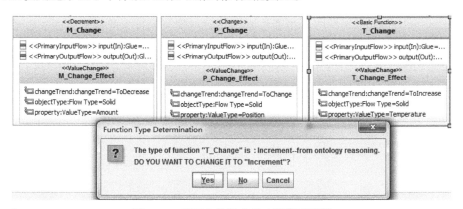

图 8-24　基于本体语义的功能类型推断

8.3.2　基于功能语义的原理解查找

由任务分解得到的子功能实现了单个方面的流状态改变，作为独立的子任务无法再进行直接细分。功能分解的目的是细化功能的粒度，以便能够找到基本实现单元(basic building block)，如机器元件、已有的物理组件或机构。但并非所有的具体子任务都能直接找到基本实现单元。此时，需要在广泛的学科领域中寻找功能的可实现原理方案，以进一步分析功能。传统方法中使用关键词匹配查找原理方案，由于对检索词高度敏感，可能出现无匹配或低精确度的查找结果情况。由于本书中使用本体推理确定功能类型，能够提高基于功能动词检索原理解时的精确度，同时还可以利用功能效应实现对原理解的语义查询。

1. 工作原理的语义表示

在系统工程中解决方案实现所需的物理效应及结构几何和材料特性(机构的工作面、运动机制和材料)的组合被定义为工作原理。功能的解决方案除了基于物理效应，还存在基于其他学科的原理如仿生设计原理和化学反应过程等学科知识，并且存在不同的来源，例如，从已注册的专利和已有产品设计中提取的方案知识。为了结构化表示不同领域的原理方案，在所提出的功能语义本体中加入了工作原理 WorkingPrinciple 概念。此外，本书从软件工程中引入了接口这个概念。作为方案无关(solution-independent)的功能语义表示，功能效应为工作原理解的查找提供了语义接口，即通过功能效应语义的匹配，可为给定的功能寻找多种工作原理作为解决方案。

WorkingPrinciple 的本体语义结构如图 8-25 所示，hasApplicableFlowType 属性描述了这个工作原理适用的需要被改变的流的类型；hasProvidingFuncType 与 hasProvidingFE 属性分别描述了工作原理能够提供的功能类型和功能效应，因此它们分别在不同语义粒度和精确度上为功能与工作原则提供了语义逻辑关联；hasTheoreticalBasis 属性用于将工作原理实例与解释其科学或技术原理的领域知

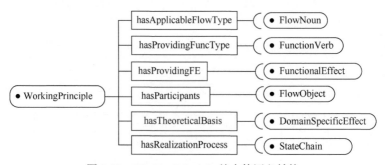

图 8-25　WorkingPrinciple 的本体语义结构

识联系起来；hasParticipants 属性表示参与工作原理实现的所有流对象，帮助在后续分解过程中区分和追踪这些参与者；hasRealizationProcess 属性是对工作原理的实现过程知识和所有参与工作原理执行的流的说明。工作原理的实现过程由描述作为参与者的流对象的状态变化链表示。StateChain 概念用于表示所需要的单个状态改变，hasRealizationProcess 指向第一个状态改变。当 StateChain 实例前后关联起来，就组织起了原理执行的整个实现过程知识语义，它将成为原理分解推理的依据。

2. 功能效应的语义兼容性

在本工作中，将功能效应作为语义查询的条件，在知识库中为功能的实现寻找可行的工作原理。为了简化功能效应语义的比较，以及减少本体知识库中需要储存的功能效应实例数目，对于同一种变化类型的功能效应，当各属性字段上的值完全相同时，在本体语义库中只储存同一个实例。因此，使用子功能的功能效应进行查询，即可直接查找出 hasProvidingFE 属性值集合包含该功能效应实例的工作原理。

在语义查询时要求功能和工作原理的功能效应属性指向同一个实例，即要求所有语义字段完全相等是一种强约束，将丢失大量可行解。令功能要求的作用效果为 E_1，工作原理能够提供的效应为 E_2，若满足 $E_1 \subset E_2$，则认为 E_1 单向兼容于 E_2。即如果某功能要求的功能效应的各属性值隶属于工作原理能提供效应的各属性值，则认为该工作原理能够提供功能所需要的变化。因此，定义 isCompatibleWith 属性描述效应实例间的单向兼容关系。这种关系是偏序关系，即 functionEffect1 isCompatibleWith functionEffect2 表达了 functionEffect1 的语义与 functionEffect2 兼容(即 functionEffect2 包含了 functionEffect1 的内容)，反之则不一定成立。考虑到表示不同流变化类型的功能效应都拥有特定语义的结构，因此，针对每一类功能效应构造推断实例间语义单向兼容的 SWRL[①]规则，如表 8-4 所示。

表 8-4　功能效应的语义一致匹配规则

TypeChange(?x)^TypeChange(?y)
^hasOriginalFlowType(?x,?f1)^hasOriginalFlowType(?y,?f3)^isSubTypeOf(?f1, ?f3)
^hasChangedFlowType(?x,?f2)^hasChangedFlowType (?y,?f4)^isSubTypeOf(?f2, ?f4)
->isCompatibleWith (?x,?y)

ShapeChange(?x)^ShapeChange(?y)
^hasOriginalShape(?x,?f1)^hasOriginalShape (?y,?f3)^isSubTypeOf(?f1, ?f3)
^hasChangedShape(?x,?f2)^hasChangedShape (?y,?f4)^isSubTypeOf(?f2, ?f4)
->isCompatibleWith(?x,?y)

---

① https://www.w3.org/Submission/SWRL.

ValueChange(?x)∧ValueChange(?y) ∧hasChangedPropertyType(?x,?p)∧hasChangedPropertyType(?y,?p) ∧hasChangeTrend(?x,?t1)∧hasChangeTrend (?y,?t2)∧isSubTypeOf(?t1, ?t2) ∧hasOriginalFlowType(?x,?f1)∧hasOriginalFlowType (?y,?f2)∧isSubTypeOf(?f1, ?f2) ->isCompatibleWith(?x,?y)
RelationChange(?x)∧RelationChange(?y) ∧hasSourceObject(?x,?o1)∧hasSourceObject(?y,?o2)∧isSubTypeOf(?o1, ? o2) ∧hasTargetObject(?x,?o3)∧hasTargetObject(?y, ?o4)∧isSubTypeOf(?o3, ? o4) ∧hasRelationType(?x,?t1)∧hasRelationType (?y,?t2)∧isSubTypeOf(?t1, ? t2) ∧hasChangeTrend(?x,?t3)∧hasChangeTrend (?y,?t4)∧isSubTypeOf(?t3, ? t4) ->isCompatibleWith(?x,?y)

isSubTypeOf 属性是具有自反性和传递性的偏序关系，若 a isSubTypeOf b，则 a 是 b 的子类型。对于 TypeChange，若实例 x 处理的流的 hasOriginalFlowType 属性值是实例 y 对应属性的子类型，且 x 的 hasChangedFlowType 属性值也是 y 对应属性的子类型，则认为 x isCompatibleWith y。例如，Solid → Thermal 效应单向兼容于 Material→Energy 效应，因为 Solid 与 Thermal 分别是 Material 和 Energy 的子类型。ShapeChange 的推导与之类似，Sphere→Circular 的形态变化单向兼容于 Body→Flat(如工业中的压塑等物料形态降维变化)。对于 ValueChange 的推断，要求两个效应实例所改变的属性类型是相同的，如 Liquid：Temperatrue：increase 单向兼容于 Material：Temperatrue：change。在本体语义知识库中，我们预定义了 increase 和 decrease 是 change 的 subType。最后，对于 RelationChange 的推断，也要求各属性满足 isSubTypeOf 关系，如{Liquid：Object：in：generate}单向兼容于 {Material：Material：Spatial：change}，即"液体"在"对象""里面"(如将水注入容器)的关系生成，隶属于物料间的空间关系变化。

3. 原理方案检索的查询模板

为了找到功能的可实现原理方案，本节定义三种不同精确程度的语义查询实现工作原理的检索，并定义了相应的三类基于 SPARQL(simple protocol and RDF query language)的设计理性检索方法查询模板，如表 8-5 所示。其中，func、funcEffect 和 funcVerb 表示需要传递到 SPARQL 查询模板以生成查询语句的参数。func 是指等待实现的子功能对应的本体实例对象；funcEffect 是功能的功能效应语义对应的本体实例对象；funcVerb 是一个功能动词，它是通过本体语义推理为子功能确定的功能类型。三类 SPARQL 查询模板的机制如下所示。

(1) 完全匹配查询：要求工作原理支持的流类型与功能需要改变的输入流类型完全相同，且提供的功能效应也与功能需要实现的作用效果完全相同。因此，完全匹配的查询可以为功能找到精确度最高的解决方案，但查询条件过于严格，可能导致无法找到知识库中存在的可行原理解。

(2) 语义兼容查询：基于功能效应语义的单向兼容 SWRL 规则能够推理出功能所需实现的功能效应在语义上是否从属于工作原理提供的功能效应。工作原理的语义兼容查询利用了功能效应的语义单向兼容性，同时功能的输入流类型需要满足工作原理支持的流类型的子类这一约束。语义兼容查询扩大了可行解的搜索空间，并保证功能要求与工作原理支持的实现之间不存在冲突。

(3) 模糊匹配查询：使用功能动词作为关键字实现工作原理的查询。通过基于本体的语义推理确定功能实例的类型，保证了功能动词与功能作用效果语义的一致性，因此，能够提高用于检索关键词的精确性。模糊匹配查询能够找到最多的工作原理，但准确度不如另外两种查询模式。

表 8-5　基于功能语义的原理解检索模板

功能与工作原理的完全匹配

SELECT 　?WP
WHERE {
　　　　?WP　a　FSO:WorkingPrinciple.
　　　　?WP　FSO:hasProvideFunctionalEffect　**funcEffect**.
　　　　func　FSO:hasInputFlow　?f1.
　　　　?f1　　FSO:hasFlowType　?t.
　　　　?WP　FSO:hasAvailableFlowType　?t.
}

功能与工作原理的语义兼容匹配

SELECT 　?WP
WHERE {
　　　　?WP　a　FSO:WorkingPrinciple.
　　　　?WP　FSO:hasProvideFunctionalEffect　?e2.
　　　　funcEffect　CDO:isCompatibleWith　?e2.
　　　　func　FSO:hasInputFlow　?f1.
　　　　?f1　　FSO:hasFlowType　?t1.
　　　　?WP　FSO:hasAvailableFlowType　?t2.
　　　　?t1　　FSO:isSubTypeOf　?t2.
}

功能与工作原理的模糊匹配

SELECT 　?WP
WHERE {
　　　　?WP　a　FSO:WorkingPrinciple.
　　　　?WP　FSO:hasProvideFuncType　**funcVerb**.
}

8.3.3　基于因果语义的功能原理分解

如图 8-26 所示，当功能任务既无法直接找到可实现的物理组件，也无法直接细分时，为功能选择可实现的原理解决方案，并基于该原理进一步分析功能的实现过程是功能分解的常用策略。"支持功能"的概念最先由 Miles 在功能分析中提出，用于指代使用特定的原理实现一个功能任务时所需要的子功能。在已有的功能推理系统中，采用直接关联实现原理解与支持功能之间的因果关系，导致知识间生硬的关联缺乏内在逻辑可解释性。此外，无法为来自多域的原理知识提供统一的语义结构表示。为克服以上不足，本章提供原理方案实现过程知识的结构化表示及基于过程仿真的支持子功能生成方法。

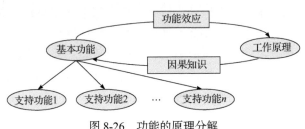

图 8-26　功能的原理分解

1. 原理解的过程知识

本章基于 WorkingPrinciple 概念来结构化不同领域的原理方案知识。为了便于基本科学原理和已有设计方案的知识重用，并为功能分解提供支持，将原理方案的实施过程抽象为对所有参与功能实现的流对象的有序状态变化过程。即认为原理方案的实现过程是一个状态链(StateChain)，状态链上的每个步骤都是一个状态约束。该状态约束体现了原理相关(solution-dependent)的功能实现过程中参与功能执行的流对象需要达到的中间状态。在图 8-25 中，WorkingPrinciple 的 hasRealizationProcess 属性指向一个 StateChain 的实例，它是原理方案执行所要求的第一个状态约束节点。原理方案的结构化语义如图 8-27 所示。

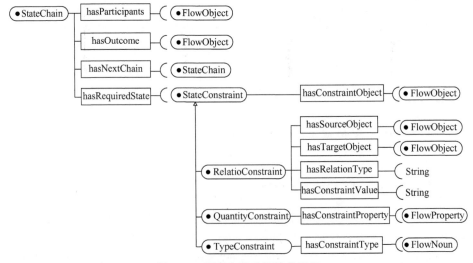

图 8-27　原理方案的结构化语义

其中，hasParticipants 属性描述了当前步骤作为参与者的流对象集合，hasRequiredState 说明了当前步骤所约束的流对象及该对象需要达到的状态；hasOutcome 说明这个步骤完成后获得的输出，而 hasNextChain 则告知了实现过程的下一步骤。这种形式化的知识组织机制结构化了原理方案实现过程的每个步骤，包括所有需要参与到原理作用中的流对象，当前步骤中流需要达到的状态，以及在这个步骤产生的输出。同时还体现了实现过程的时序信息，每个步骤按顺序环环关联，显示了状态约束的因果逻辑。因此，hasRealizationProcess 属性将工作原理与功能实现的因果过程关联起来，能够为方案无关的功能补充原理实现相关知识，以便执行原理分解得到支持子功能。

2. 基于原理作用过程仿真的分解

Chen 等[43]提出了基于仿真的工作原理检索方法，该方法通过模拟解决方案的行为过程来判断工作原理的适用性，并检验最终产出的流是否与功能任务所期望的一致。本章中的原理过程借助了这种思想，为了使用工作原理 WP 实现主功能 F，对 F 的主要输入流按照 WP 的实现过程进行状态变化的仿真，从而分解出依赖于特定工作原理的功能任务实现所需要的支持子功能链，其详细过程如下所示。算法 8.1 实现了对原理解的仿真与支持子功能的生成。

步骤 1：仿真过程的初始化。

步骤 1.1：获取 WP 的所有 hasParticipants 属性值，对 F 的每个输入流 f 按照其流类型映射为 WP 的一个参与者 p，使用集合 Proj 维护每一对<p, f>映射。

步骤 1.2：获取 WP 的 hasRealizationProcess 属性指向的 stateChain，并赋值给 S。

步骤 1.3：将集合 M 初始化为空集 $\varnothing$，用于存储仿真过程中的中间输出。

步骤 2：遍历原理解实现的状态约束阶段，对功能的流状态改变过程进行仿真。

获取当前实现步骤 S 的状态约束 c 及 c 所约束的对象 Obj，并从映射表 Proj 中获取 Obj 对应的流 f。如果 f 已经满足状态约束 c，那么继续访问下一个 StateChain，否则通过以下子步骤创建支持子功能。

步骤 2.1：子功能生成。创建一个 BasicFunction 的实例 Subfunc 作为 F 的支持子功能。计算 f 的当前状态与状态约束 c 间的差距，以获取 Subfunc 的功能效应 effect，并设置 Subfunc 的主输入输出流。

(1) 如果 effect 是 typeChange、shapeChange 或 valueChange，即 Subfunc 是对单个流的状态变化，则其主输入流被设置为 f，主输出流设置为 f 经过状态变化后的流对象实例 f'。

(2) 如果 effect 是 relationChange，即 Subfunc 是对多个流之间的关系变化，那么根据所推导 effect 的 change trend，将 effect 的 source 与 target 设为 f 的主输入流和主输出流。

步骤 2.2：为子功能确定辅助输入流。获取 S 需要的所有参与者集合 $P=[\,p_1, p_2,\cdots,p_n\,]$，遍历每一个 p_i。

(1) 若 p_i 与 F 的一个辅助输入流 f 对应，则将映射关系 $<p_i,f>$ 加入 Proj。

(2) 若 p_i 在 Proj 中不存任何对应的流对象，则创建一个支持子功能以引入对应的流 f，并将映射关系 $<p_i,f>$ 加入 Proj。

(3) 如果 p_i 对应的 f 不是 Subfunc 的主输入流，那么将其设为 Subfunc 的辅助输入流。

(4) 若 p_i 是前续步骤生成的中间产物，则将其从 M 中移除。

步骤 2.3：为子功能确定辅助输出流。获取步骤 S 的所有产出 $[\,q_1,q_2,\cdots,q_n\,]$，并遍历每一个 q_i。

(1) 将 q_i 作为中间输出并放入 M 进行维护。

(2) 若 q_i 与 F 的一个辅助输出流 f 对应，则将映射关系 $<q_i,f>$ 加入 Proj。

(3) 若 q_i 在 Proj 中不存任何对应的流对象，则根据 q_i 的语义创建流对象 f，并将映射关系 $<q_i,f>$ 加入 Proj。

(4) 如果 q_i 对应的 f 不是 Subfunc 的主输出流，那么将其设为 Subfunc 的辅助输出流。

步骤 2.4：在已知 Subfunc 的所有输入输出流及功能效应语义后，使用本体推理机确定其功能类型。

步骤 3：仿真结束后集中处理残余输出流。

使用 WP 实现功能 F 的状态改变仿真结束后，遍历 M 中尚未被子功能消耗的每一个中间输出 m，创建一个处理 m 所对应流对象 f 的支持子功能。

算法 8.1　原理作用过程仿真与子功能生成算法

输入： 待分解功能 F，选择的工作原理 WP，映射表 Proj, the start stateChain S = WP.hasRealizationProcess 及 $M=\varnothing$
输出： 基于 WP 实现 F 所需的支持功能

```
1    while S is not NULL do:
2        c = S.hasRequiredState
3        obj = c.hasConstraintObject
4        if   (f = Proj.getValue(p))  is  NULL:
5            f = new  FlowObject(obj, c)
6            CreateASubFunctionForSupplyFlow(f)
7            Proj.addItem(obj ,f)
8        effect = computeAndCreateEffect(f, c)
9        Subfunc = new SubFunction(f, effect )
10       P = S. getAllParticipants()
11       for  p  in P:
12           if  (f = Proj.getValue(p))  is  NULL:
13               将 p 映射为 F 的辅助输入流并将该映射添加至 Proj
14           if (f = Proj.getValue(p))  is   NULL:
15               f = new FlowObject(p)
16               CreateASubFunctionForImportFlow (f)
17               Proj.addItem(p,f)
18           if f is not Subfunc.primaryInputFlow :
```

19	Subfunc .setAuxiliaryInputFlow(f)
20	**if** p in M **then** M.remove(p)
21	$Q = S.$ getAllOutcomes()
22	for q in Q:
23	**if** q **is not** in M **then** M.add(q)
24	**if** (f = Proj.getValue(q)) is NULL:
25	将 q 映射为 F 的辅助输出流并将该映射添加至 Proj
26	**if** (f = Proj.getValue(q)) is NULL:
27	f = **new** FlowObject(q)
28	Proj.addItem(q,f)
29	**if** f **is not** Subfunc.primaryOutputFlow :
30	Subfunc.setAuxiliaryOutputFlow(f)
31	基于本体推理机识别 Subfunc 的本体类型
32	$S = S$.hasNext
33	end while
34	**for** m **in** M :
35	**if** (f = Proj.getValue(m)) is NULL:
36	将 m 映射为 F 的辅助输出流并将该映射添加至 Proj
37	**if** (f = Proj.getValue(m)) is NULL:
38	f = **new** FlowObject(m)
39	CreateASubFunctionForExportFlow (f)

8.4　实　例　分　析

为了验证本章提出的自顶向下的自动功能分解,以新型电饭煲的设计作为案例,以便于理解每个分解阶段实现方法。

8.4.1　总功能建模表示

电饭煲是常见的家电产品,市场上有多种品牌不同功能的电饭煲供消费者选择。为了提高产品竞争力,设计者试图在所设计的电饭煲中增加洗米功能。这种电饭煲以存在杂质的生米为作用对象,其功能目的是得到洁净且加温煮熟的米饭。因此,基于 8.2 节提出的基于 SysML 的功能语义表示电饭煲的总功能建模,电饭煲的总功能定义如图 8-28 所示。在 Rice_Cooker 的总功能定义中,主输入流是 DirtyRice(含有杂质的米),而主输出流是经过系统作用后的 Cooked_Rice(熟米)和需要除去的 Dirt(杂质)。流对象 DirtyRice 的流类型是 Solid_solid,即固体混合物。其 ownedComponent 与 ownedRelation 属性表示它是由 Rice 和 Dirt 混合而成的。Rice 和 Dirt 都属于 Particulate(固态颗粒)类型的流对象。Rice 的初始温度为 25℃,而作为主要输出流 Cooked_Rice 的温度为 100℃。

8.4.2　自动分解过程

1. 功能任务分解

电饭煲的总功能模型中包含了其输入输出流对象的结构化状态语义,通过解

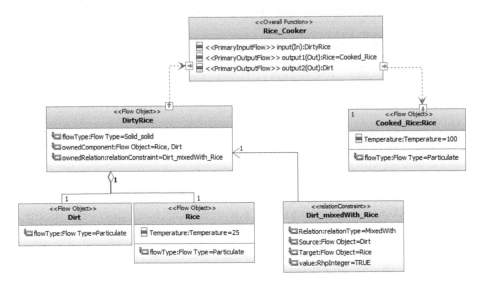

图 8-28　电饭煲的总功能定义

析和计算这些语义，总功能被自动分解为如图 8-29(a)所示的两个子功能。SubFunction1 的功能效应是去除 Dirt 和 Rice 之间的 MixedWith 关系约束的 RelationChange，即分离米和杂质。因此，这个子功能任务的主输入流是 DirtyRice，主输出流是分离后的 Rice 和 Dirt。而 SubFunction2 的主输入流是 Rice，主输出流是 Cooked_Rice，功能效应是基于定性推理确定的 ValueChange，提高 Particulate 的温度。根据两个子功能任务的输入输出流类型及功能效应，可以使用本体语义推理确定它们的功能类型。如图 8-29(b)所示，SubFunction1 的类型被推断为 Branch，而 SubFunction2 的类型被推断为 Increment 如图 8-29(c)所示。

1) 原理解查找

对于任务分解所得到的两个子任务，对米的加热是电饭煲产品的共有功能任务，易于找到物理结构设计。而对于 SubFunction1 子功能，则需要寻找可行的原理解决方案，帮助功能的进一步细化设计功能。

在本工作中，基于不同学科领域原理或不同来源的已有设计方案，需要抽象并提取其能够实现的功能效应及实现过程知识，并结构化表示为 WorkingPrinciple 的本体实例。对领域相关工作原理的结构化是一项耗时的工作，需要对相关领域有深刻的理解和对知识的抽象能力。因此，如果没有领域专家的协助很难建立工作原理知识库。为了说明和比较本章提出的工作原理语义查询的三种模式，以及验证基于工作原理的支持子功能生成，我们在知识库中构建了 17 种功能类型为 Branch 的工作原理实例。其中 6 个来自于已有的设计方案知识库，1 个来自于已注册的专利，而其余是从维基百科相关页面提取的学科领域知识。

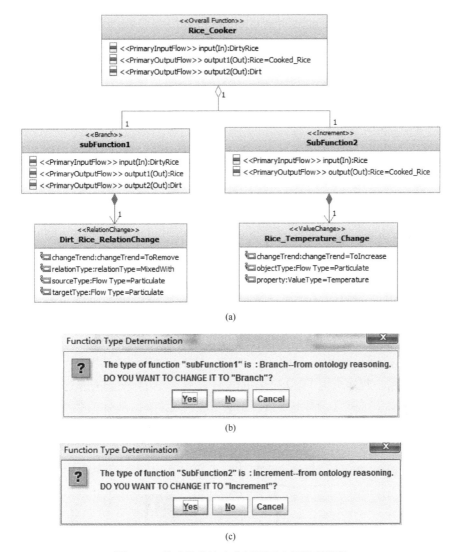

(a)

(b)

(c)

图 8-29　总功能的效应分解及子功能类型推断

将 SubFunction1 的功能类型 Branch，输入流类型 Solid_Solid 及功能效应 {particulate, particulate, mixedWith, remove}语义与三种语义查询模板结合，生成对应的查询语义，并在原理知识库中寻找可行解，三种查询所找到的方案分别如图 8-30(a)～(c)所示。

我们使用 Branch 作为关键字的模糊匹配查询，找出了所有 17 种工作原理。但查询结果中存在不可行的解决方案，如用于提取金属矿石的 Hydrometallurgy(湿法冶金)。原理方案的完全匹配查询精确度最高，但只获得了 4 个可行解决方案。

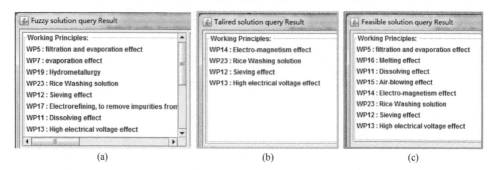

图 8-30　基于三种语义精确度的原理解检索结果

最后，根据功能与工作原理的功能效果和流类型语义间的兼容性，使用语义兼容查询找到了 8 个结果，在充分保证方案可行的同时，尽量地扩大了可行解的空间。

2) 原理分解结果

通过设计人员对找到的工作方案的主观判断，认为 WP23(即从专利文献[44]中提取的洗米功能实现方案)是与所需解决的功能任务相关性最高的方案。因此，选择它作为 SubFunction1 的工作原理方案。WP23 在该专利文献[44]中展示了方案实现所需要的物理结构，如图 8-31 所示。但针对具体的产品设计，并不能直接重用物理结构。此外，为了实现产品的设计创新，设计师更愿意从已有设计方案的功能结构中获得灵感，而不是直接复制物理实现方案。从这个专利中抽象出的工作原理知识的本体形式化表示如表 8-6 所示。

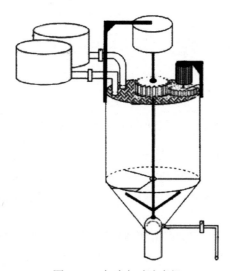

图 8-31　自动定时洗米机

表 8-6　工作原理知识的本体形式化表示

WP23: Rice washing solution	

hasProvideFunctionalEffect : 　{particulate,particulate,mixedWith,remove}
　　　　　　　　　　　　　　　　　　{particulate, solid-solid, In, remove}
hasAppliableFlowType: solid-solid, particulate,
hasParticipants: Rice: solid-solid, Water: liquid, ClearRice: particulate

hasRealizationProcess: StateChain #1

StateChain #1	**hasParticipants:** Rice:solid_solid, Water:liquid	
	hasRequiredState:	
	StateConstraint1: **constraintObject:** Rice **ValueConstraint:** < Rice, position, "container">	**StateConstraint2:** **constraintObject:** Water **ValueConstraint:** < Water, position, "container">
	hasOutcomes:　Rice:solid , Water:liquid	
	hasNextChain: StateChain #2	
StateChain #2	**hasParticipants:** Rice:solid_solid , water:liquid	
	hasRequiredState: **constraintObject:** Rice **RelationConstraint:**<Rice, In, Water, true>	
	hasOutcomes: Rice_Water:solid_liquid	
	HasNextChain: StateChain # 3	
StateChain #3	**hasParticipants:**Rice_Water:solid-liquid	
	hasRequiredState: **constraintObject:** Rice_Water **RelationConstraint:**< ClearRice, In, Water, false>	
	hasOutcomes:　　Water: Liquid, ClearRice: particulate	
	HasNextChain:　　StateChain #4	
StateChain #4	hasParticipants: **Water:liquid**	
	hasRequiredState: **constraintObject:** Water **ValueConstraint:** < Water , position, "environment">	
	hasOutcomes: Water: liquid	
	HasNextChain: Null	

　　该工作原理能够实现的功能任务被抽象表示为两种功能效应：消除颗粒间的混合{particulate, particulate, mixedWith, remove}，或者是去除固体混合物中的颗粒{particulate, solid-solid, In, remove}。这两种功能效应语义是通过对原理作用效果的不同理解和侧重而提取的。这也解释了为什么在完全匹配查询模式下可以找到这个工作原理。将自动定时洗米机的洗米功能的实现过程抽象为本章所定义的语

义结构表示，作为原理参与者的流需要按照特定时序满足的状态约束是：①在第一个状态节点，保证参与者 Rice 和 Water 的 Position 属性值是 container(即保证位置在容器中)；②在第二个状态节点，保证 Rice 与 Water 的关系约束(米需要在水中)；③在第三个状态节点，保证 ClearRice 与 Water 的关系约束(洁净的米不在水中)；④在第四个，即最后一个状态节点，保证 Water 的 Position 属性值为 environment(将水排除到系统外部)。

通过将 SubFunction1 的输入/输出流对象映射到 WP23 的参与者，并利用 WP23 的实现过程知识对该功能的输入流进行状态改变仿真，则能够得到实现 SubFunction1 的功能任务需要的支持子功能。基于过程仿真的原理分解的实现是一个半自动的人机交互过程。基于对流类型的对比，功能的输入输出流对象与工作原理的 particular 和 outcome 之间存在多种可能的映射关系，因此，需要设计者的参与，以确定正确的映射关系。同时，在仿真过程中，在每个状态节点检测流对象的状态约束满足性时，设计者需要修正程序的自动检测结果，以消除不确定性(在已知条件有限的情况下，仿真过程中无法绝对判断流是否已经满足需要的状态)。通过原理分解获得的 SubFunction1 的支持子功能的原理分解结果如图 8-32 所示。

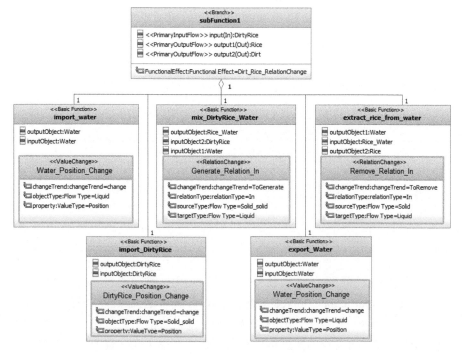

图 8-32　子功能的原理分解结果

SubFunction1 的主输入流 DirtyRice 与 WP23 实现的参与者 Rice 产生映射关系，而功能的输入并没有与参与者 Water 匹配的流，则意味着使用 WP23 实现 SubFunction1 需要引入一个 liquid 类型的辅助输入流。而根据 WP23 实现过程中对 Rice 及 Water 的有序状态约束的描述，为 SubFunction1 分解出 5 个子功能：import_water，import_DirtyRice，mix_DirtyRice_Water，extract_rice_from_water 及 export_Water。其中每个子功能都拥有具体的输入/输出流和功能效应语义。因此，由原理分解获得的子功能可以通过寻找可行原理方案再进一步分解。

2. 设计结果

设计者调整所生成子功能的顺序，并使用流关联它们的输入输出接口，获得实现功能任务的功能结构，如图 8-33 所示。功能结构视图追踪了流程对象在支持子功能作用下的变化过程。

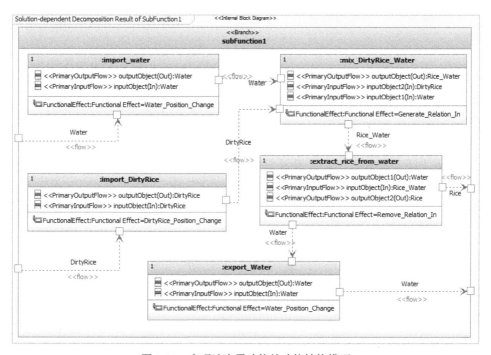

图 8-33　实现洗米子功能的功能结构模型

基于本章所提供的基于 SysML 的功能建模方法，不仅能够有效地实现对功能的详细输入输出流状态建模，充分利用结构化语义具备的可解释性，还能实现总功能的自动任务分解。可认为所得到的每个子功能，都是属于总功能任务需要实现的流状态变化集合中的一个基本任务。功能的原理实现是最有可能产生设计创新的阶段，可行的原理方案可来自多个学科领域。当设计人员根据自身经验选取原理方案时，容易局限于自身熟悉的专业领域，而本章提出的原理方案知识的结构化机制则为多学科领域来源的设计知识重用提供了基础。基于功能语义的查询能够帮助设计者获取所有知识库中已有的工作原理方案。基于流状态变化的过程仿真方法解决了因果知识分解方法中功能与所需子功能间的直接关联导致的设计固化的问题。

8.5　小　　结

本章以支持自动功能分解为目标，提出了一种自顶向下的基于本体语义推理的计算机辅助功能分解方法。与已有的计算机辅助概念设计工具及功能分解方法相比，具有以下特点。

(1) 基于输入输出流详细状态语义的自动任务分解。基于对输入输出流对应关系的解析及定性推理过程确定了总功能的所有子任务。所获得的每个子功能拥有唯一且明确的功能效应语义，可用于查找物理实现组件或原理解。

(2) 基于功能语义的原理方案查找。基于 SWRL 规则挖掘了功能效应实例间隐含的语义兼容性，并通过三种不同语义精确度的查询，提供了灵活的原理方案检索模式。与传统基于关键词的检索相比，基于兼容性语义的查询能够获得更准确的结果。

(3) 基于原理解实现过程知识仿真的功能分解。通过提供面向多学科领域及来源的原理方案知识的结构化表示方法，以及基于流状态变化过程仿真的原理分解，实现工作原理知识的重用，并帮助设计者确定基于特定原理实现功能任务时所需要的支持子功能。

第9章 模型驱动的逻辑架构自动生成和多指标评价

9.1 引 言

随着系统复杂程度的提升，系统设计涉及越来越多的学科和团队。作为基于模型的系统工程的核心，系统架构对于系统设计至关重要。系统架构的优劣会直接影响到系统的质量、后续详细设计的进展和整个设计过程的成本。根据 Ulrich 与 Eppinger 的定义，架构是产品的功能元素排布到物理块及物理块之间交互的模式[45]。相应地，系统架构主要包含三个部分：①功能元素的布局；②从功能元素到组件元素的映射；③交互组件元素之间接口的细化。

Daniel 教授团队对系统架构进行了更详细层次的划分[46]。根据 Daniel 的理论，系统架构包括应用架构(需求相关)、功能架构(功能相关)、逻辑架构(逻辑组件相关，不涉及具体技术细节)和物理架构(物理组件相关，涉及具体技术细节)。由于在本章中仅涉及组件的关键参数及其大致取值，并未涉及组件精确的数值和布局信息，因此本章提到的组件默认是逻辑组件。本章不涉及应用架构的内容，假设功能架构已知，主要研究的是抽象功能到逻辑组件的映射，逻辑架构的生成与多指标评价。功能-组件映射是指从抽象系统功能到逻辑组件的转换过程。由于逻辑组件可以有多种实现方式，不同组件组合在一起会展示出不同的性能，因此为辅助设计师高效地进行决策，逻辑架构评价必不可少。目前，存在很多关于复杂产品逻辑架构生成与评价的工作，但仍然存在以下有待改进的地方：①从功能到组件的映射主要依赖于经验数据，限制了产品创新，在特定需求下，组件相对于功能的合适程度尚未考虑；②在逻辑架构生成阶段，尚未考虑组件之间的兼容信息，从而无法减轻组合爆炸问题，并且后续筛选可行架构的过程会影响设计效率；③在评价逻辑架构的过程中，常采用启发式算法求解帕累托(Pareto)前沿，这种方法的思想是未在 Pareto 前沿上的系统架构是劣解，不予考虑。但是，在实际的产品设计过程中，不在 Pareto 前沿上的解可能更加鲁棒。因此，本章提出一种集成的逻辑架构生成和多指标评价方法，旨在高效地生成和评价所有可行架构解，从而辅助设计师进行决策。

本章在假设功能架构已知的前提下，首先给出多个设计领域、多个设计阶段的统一知识模型。其次，为确保所有能实现特定功能的组件都被找到，提出基于实例和基于流或功能基两种映射方法。其中基于实例的映射方法是为了找到在已有产品中用来实现特定功能的组件。考虑到可能存在某些创新型组件尚未在已有产品中使用，本章对流和功能基等功能-组件之间的媒介进行研究，并提出基于流和功能基的映射方法对基于实例的映射方法进行补充，确保识别到所有可以实现某功能的组件。通常，存在多个组件可以实现某一功能，但是不同组件对功能的匹配程度不同。从流的角度来说，可能存在组件 A 跟功能的流完全匹配，而组件 B 跟功能的流之间存在的是包含关系。显然地，组件 A 更适合于实现该功能。因此，在映射过程中，记录功能和组件之间的匹配程度，并将其作为多指标评价阶

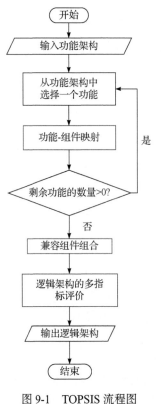

图 9-1　TOPSIS 流程图

段的指标之一是必要的。最后，本章提出一种基于动态规划的组件组合方法来缓解组合爆炸问题。在组件组合过程中考虑组件之间的兼容性，排除存在不兼容组件的组合，并记录组件组合后的相关信息，如总重量、总价格等。对于功能架构中的每个功能或者功能组合，每次提取其对应的一个组件可行解进行组合，排除不兼容组合解。当所有功能都得到考虑之后，即可得到所有可行的组件组合解。最后，在设计师辅助下，建立系统指标和组件属性之间、系统指标和组件布局之间的关系。并在对优劣解距离法(technique for order preference by similarity to ideal solution，TOPSIS)的优缺点进行深入分析的基础上[47]，对其进行扩展，从而对生成的逻辑架构解进行多指标评价。在本章中，逻辑架构的评价分为两步。首先是进行组件组合的评价，由设计师选择某一个或者几个最优的组件组合进行布局；然后进行同一组件组合下不同设计布局的评价。使用该方法可以更高效地辅助设计师进行决策。该方法的流程图如图 9-1 所示[48]。其中，功能-组件映射、兼容组件组合及逻辑架构的多指标评价三个步骤将在后面详细阐述。

9.2　基于统一知识模型的功能-组件映射

在已知功能架构的基础上，从功能到组件的映射是逻辑架构自动生成的第一步。本章借助本体推理实现功能-组件的自动映射，从而需要相关本体知识库的支持。然而，使用相关本体语言，如网络本体语言(web ontology language，OWL)，需要语义网相关知识。因此，为方便设计师的使用，本章首先基于 SysML 建立复

杂产品统一知识模型，然后将该模型自动转换到基于 OWL 的本体模型知识库。

9.2.1　统一知识模型

1. 基于 SysML 的知识模型

逻辑架构自动生成的前提是对功能、组件等相关知识进行清晰、一致地表示。本章对 SysML 进行轻量级扩展，从而支持系统架构建模[49]。如图 9-2 所示，逻辑架构的自动生成与评价主要需要新增 5 种构造型，分别是功能流《Flow》，评价指标《EvaluationCriteria》，功能基《FunctionalBasis》和《Function》，组件《Component》。

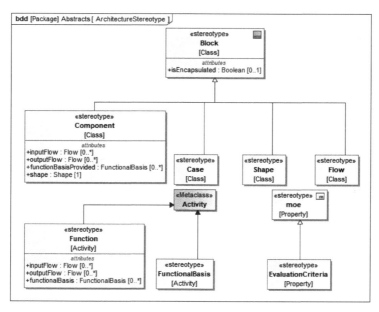

图 9-2　新增构造型定义

(1) 流《Flow》。主要用于对功能和组件的输入、输出流进行建模。本章参考功能基[50]对流相关元素及其属性进行建模。由于本章中流主要是作为功能和组件之间的映射媒介，因此仅考虑流之间的包含和继承关系。图 9-3 展示了部分以《Flow》为构造型的模型。

(2) 评价指标《EvaluationCriteria》。主要用于对架构评价中用到的指标进行建模，如功率、价格等。评价指标可以分为通用指标和专用指标。其中通用指标对所有组件都适用，如价格、重量。专用指标根据组件的不同而不同，如发动机的功率。评价指标对应于组件或者系统的某些属性。根据语义，该构造型继承自 SysML 已定义的构造型《moe》(measure of effectiveness)。

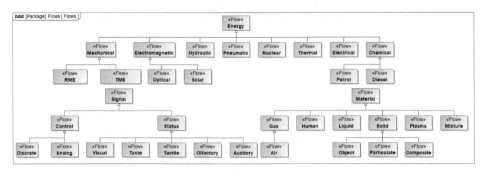

图 9-3　流模型示例

(3) 功能基《FunctionalBasis》。作为功能和组件之间映射的另一个媒介，功能基的建模主要参考文献[50]。以《FunctionalBasis》为构造型的元素可用于对不同的功能或者组件进行分类。图 9-4 展示了部分以《FunctionalBasis》为构造型的模型。

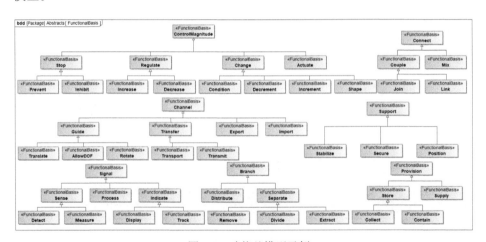

图 9-4　功能基模型示例

(4) 功能《Function》。目前，尚不存在统一的功能定义。根据 Rodenacker 的定义[51]，功能是能量、材料和信息输入输出之间的关系，该定义在设计研究中被广泛地应用。价值工程(value engineering)认为功能是 to do something[52]。这是目前存在的功能的两个经典定义。在本章中，功能包含三个基本的标签，分别是输入流 inputFlow、输出流 outputFlow 和功能基 functionalBasis。其中输入流和输出流即是用来对功能的输入输出流进行建模，其类型是《Flow》；标签"功能基"用来对多个不同的功能进行分类，其类型是《FunctionalBasis》。

(5) 组件《Component》。不同组件实例的具体参数可能存在不同的取值，但是同一类型的组件存在相同的输入流、输出流和所提供的功能。与功能《Function》

相对应，建立三个标签，分别是输入流 inputFlow、输出流 outputFlow 和所提供的功能基 functionalBasisProvided。所有具体的组件构造型都继承自《Component》。

(6) 形状《Shape》。该构造型用于描述不同的形状。以《Shape》为构造型的模型用来描述组件的形状属性。

(7) 实例《Case》。该构造型用于描述可重用的信息。以《Case》为构造型的不同模型用来存储功能和组件之间的映射关系，这种映射是从已存在的产品中搜集到的。

在系统设计中主要存在两种系统架构，分别是模块化架构和整体架构。在模块化架构中，从功能元素到逻辑组件间一对一映射，组件之间的接口是不耦合的。在整体架构中，功能元素和物理组件之间的关系不是一对一的，组件之间存在耦合关系。为了支持这两种类型的架构，在 SysML 模型中建立相应的映射知识。如图 9-5 所示，定义一个抽象实例来对功能和组件之间的映射进行建模。它是所有具体实例的父类。在实例中，problem 标签的类型

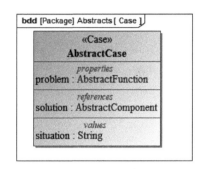

图 9-5　抽象实例定义

是功能；solution 标签的类型是组件；situation 用来存储在组件实现该功能时的性能相关信息，该标签是设计师做决定时的重要参考字段。图 9-6 中提到的组合组件不同于传统的组合组件(如引擎)，它被定义为由一些独立组件组合在一起、完成多个独立的功能的组合。如图 9-7 右边部分所示，上半部分(Upper half)、下半部分(Lower half)、前突部分(Nose piece)、货物吊带(Cargo hanging straps)可以被定义为一个组合组件 A(compositeComponentA)。同样地，连接车辆(Connect to vehicle)、最小化空气阻力(Minimize air drag)和支持货物装载(Support cargo loads)也可以被定义为一个功能组合 A(compositeFunctionA)。在知识库中，存在一个以功能组合 A 作为 problem，以组件组合 A 作为 solution 的特定实例。

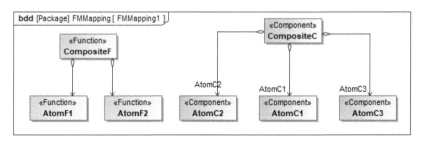

图 9-6　组合功能和组合组件的示例

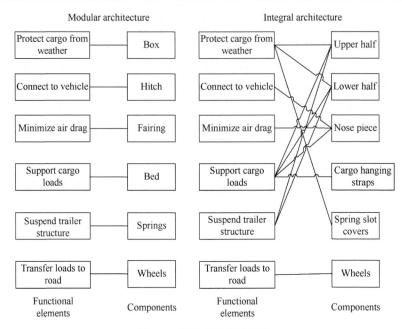

图 9-7　模块化和整体架构

　　不同组件之间进行交互从而形成整个系统，组件之间的交互关系同样需要建模。因此，需要建立一些关于接口的构造型。接口可能涉及组件之间的几何连接，也可能是非直接接触的交互，例如，远程控制器和电视设备之间的无线通信连接。相应地，基于 SysML 建立两种类型的接口。在文献[49]的研究工作中，已经定义了基于 SysML 的几何和流信息配置包。因此，功能接口主要采用输入、输出流表示，几何接口主要通过组件的几何参数来建立。如图 9-8 所示，功能接口主要是通过属性输入流(inputFlow)、输出流(outputFlow)来建模，几何接口是通过几何相关属性来建模。

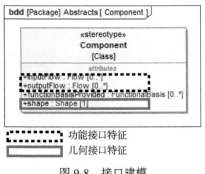

图 9-8　接口建模

2. 基于 OWL 的知识模型

根据文献[53]的定义，本体是一种"形式化的，对于共享概念体系的明确且详细的说明"。网络本体语言(OWL)是一种常用的知识表示语言，用于编写本体声明。Baader 明确指出描述逻辑为语义网提供了必要的逻辑基础[54]。逻辑语言可以根据其提供的构造子进行区分。其中最基本的描述逻辑语言是属性语言补集(attribute language complement，ALC)，它是一种包含合取、析取、否定、存在性判定和值限定构造子的描述逻辑语言。在 ALC 中增加传递性关系，则形成描述逻辑语言 ALCR+，可以简写为 S。在此基础上，再加入逆关系构造子"|"及包含关系(记为 H)，则形成描述逻辑语言 SHI。在 SHI 基础上添加数量限定(N)，则形成描述逻辑语言 SHIN。另外，如果可以通过对个体的枚举来定义类，那么就是 O 的作用。对诸如字符串、整型这些数据类型的支持，称为有型域 D。在 SHIN 基础上分别添加构造子 O、D 将会得到描述逻辑语言 SHOIN(D)。当前的本体语言普遍将描述逻辑作为逻辑基础，例如，DAML+OIL 等价于描述逻辑 SHOIQ(D)，OWL DL(OWL 语言的一种)等价于 SHOIN(D)。

描述逻辑的知识库 $O: = <T, A>$，其中，T 是 Tbox，A 是 Abox。Tbox 是概念公理的有穷集合，Abox 是断言公理的有穷集合。与描述逻辑相对应的，本体的基本元素包括概念、实例和属性。概念表示的是一个领域实例的集合，如学生，类似于面向对象中类的概念；实例表示的是一个概念中的个体，如学生小明，类似于面向对象中对象的概念；而关系主要描述实例拥有的属性，主要表示的是二元关系，如"x 是 y 的朋友"可以表示为 $\{<x,y> \mid friend(x, y)\}$。SysML 拥有对设计过程进行表达的能力，但是它缺乏基于逻辑的形式化语义。为了借助推理实现功能组件之间的映射，上述建立的基于 SysML 的模型需要被转换成基于 OWL 表示。与 SysML 中定义的知识相对应，在本体中自动生成相应的类、实例、属性等。在本体中，主要定义四种类(概念)：功能、组件、用来对功能和组件属性进行建模的类和实例(case)类。新建的实体属性用来对功能和组件的实体相关属性进行建模。同理，新建的值属性用来对它们的值相关属性进行建模。组件之间的关系可能是几何或者功能关系。组件之间的功能关系通过它们之间的输入流和输出流(实体属性)进行构建，组件之间的几何关系通过它们的几何参数属性(数据属性)和这些几何参数之间的空间关系(实体和数据属性)来构建。遵循这种转换方法，对本章提出的逻辑架构生成和评价方法所需的本体知识库进行构建。

9.2.2　功能-组件映射

为确保所有可以实现某功能的组件都能被识别，本章提出两种功能-组件映射方法，即基于实例的映射、基于流和功能基的映射。

1. 基于实例的映射

　　基于实例推理是指通过对已存在案例或者经验来解决新问题、评价新的解决方案、解释异常情况，并理解新的情况[55]。受到基于实例推理的启发，本章提出基于实例的映射。作为父类的抽象实例定义如图 9-5 所示。其中功能对应到 problem 标签，组件对应到 solution 标签，situation 标签记录的是该组件在已有产品中实现该功能时的运行情况。当希望将一个在基于实例的映射中映射到的组件用在待设计系统中时，situation 标签中记录的信息可以供设计师参考。

　　为实现基于实例的功能-组件映射，首先要对已有产品中的功能架构和逻辑架构进行分析，从而得到其相关功能-组件映射实例。在新的设计过程中，同样的功能可以采用实例中存储的组件来实现。如图 9-9 所示，ChemicalEngine 是一类可以用于实现功能 GenerateTorque 的组件。与基于实例的推理不同，本章提出的基于实例的映射只是识别能实现某功能的组件，而不考虑每个组件在新产品设计中的合适程度。为利用本体推理实现基于实例的映射，定义如表 9-1 所示的规则。规则是以 SWRL 格式进行书写的，规则中包含一元关系(如 Case(?c))和二元关系(如 hasSolution(?c, ?s))，还包括规则推导符号->，其解读方式如表 9-2 所示。

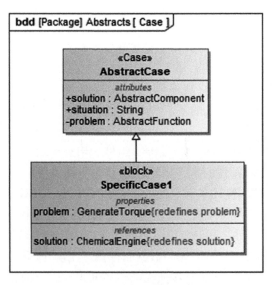

图 9-9　特定实例的示例

表 9-1　基于实例映射规则模板

映射规则模板 1	Case(?c)^hasProblem(?c,?f)^hasSolution(?c,?s)->canBeRealizedBy(?f,?s)

表 9-2　SWRL 规则解读

规则元素	意义
Case(?c)	c 是一个概念类 Case 的实例
hasSolution(?c, ?f)	hasSolution 是二元关系，c 和 f 是实例， 且它们之间存在这个关系
∧	推导出
∧	与

2. 基于流和功能基的映射

在基于实例的映射中，可以找到所有在已有产品中实现该功能的组件。但是，可能存在某些可以实现某功能的创新型组件尚未用在产品中。因此，本章在统一知识模型的基础上提出基于流和功能基的映射。为找到可以实现某功能的所有组件，该映射方法提出三种规则用于找到所有理论上可行的组件解。

(1) 对于功能架构中的功能，如果它的输入流来自于环境，且不同于输出流，那么如果一个组件的输出流与之相同或者是它的父类，就认为该组件可以用于实现该功能。例如，功能 GenerateTorque 可以由不同类型的引擎来实现，而无须考虑其输入流是燃料或者是电能。由于功能和组件中流的数目不定，所以涉及流的映射规则相对复杂。映射流应该根据功能和组件的流的数目来进行分类。然而，由于功能-组件之间的匹配仅考虑主要流，因此映射规则数目是有限的。表 9-3 展示了两条规则模板。

表 9-3　基于流映射规则模板示例

映射规则模板 2	Function(?f)∧hasInputFromEnvironment(?f,true)∧hasOutputFlow(?f,?flow)∧Component(?c) ∧hasOutputFlow(?c,?flow)∧Flow(?flow)->canBeRealizedBy(?f,?c)
映射规则模板 3	Function(?f)∧hasInputFromEnvironment(?f,true)∧hasOutputFlow(?f,?flow1)∧Component(?c) ∧hasOutputFlow(?c,?flow2)∧Flow(?flow1)∧Flow(?flow2)∧isSubtypeOf(?flow1,?flow2) ->canBeRealizedBy(?f,?c)

(2) 对于功能架构中的其他功能，如果一个组件的输入输出流与其对应，即相同或者是该功能的流的子类，就认为该功能可以由该组件来实现。例如，如果一个引擎用来产生机械能，那么可以用它来实现产生旋转机械能。与规则(1)中类似，映射规则需要根据功能和组件流的数目来进行分类。表 9-4 展示了两条规则模板。

表 9-4　基于流映射规则模板示例

映射规则模板 4	Function(?f)∧hasInputFromEnvironment(?f,false)∧hasInputFlow(?f,?flow1) ∧hasOutputFlow(?f,?flow2)∧Component(?c)∧hasInputFlow(?f,?flow1) ∧hasOutputFlow(?c,?flow2)∧Flow(?flow1)∧Flow(?flow2)->canBeRealizedBy(?f,?c)

续表

映射规则模板 5	Function(?f)^hasInputFromEnvironment(?f,false)^hasInputFlow(?f,?flow1) ^hasOutputFlow(?f,?flow2)^Component(?c)^hasInputFlow(?c,?flow3) ^hasOutputFlow(?c,?flow4)^Flow(?flow1)^Flow(?flow2)^Flow(?flow3)^Flow(?flow4) ^isSubtypeOf(?flow2,?flow4)^isSubtypeOf(?flow1,?flow3)->canBeRealizedBy(?f,?c)

（3）对于功能架构中所有功能，如果它的"functionalBasis"标签值与某组件的"functionalBasisProvided"标签值匹配，那么认为该组件可以用来实现该功能。规则模板定义如表 9-5 所示。

表 9-5　基于功能基映射规则模板

映射规则模板 6	Component(?c)^Function(?f)^hasFunctionalBasis(?f,?p)^hasFunctionalBasisProvided(?c,?p) ^FunctionalBasis(?p)->canBeRealizedBy(?f,?c)

根据文献[51]和[52]中关于功能定义，在知识统一建模的基础上，基于流和功能基的功能-组件映射可以找到所有理论上能实现某功能的组件。当一个创新组件被用于实现某功能后，将与其相对应的实例也添加到知识库中。基于流和功能基的映射是基于实例映射的补充，基于实例的映射可以提供更多该组件在以往使用中的信息供设计师参考。

9.2.3　组件的合适度

一般来说，存在多个组件可以实现某一功能。但是它们在实现功能时的性能不同。在基于实例的映射中，以同一功能为 problem 值的不同 case 的 situation 字段记录的内容不同。在基于流和功能基的映射中，不同组件对应到同一个功能有不同的匹配程度。例如，组件 c1 和组件 c2 都可以用于实现某功能，组件 c1 的输入输出流与功能的输入输出流相同，而组件 c2 的输入输出流是功能输入输出流的父类。显然地，组件 c1 更适合用于实现该功能。因此，功能和组件之间的流匹配程度应该被考虑。

图 9-10 展示了根据功能组件之间的匹配程度计算组件"合适度"值的过程，它可以作为逻辑架构的评价指标之一[56]。根据最后生成的组件组合的数量和组件组合"合适度"值的分布情况，可以由设计师设置"合适度"阈值来删除不够理想的候选方案。

通过这两种映射方法，可以找到对应到某个功能的所有组件。对于给定功能架构中的每个功能，选择其对应的可行组件，并对这些组件进行组合，即可得到该系统的可行组件组合解。由于对于每个功能都存在多个可行解，因此，在复杂

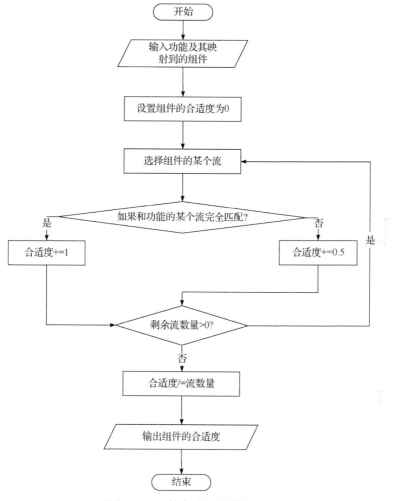

图 9-10　组件合适程度计算过程

产品中，组件组合解的数量是指数级别的。但是，由于某些组件不可以同时使用，因此，在组件组合过程中应该考虑组件之间的兼容性问题来缓解组合爆炸问题。

9.3　基于动态规划的组件组合

　　逻辑架构的选择通常被看作最优化问题，这类方法的缺点在于有些因素无法在自动化过程中考虑，得到的优化解并非是设计师想要的。同时，系统设计中的指标可能涉及属性、目标、性能需求、视角等，这些有时候并不能看作一个数学函数。Almefelt 提出了一个跨功能工作中设计支撑的方法[57]，旨在解决子功能之间的协作来提高整个产品的性能和性价比。然而，由于并非所有可行组合都被考虑到，因此并不能保证最终得到是最优解。Noubarpour[58]虽然对该方法进行改善，但是改善后的方法存在同样的缺陷。因此，本节提出一种架构生成和评价方法，旨在找到所有可行的逻辑架构，并根据需求对这些可行架构进行排序，从而辅助设计者进行决策。组件组合是架构生成和评价的基础，在本节对该过程进行详述。

9.3.1　组件兼容性建模

在产品设计中，当一些组件组合在一起时会导致错误，这就意味着这些组件不能兼容。如果兼容性问题在早期设计过程中没有被充分地考虑，就可能导致后续设计中以非常大的代价返工。因此，在系统前期设计过程中充分地考虑组件之间的兼容性是必要的。

为避免冗余，组件之间的兼容信息没有保存在知识库中。当两个组件组合时，利用本体推理检测它们之间的兼容性。根据调查，导致组件之间出现不兼容的情况主要有两种：①物理效应之间不兼容。例如，一个液压放大器不能直接由一个电池提供动力。②属性之间的不兼容。例如，引擎和变速器之间的相关属性是扭矩。如果变速器能承受的扭矩低于引擎可以提供的扭矩，那么它们不能在一起使用。为检测组件之间的兼容性，提出一些如表 9-6 所示的规则模板。

表 9-6　兼容性判断规则模板

兼容性判断规则 1	Component(?c1)∧Component(?c2)∧hasPhysicalEffectProvided(?c1,?p1)∧hasPhysicalEffectProvided(?c2,?p2)∧isInCompatibleWith(?p1,?p2)->isInCompatibleWith(?c1,?c2)
兼容性判断规则 2	Component(?c1)∧Component(?c2)∧hasMaxTorqueProvided(?c1,?n1)∧hasMaxTorqueAccept(?c1,?n2)∧swrlb:greaterThan(?n1,?n2)->isInCompatibleWith(?c1,?c2)

9.3.2　基于动态规划的组件组合方法

根据知识库中存储的具体实例,同一个功能架构可以对应到不同的分解策略。在同一个分解策略下，可以得到多种逻辑架构。数量众多的逻辑架构不便于设计师选择，并且不同组件之间的兼容性还需要判断。因此，在系统设计的组件组合过程中考虑组件之间的兼容性是必要的。为支持后续逻辑架构的多指标评价，需要在组件组合过程中计算并记录组合相关信息。

组件组合过程可以根据功能架构的分解策略被分成多步，动态规划是一个通过将复杂问题分解成多个简单的子问题来进行解决的方法，因此，可借助动态规划思想来实现组件组合。组件组合有多个重合的子问题，当子问题被解决并存储后，后续问题的解决可以借助已存储子问题的结果。因此，这种方法会更高效。然而，组件组合问题跟传统的动态规划问题是有区别的，主要体现在以下两个方面：①在系统设计的早期阶段，并不存在太多的量化信息。系统设计是一个包含多个学科和领域的复杂问题，因此组件组合并不能看作简单的优化问题。本节所提方法的目标并不是要找到一个最优的组件组合，而是在组件组合过程中确保组件之间的兼容性，并搜集信息支持后续的架构评价。组件组合过程的最终结果是一系列可行的组件组合和评价它们所需的相关基本信息。②后续要添加的组件可能影响已存在的组件组合。也就是说，要检测后续要添加的组件和已存在的组件组合中的所有组件是否兼容。如果不兼容，那么应该检测该组件与其他已存在的组件组合，并且检测该组件组合与其他能实现当前功能的组件之间的兼容性。让新添加的组件与组件组合中所有的组件进行兼容性判断是为了确保不管功能架构中的功能以何种顺序检测，最后生成的组件组合中所有组件之间都是兼容的，从而保证组件组合过程的灵活性。

本章在动态规划的基础上，考虑到组件组合问题的特征，提出一种可以生成所有可行解的组件组合方法。如图 9-11 所示，该方法由预先定义的知识库提供支持。该方法主要包括三个步骤：问题分解、可行组件选择、组件组合。

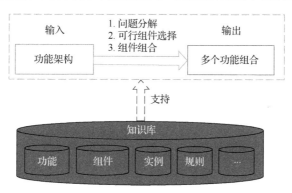

图 9-11　组件组合过程

1. 问题分解

根据已有的知识库，可以将功能架构按多种方式进行分解。例如，在预先存储的实例集合中可能存在组件集可以实现包含 protect cargo from weather 和 suspend trailer structure 的功能集，也可能存在组件集可以实现包含 support cargo loads 和 suspend trailer structure 的功能集。根据已存在的实例集合，给定的功能架构存在多种分解策略。在该步骤中，采用深度优先的策略对功能架构图进行遍历，存储所有的功能节点；然后根据已存在实例中的 problem 值对储存的功能节点进行划分。图 9-12 展示了功能架构的分解策略。

2. 可行组件选择

对于每分解策略，识别其中每个功能集对应的组件集。在该步骤中，通过本章提出的基于实例的映射及基于流和功能基的映射方法，识别对应到每个分解策略中每个功能集的所有可行组件集。如图 9-12 所示，每个功能架构可能对应到多个分解策略，以第一个分解策略为例，该功能架构被分解成三个功能集：{{A, B, E, F}, {C, D}, {G}}。如图 9-13 所示，假设有三个组件集{A1, A2, A3}可以实现功能集{A, B, E, F}，有两个组件集{B1, B2}可以实现功能集{C, D},有三个组件集{C1, C2, C3}可以用来实现功能集{G}。这里，组件集可能包含一个或者多个组件。

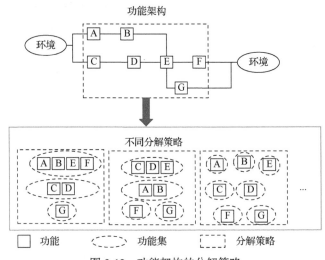

图 9-12　功能架构的分解策略

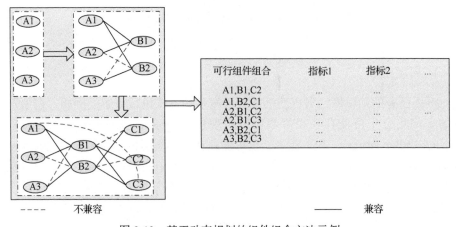

图 9-13　基于动态规划的组件组合方法示例

3. 组件组合

在上述两步的基础上，通过多个组合步骤即可得到最终的组件集。对于对应到某个功能集的组件集，将其与已得到的组件集进行组合。在组合过程中判断新添加的组件和已存在的组件是否存在兼容性问题，如果不存在，那么得到新的组件集；否则，放弃该组合方案。这个过程一直迭代，直到功能架构中所有的功能都已经被考虑到。如图 9-13 所示，在第一个组合步骤中有三个组件选择，即{A1, A2, A3}；在第二个组合步骤中由于{A2, B2}和{A3, B1}不能兼容，因此有四个组件选择，即{A1, B1; A1, B2; A2, B1; A3, B2}；同样地，在第三步组合中，只有六种组合方案，即{A1, B1, C2; A1, B2, C1; A2, B1, C2; A2, B1, C3; A3, B2, C1; A3, B2, C3}。组件之间的兼容性通过本体推理来实现，在组合的过程中，记录组合相关信息供后续评价使用。

当遍历了功能架构中所有功能后，即可得到最终的可行组件组合集。当功能架构的所有分解策略都采用该方法处理之后，即可得到所有能实现该产品的可行组件组合。

9.4　系统逻辑架构生成及多指标评价

经过 9.3 节的处理，即可得到所有能实现功能架构的组件集。对于每一个组件集中的组件可以有多种布局方式。根据不同的需求，组件之间的布局方式也不同。在本章中，组件集的选择和布局的选择分成两个步骤来实现。首先，对 TOPSIS 方法进行扩展，然后用于对 9.3 节得到的所有组件集进行评价。评价的结果和知识库中记录的组件实例一起辅助设计师进行选择。当选定几个优秀的组件集之后，进行组件布局的评价和选择，从而得到最终的逻辑架构。

9.4.1　基于 TOPSIS 进行组件集的评价

设计是一个复杂的工作，绝不可能约简成一个没有人参与的规范程序。因此，本章中通过多个指标对组件组合进行评价，然后由设计师根据最终的评价结果做出选择。评价指标由设计师根据具体的系统和其设计需求来定义，评价指标和组件属性之间的关系也由设计师来确定。当组件组合起来实现某个产品时，用来评价产品的指标和这些指标跟组件集中每个组件属性之间的关系由设计师确定，可以根据组件的类型对这些关系进行分类，并保存在知识库中。例如，汽车的经济性与电引擎属性之间的关系和它与燃油引擎属性之间的关系是不同的。一个组件集不可能在所有的指标中都是最优的。例如，当一个引擎的性能很好时，它通常都比较昂贵。

从系统的角度来看，设计是一个在有冲突的约束下关于给定指标的优化问题。随着需求的改变，评价指标及它们的权重也会改变。例如，对于一个跑车来说，引擎的性能比价格更重要，而对于家用车来说，这两个指标可能同等重要。因此，本章采用多指标评价方法对组件集进行评价,从而辅助设计师进行选择。一般情况下,基因算法常用于优化问题中,用来求解多个指标的帕累托前沿解。然而,本章对 TOPSIS 进行扩展来评价组件集,原因在于:①该算法可以快速地对候选解进行排序;②根据排序结果,由设计师进行组件集的选择。可以避免忽略优秀的非帕累托前沿解[59]。

本章主要从以下四个部分对传统的 TOPSIS 进行扩展。

(1) 在系统设计中,架构的部分属性值应该处于某个区间内,即不能过大或者过小,如汽车的重量。因此,应该考虑这种属性,而不是单纯地考虑值越大越好或者越小越好的属性。

(2) 根据 Ishizaka 的研究,设计师在两个指标上表达意见会比考虑所有的指标更容易,也更准确[60]。因此,指标的权重如下述步骤(1)所示计算得出。

(3) 由于存在多个组件集需要评价,因此传统 TOPSIS 的归一化方法可能存在数值下溢的问题,因此对传统的归一化方法进行修改以避免该问题。

(4) 最好和最坏的候选解向量由设计师以绝对模式给出,避免排序翻转问题。

基于上述分析,本章提出的 Extended-TOPSIS 的具体计算步骤如下所示。

(1) 权重准确与否对于 TOPSIS 评价结果非常重要。因此,本章提出的 Extended-TOPSIS 方法采用层次分析法(analytic hierarchy process,AHP)的权重计算方法。看似冗余的指标成对对比会使得分析结果更加准确。表 9-7 所示的矩阵 $(x_{ij})_{m \times m}$ 由设计师来填充,每个指标的具体权重 w_i 通过计算矩阵 $(x_{ij})_{m \times m}$ 的特征向量来得到。

表 9-7　矩阵 $(x_{ij})_{m \times m}$

产品	指标 1	指标 2	…	指标 m
指标 1	x_{11}	x_{12}	…	x_{1m}
指标 2	x_{21}	x_{22}	…	x_{2m}
…	…	…	…	…
指标 m	x_{m1}	x_{m2}	…	x_{mm}

(2) 根据组件组合过程中搜集的信息自动构建矩阵,如表 9-8 所示。

表 9-8　矩阵 $(y_{ij})_{n \times m}$

组合类型	指标 1	指标 2	…	指标 m
组合 1	y_{11}	y_{12}	…	y_{1m}
组合 2	y_{21}	y_{22}	…	y_{2m}
…	…	…	…	…
组合 n	y_{n1}	y_{n2}	…	y_{nm}

(3) 对矩阵$(v_{ij})_{n \times m}$进行归一化，得到矩阵$(z_{ij})_{n \times m}$。为避免数值下溢问题，归一化公式设置为

$$z_{ij} = \frac{y_{ij} \times n}{\sqrt{\sum_{i=1}^{n} y_{ij}^2}}, \quad i = 1, 2, \cdots, n; j = 1, 2, \cdots, m \tag{9-1}$$

(4) 计算得到带权重的归一化决策矩阵$(t_{ij})_{n \times m}$。计算公式为

$$t_{ij} = z_{ij} \times w_j, \quad i = 1, 2, \cdots, n; j = 1, 2, \cdots, m \tag{9-2}$$

(5) 在传统的 TOPSIS 中，最差候选解向量(A_w)和最好候选解向量(A_b)定义如下：

$$A_w = \begin{cases} \left\langle \max\left(t_{ij} \mid i = 1, 2, \cdots, n\right) \middle| j \in J_- \right\rangle, \\ \left\langle \min\left(t_{ij} \mid i = 1, 2, \cdots, n\right) \middle| j \in J_+ \right\rangle \end{cases} = \left\{ t_{wj} \mid j = 1, 2, \cdots, m \right\} \tag{9-3}$$

$$A_b = \begin{cases} \left\langle \min\left(t_{ij} \mid i = 1, 2, \cdots, n\right) \middle| j \in J_- \right\rangle, \\ \left\langle \max\left(t_{ij} \mid i = 1, 2, \cdots, n\right) \middle| j \in J_+ \right\rangle \end{cases} = \left\{ t_{bj} \mid j = 1, 2, \cdots, m \right\} \tag{9-4}$$

$$J_+ = \left\{ j = 1, 2, \cdots, m \mid j \text{与指标相关且具有正面影响} \right\},$$

$$J_- = \left\{ j = 1, 2, \cdots, m \mid j \text{与指标相关且具有负面影响} \right\}$$

然而，存在一些指标 J 的最优取值是一个区间，并非越大越好或者越小越好。因此，在向量 A_w 和 A_b 的基础上，由设计师定义两个更严格的向量，即(DA_w)和(DA_b)。A_b 的重定义是为了包含指标 J，A_w 的重定义是为了包含指标 J，并过滤一些不可能成为候选解的糟糕方案。包含一个或者多个不在 DA_w 区间内的指标值的组合方案在该步骤中被删除。

$$DA_w = \begin{cases} \left\langle daw_j \leqslant aw_j \middle| j \in J_- \right\rangle, \left\langle daw_j \geqslant aw_j \middle| j \in J_+ \right\rangle, \\ \left\langle daw_j = aw_j \wedge \left(aw_j \geqslant a_{\max} \vee aw_j \leqslant a_{\min}\right) \middle| j \in J \right\rangle \end{cases} \tag{9-5}$$

$$DA_b = \begin{cases} \left\langle dab_j \leqslant ab_j \middle| j \in J_- \right\rangle, \left\langle dab_j \geqslant ab_j \middle| j \in J_+ \right\rangle, \\ \left\langle dab_j = ab_j \wedge \left(ab_j \leqslant a_{\max} \wedge ab_j \geqslant a_{\min}\right) \middle| j \in J \right\rangle \end{cases} \tag{9-6}$$

在这里，$a_{\max}$ 和 $a_{\min}$ 是由设计师设定的两个阈值，这意味着指标 $j \in J$ 的取值不能过大或者过小。取值不在$[a_{\min}, a_{\max}]$区间内的值是不符合要求的，包含这些取值的组合解应该被删除。根据组件组合方案的最好最差取值，由设计师定义绝对模式下的最优、最劣矩阵，从而避免加入新的组合方案时可能发生的排序翻转

问题。

(6) 计算每个候选解 i 到最劣解 DA_w 和最优解 DA_b 的 L_2-距离，即

$$d_{iw} = \sqrt{\sum_{j=1}^{m}\left(t_{ij} - daw_j\right)^2}, \quad i = 1, 2, \cdots, n \tag{9-7}$$

$$d_{ib} = \sqrt{\sum_{j=1}^{m}\left(t_{ij} - dab_j\right)^2}, \quad i = 1, 2, \cdots, n \tag{9-8}$$

根据 DA_w 的定义，DA_w 有两个取值，d_{iw} 最终取值是候选解 i 到最近最劣解的距离。

(7) 计算方案与最差解的相似度

$$s_{iw} = d_{iw} / \left(d_{iw} + d_{ib}\right), \quad 0 \leqslant s_{iw} \leqslant 1, i = 1, 2, \cdots, n \tag{9-9}$$

(8) 根据 $s_{iw}\left(i = 1, 2, \cdots, n\right)$ 对组件集的优劣进行排序。

如 Hazelrigg[61]所述，在设计过程中，需要人参与的活动之一即是"设计过程中的创新，以及哪个方案应该执行的选择"。在本章中，排序的组合集可以辅助设计师进行决策。由于阈值向量是由设计师定义的，因此不会存在优秀的组合集被删除的情况。设计师可以选择一个或者多个组合集进行下一步设计。

9.4.2 基于 TOPSIS 的组件布局方案的评价

交互的物理组件之间接口的细化也是系统架构设计需要考虑的部分。根据 Ulrich 和 Eppinger 的定义[45]，组件的接口主要包括：几何接口和非连接接口(功能接口)。组件之间的功能接口在功能架构中定义，如何对组件进行布局来获得最优的性能是本章需要考虑的问题。

在特定的产品设计中，布局的种类是有限的。例如，根据发动机位置的不同，汽车布局方式有多种，包括前置前驱、前置后驱等。不同布局的选择依赖于产品的具体应用。影响产品布局的因素包括成本、复杂度、安全性等，这些都会在具体的设计需求中被提出。对不同组件的布局是另一个多指标的评价问题。

类似地，Extended-TOPSIS 用于对组件的不同布局进行评价，从而判断在给定的需求下，哪个方案更加合理。在特定的产品设计中，由设计师定义具体的组件布局方案。布局评价的计算过程与 9.4.1 节所述过程类似。区别在于输入矩阵的不同，如表 9-9 和表 9-10 所示。由设计师提出矩阵 $(p_{ij})_{t \times t}$ 表示评价指标和相关权重。与组件集相对指标的取值是自动搜集不同的是，矩阵 $(q_{ij})_{t \times t}$ 的内部取值，即产品整体性能取值，由设计师根据经验给定。由于组件布局方案有限，且比组件集的数量少很多，因此，它会比组件集的评价更加容易计算。

表 9-9　矩阵(p_{ij})$t \times t$

产品	指标 1	指标 2	⋯	指标 t
指标 1	p_{11}	p_{12}	⋯	p_{1t}
指标 2	p_{21}	p_{22}	⋯	p_{2t}
⋯	⋯	⋯	⋯	⋯
指标 t	p_{t1}	p_{t2}	⋯	p_{tt}

表 9-10　矩阵(q_{ij})$s \times t$

产品	指标 1	指标 2	⋯	指标 t
布局 1	q_{11}	q_{12}	⋯	q_{1t}
布局 2	q_{21}	q_{22}	⋯	q_{2t}
⋯	⋯	⋯	⋯	⋯
布局 s	q_{s1}	q_{s2}	⋯	q_{st}

在本章中，架构评价分为两步：组件集的评价及在组件集确定后组件布局的评价。组件集的评价是从组件的角度对产品进行评价，具体作用于组件，不涉及组件的交互，如引擎的功率、组件集的总体成本。组件布局的评价是从整个产品的角度来对产品进行评价，涉及组件交互。由于仅针对选定的组件集进行组件布局评价，因此，可以避免很多不必要的计算。

9.5　案　例　分　析

本章所述的逻辑架构生成与评价方法在 M-Design 上以插件的形式实现。本章采用汽车实例来证明该方法的可行性。需要指出的是，汽车是一个非常复杂的系统，本章给出的仅是经过抽象、简化后的汽车模型。

9.5.1　统一知识模型

为了实现逻辑架构的生成和评价，应该以一致的方式对所需知识进行建模。如 9.2.1 节所述，定义一些通用构造型，它们可以定义一次，在不同的产品设计中使用。然而，对于不同的产品设计，需要定义一些特定于产品的组件及对应于每种组件的不同变体。因此，定义一些继承自构造型《Component》的组件构造型。当开发了新的组件时，添加相应组件模型的实例。

对应到汽车设计，在知识库中定义其主要组件的构造型，如制动器、引擎等，如图 9-14 所示。流和功能基信息不随组件具体参数指标的改变而改变，因此它们

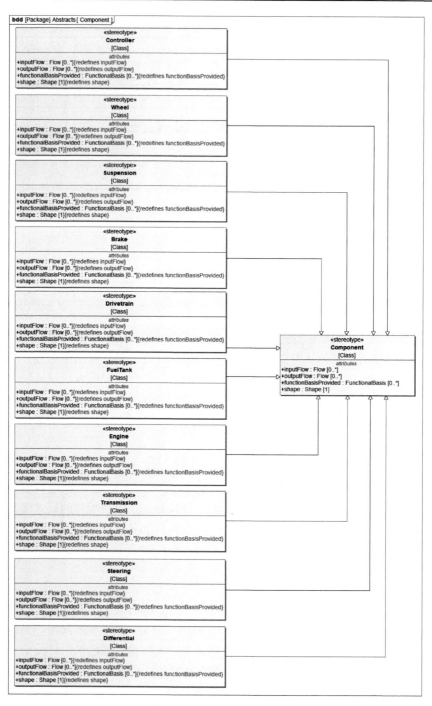

图 9-14　汽车相关构造型

作为新增构造型的标签来使用。例如，引擎可以提供的功能不会随着其功率的大小而改变。一类组件被分成多类子组件，它们共享部分属性，但是也存在不同的属性。因此，对每类组件定义一个抽象组件，作为具体组件的父类。如图 9-15 所示，定义一个抽象引擎，燃油和电引擎继承它。它们共享部分属性，例如，成本，也包含不同的属性，如燃油引擎的燃油类型。每个接口被分配到具体的组件模型上，如图 9-16 所示。

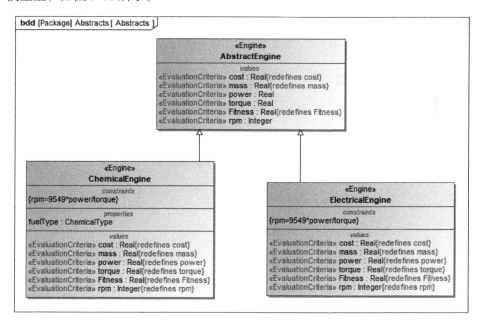

图 9-15　典型模型示例

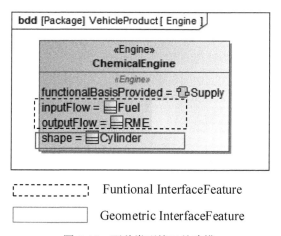

Funtional InterfaceFeature

Geometric InterfaceFeature

图 9-16　两种类型接口的建模

将 SysML 中构建的模型自动转换成 OWL 表示的本体模型以便使用本体推

理进行功能-组件之间的映射。以构造型《Engine》为例，它对应的类 Engine 如图 9-17 所示。它继承自类 Component，包含两个子类 ChemicalEngine 和 ElectricalEngine 与一些实例。同样地，构造型《Flow》对应到本体类 Flow，该本体类包含一些实例，如 Petrol、Diesel 等。引擎与其包含的输入、输出流的关系表示成实体属性，即 hasInputFlow 和 hasOutputFlow。

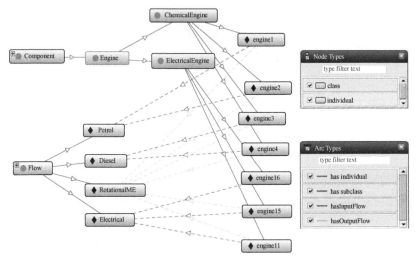

图 9-17　Engine 类及它和其他类、实例的关系

9.5.2　功能-组件映射

真实的汽车非常复杂，此处并没有给出一个完整的汽车模型，而是以一个简化的汽车部件为例来做研究。该简化的汽车部件可以用来展示如何应用本章提出的逻辑架构生成和评价方法。该汽车部件的总功能是 ProvidePower，功能架构中的包含关系和流交互关系如图 9-18 所示。

如图 9-1 所示，基于本体推理实现功能-组件映射。通过基于实例及基于流和功能基的映射，找到能实现图 9-18 中功能对应的所有组件。如图 9-19 所示，对应到功能 GenerateTorque，找到其对应的所有引擎组件。

9.5.3　组件组合

如表 9-11 所示，对应到每个功能或者功能集，找到多个对应的组件实例。在对应到不同功能集的组件的组合过程中，检测待组合组件之间的兼容性。包含不兼容组件的组合被删除。最终，可行组件组合如图 9-20 所示。由于变速器可以承受的扭矩必须小于引擎可以提供的扭矩，因此，删除 1650 个不符合要求的组件组合。

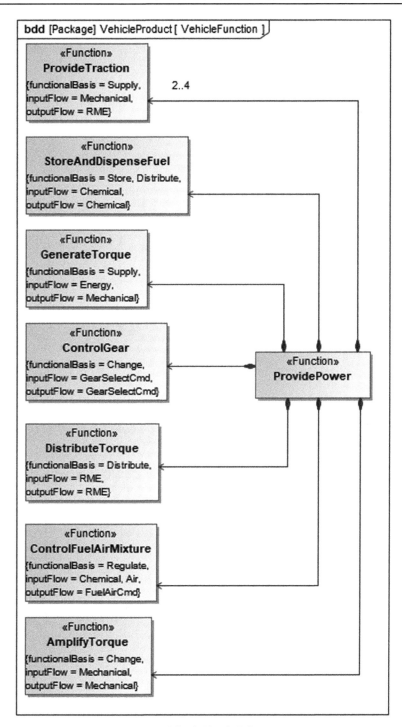

(a) 功能之间的层次关系

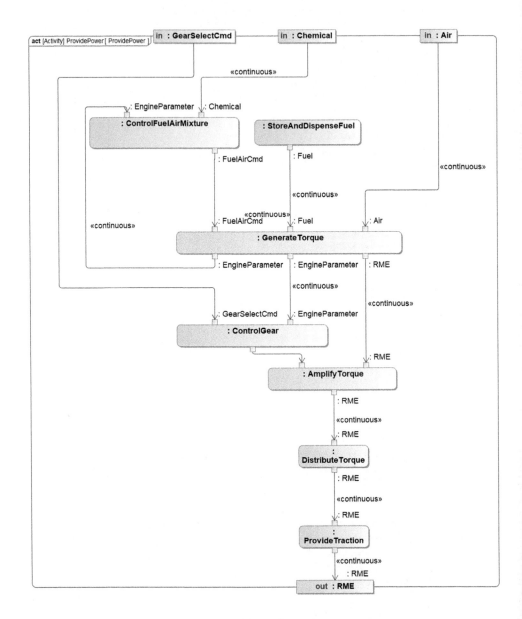

(b) 功能之间的交互关系

图 9-18　汽车的功能架构

#	Name	cost : Real	mass : Real	power : Real	torque : Real	Fitness : Real	rpm : Integer
1	engine1	60000.0	100.0	320.0	447.0	1.0	6835
2	engine2	20000.0	90.0	268.0	350.0	1.0	7311
3	engine3	20000.0	120.0	240.0	570.0	1.0	4020
4	engine4	40000.0	120.0	526.0	581.0	1.0	8645
5	engine5	15000.0	80.0	101.0	140.0	1.0	6888
6	engine6	20000.0	100.0	335.0	385.0	1.0	8308
7	engine7	18000.0	95.0	154.0	190.0	1.0	7739
8	engine8	15000.0	100.0	95.0	142.0	1.0	6388
9	engine9	22000.0	105.0	318.0	400.0	1.0	7543
10	engine10	25000.0	100.0	300.0	354.0	1.0	8092
11	engine11	10000.0	80.0	60.0	207.0	1.0	2767
12	engine12	30000.0	200.0	500.0	560.0	1.0	8525
13	engine13	25000.0	180.0	400.0	450.0	1.0	8488
14	engine14	22000.0	185.0	380.0	400.0	1.0	9071
15	engine15	18000.0	150.0	300.0	300.0	1.0	9549
16	engine16	16000.0	150.0	350.0	350.0	1.0	9549
17	engine17	25000.0	200.0	600.0	600.0	1.0	9549
18	engine18	15000.0	100.0	200.0	200.0	1.0	9549
19	engine19	16000.0	200.0	200.0	200.0	1.0	9549
20	engine20	18000.0	120.0	260.0	270.0	1.0	9195
21	engine21	19000.0	130.0	280.0	200.0	1.0	13388
22	engine22	30000.0	160.0	360.0	480.0	1.0	7161
23	engine23	28000.0	160.0	480.0	600.0	1.0	7639
24	engine24	30000.0	170.0	500.0	500.0	1.0	9549
25	engine25	15000.0	150.0	300.0	340.0	1.0	8425
26	engine26	19000.0	180.0	370.0	380.0	1.0	9297
27	engine27	22000.0	250.0	600.0	600.0	1.0	9549
28	engine28	23000.0	300.0	800.0	800.0	1.0	9549
29	engine29	19000.0	160.0	480.0	500.0	1.0	9167
30	engine30	20000.0	180.0	500.0	560.0	1.0	8525
31	engine31	20000.0	160.0	550.0	480.0	1.0	10941

图 9-19　对应到功能 GenerateTorque

表 9-11　功能-组件映射结果

功能(集)	组件(集)
ControlFuelAirMixture ControlGear	3
StoreAndDispenseFuel	10
GenerateTorque	31
AmplifyTorque	4
DistributeTorque	1
ProvideTraction	1

#	Name	abstractEngine : AbstractEngine	abstractTransmiss : AbstractTransmiss	abstractWheel : AbstractWheel	abstractFuelTank : AbstractFuelTank	abstractDifferent : AbstractDifferent	abstractControlle : AbstractControlle	eTorque : Real	tTorque : Real
1	sportcar6	engine2 : Chemica	transmission3 : A	wheel1 : Abstract	tank1 : AbstractF	diff1 : AbstractD	controller1 : Abs	350.0	350.0
2	sportcar7	engine2 : Chemica	transmission4 : A	wheel1 : Abstract	tank1 : AbstractF	diff1 : AbstractD	controller1 : Abs	350.0	1250.0
3	sportcar11	engine3 : Chemica	transmission4 : A	wheel1 : Abstract	tank1 : AbstractF	diff1 : AbstractD	controller1 : Abs	570.0	1250.0
4	sportcar15	engine4 : Chemica	transmission4 : A	wheel1 : Abstract	tank1 : AbstractF	diff1 : AbstractD	controller1 : Abs	581.0	1250.0
5	sportcar16	engine5 : Chemica	transmission1 : A	wheel1 : Abstract	tank1 : AbstractF	diff1 : AbstractD	controller1 : Abs	140.0	450.0
6	sportcar17	engine5 : Chemica	transmission2 : A	wheel1 : Abstract	tank1 : AbstractF	diff1 : AbstractD	controller1 : Abs	140.0	250.0
7	sportcar18	engine5 : Chemica	transmission3 : A	wheel1 : Abstract	tank1 : AbstractF	diff1 : AbstractD	controller1 : Abs	140.0	350.0
8	sportcar19	engine5 : Chemica	transmission4 : A	wheel1 : Abstract	tank1 : AbstractF	diff1 : AbstractD	controller1 : Abs	140.0	1250.0
9	sportcar20	engine6 : Chemica	transmission1 : A	wheel1 : Abstract	tank1 : AbstractF	diff1 : AbstractD	controller1 : Abs	385.0	450.0
10	sportcar23	engine6 : Chemica	transmission4 : A	wheel1 : Abstract	tank1 : AbstractF	diff1 : AbstractD	controller1 : Abs	385.0	1250.0
11	sportcar24	engine7 : Chemica	transmission1 : A	wheel1 : Abstract	tank1 : AbstractF	diff1 : AbstractD	controller1 : Abs	190.0	450.0
12	sportcar25	engine7 : Chemica	transmission2 : A	wheel1 : Abstract	tank1 : AbstractF	diff1 : AbstractD	controller1 : Abs	190.0	250.0
13	sportcar26	engine7 : Chemica	transmission3 : A	wheel1 : Abstract	tank1 : AbstractF	diff1 : AbstractD	controller1 : Abs	190.0	350.0
14	sportcar27	engine7 : Chemica	transmission4 : A	wheel1 : Abstract	tank1 : AbstractF	diff1 : AbstractD	controller1 : Abs	190.0	1250.0
15	sportcar28	engine8 : Chemica	transmission1 : A	wheel1 : Abstract	tank1 : AbstractF	diff1 : AbstractD	controller1 : Abs	142.0	450.0
16	sportcar29	engine8 : Chemica	transmission2 : A	wheel1 : Abstract	tank1 : AbstractF	diff1 : AbstractD	controller1 : Abs	142.0	250.0
17	sportcar30	engine8 : Chemica	transmission3 : A	wheel1 : Abstract	tank1 : AbstractF	diff1 : AbstractD	controller1 : Abs	142.0	350.0
18	sportcar31	engine8 : Chemica	transmission4 : A	wheel1 : Abstract	tank1 : AbstractF	diff1 : AbstractD	controller1 : Abs	142.0	1250.0
19	sportcar32	engine9 : Chemica	transmission1 : A	wheel1 : Abstract	tank1 : AbstractF	diff1 : AbstractD	controller1 : Abs	400.0	450.0
20	sportcar35	engine9 : Chemica	transmission4 : A	wheel1 : Abstract	tank1 : AbstractF	diff1 : AbstractD	controller1 : Abs	400.0	1250.0
21	sportcar36	engine10 : Chemica	transmission1 : A	wheel1 : Abstract	tank1 : AbstractF	diff1 : AbstractD	controller1 : Abs	354.0	450.0
22	sportcar39	engine10 : Chemica	transmission4 : A	wheel1 : Abstract	tank1 : AbstractF	diff1 : AbstractD	controller1 : Abs	354.0	1250.0
23	sportcar40	engine11 : Electri	transmission1 : A	wheel1 : Abstract	tank1 : AbstractF	diff1 : AbstractD	controller1 : Abs	207.0	450.0
24	sportcar41	engine11 : Electri	transmission2 : A	wheel1 : Abstract	tank1 : AbstractF	diff1 : AbstractD	controller1 : Abs	207.0	250.0
25	sportcar42	engine11 : Electri	transmission3 : A	wheel1 : Abstract	tank1 : AbstractF	diff1 : AbstractD	controller1 : Abs	207.0	350.0
26	sportcar43	engine11 : Electri	transmission4 : A	wheel1 : Abstract	tank1 : AbstractF	diff1 : AbstractD	controller1 : Abs	207.0	1250.0
27	sportcar47	engine12 : Chemica	transmission4 : A	wheel1 : Abstract	tank1 : AbstractF	diff1 : AbstractD	controller1 : Abs	560.0	1250.0
28	sportcar48	engine13 : Chemica	transmission1 : A	wheel1 : Abstract	tank1 : AbstractF	diff1 : AbstractD	controller1 : Abs	450.0	450.0

Filter is not applied. 2070 rows are displayed in the table.

图 9-20　可行组件组合列表

9.5.4　逻辑架构的生成和评价

如 9.4 节所示，首先将图 9-20 展示的所有可行组件集利用 Extended-TOPSIS 进行评估。本章中，从{功率，重量，成本，组件合适度}四个指标对组合进行评价。这四个指标之间的相对重要性由设计师给定，如表 9-12 所示，然后计算不同指标的权重。假设待设计的是一个跑车，则功率的重要程度远高于成本。利用 9.4.1 节中定义的计算方法，对组件组合进行排序，如图 9-21 所示。

表 9-12　组件组合中涉及的指标之间的相对权重

评价指标	功率	重量	成本	组件合适度
功率	1	3	9	1
重量	1/3	1	3	1/3
成本	1/9	1/3	1	1/9
组件合适度	1	3	9	1

#	Name	abstractEngine : AbstractEngine	abstractTransmissio : AbstractTransmissio	abstractWheel : AbstractWheel	abstractFuelTank : AbstractFuelTank	abstractDifferentia : AbstractDifferentia	abstractController : AbstractController	firstResult : Real
1	sportcar51	engine13 : Chemicall	transmission4 : Abs	wheel1 : AbstractWh	tank1 : AbstractFue	diff1 : AbstractDif	controller1 : Abstr	0.2593319405437747
2	sportcar103	engine26 : Electric	transmission4 : Abs	wheel1 : AbstractWh	tank1 : AbstractFue	diff1 : AbstractDif	controller1 : Abstr	0.16482489783971682
3	sportcar119	engine30 : Electric	transmission4 : Abs	wheel1 : AbstractWh	tank1 : AbstractFue	diff1 : AbstractDif	controller1 : Abstr	0.7371814904639306
4	sportcar423	engine13 : Chemicall	transmission4 : Abs	wheel1 : AbstractWh	tank4 : AbstractFue	diff1 : AbstractDif	controller1 : Abstr	0.25926683710613374
5	sportcar475	engine26 : Electric	transmission4 : Abs	wheel1 : AbstractWh	tank4 : AbstractFue	diff1 : AbstractDif	controller1 : Abstr	0.16467021706355527
6	sportcar491	engine30 : Electric	transmission4 : Abs	wheel1 : AbstractWh	tank4 : AbstractFue	diff1 : AbstractDif	controller1 : Abstr	0.7371647817784637
7	sportcar1543	engine14 : Chemicall	transmission4 : Abs	wheel1 : AbstractWh	tank3 : AbstractFue	diff1 : AbstractDif	controller2 : Abstr	0.1923458075439702
8	sportcar1291	engine13 : Chemicall	transmission4 : Abs	wheel1 : AbstractWh	tank1 : AbstractFue	diff1 : AbstractDif	controller2 : Abstr	0.26250641776574146
9	sportcar1343	engine26 : Electric	transmission4 : Abs	wheel1 : AbstractWh	tank1 : AbstractFue	diff1 : AbstractDif	controller2 : Abstr	0.167890301757578026
10	sportcar1359	engine30 : Electric	transmission4 : Abs	wheel1 : AbstractWh	tank1 : AbstractFue	diff1 : AbstractDif	controller2 : Abstr	0.7476654094772222
11	sportcar1663	engine13 : Chemicall	transmission4 : Abs	wheel1 : AbstractWh	tank4 : AbstractFue	diff1 : AbstractDif	controller2 : Abstr	0.26247494376703423
12	sportcar1715	engine26 : Electric	transmission4 : Abs	wheel1 : AbstractWh	tank4 : AbstractFue	diff1 : AbstractDif	controller2 : Abstr	0.16779504067691214
13	sportcar1731	engine30 : Electric	transmission4 : Abs	wheel1 : AbstractWh	tank4 : AbstractFue	diff1 : AbstractDif	controller2 : Abstr	0.7476107396656831
14	sportcar2783	engine14 : Chemicall	transmission4 : Abs	wheel1 : AbstractWh	tank3 : AbstractFue	diff1 : AbstractDif	controller3 : Abstr	0.18365636564112444
15	sportcar299	engine13 : Chemicall	transmission4 : Abs	wheel1 : AbstractWh	tank3 : AbstractFue	diff1 : AbstractDif	controller1 : Abstr	0.25625259369785336
16	sportcar351	engine26 : Electric	transmission4 : Abs	wheel1 : AbstractWh	tank3 : AbstractFue	diff1 : AbstractDif	controller1 : Abstr	0.15975543236893766
17	sportcar367	engine30 : Electric	transmission4 : Abs	wheel1 : AbstractWh	tank3 : AbstractFue	diff1 : AbstractDif	controller1 : Abstr	0.7380792875735804
18	sportcar1915	engine14 : Chemicall	transmission4 : Abs	wheel1 : AbstractWh	tank3 : AbstractFue	diff1 : AbstractDif	controller2 : Abstr	0.1831850013668767
19	sportcar2531	engine13 : Chemicall	transmission4 : Abs	wheel1 : AbstractWh	tank1 : AbstractFue	diff1 : AbstractDif	controller3 : Abstr	0.2557417995427209
20	sportcar2583	engine26 : Electric	transmission4 : Abs	wheel1 : AbstractWh	tank1 : AbstractFue	diff1 : AbstractDif	controller3 : Abstr	0.15841375737337726
21	sportcar2599	engine30 : Electric	transmission4 : Abs	wheel1 : AbstractWh	tank1 : AbstractFue	diff1 : AbstractDif	controller3 : Abstr	0.7377869194634092
22	sportcar2903	engine13 : Chemicall	transmission4 : Abs	wheel1 : AbstractWh	tank4 : AbstractFue	diff1 : AbstractDif	controller3 : Abstr	0.25570383122914037
23	sportcar2955	engine26 : Electric	transmission4 : Abs	wheel1 : AbstractWh	tank4 : AbstractFue	diff1 : AbstractDif	controller3 : Abstr	0.15830015684938567
24	sportcar2971	engine30 : Electric	transmission4 : Abs	wheel1 : AbstractWh	tank4 : AbstractFue	diff1 : AbstractDif	controller3 : Abstr	0.7377410810972926
25	sportcar1171	engine14 : Chemicall	transmission4 : Abs	wheel1 : AbstractWh	tank10 : AbstractFu	diff1 : AbstractDif	controller1 : Abstr	0.18130879044352774
26	sportcar1539	engine13 : Chemicall	transmission4 : Abs	wheel1 : AbstractWh	tank3 : AbstractFue	diff1 : AbstractDif	controller2 : Abstr	0.2595472388067792
27	sportcar1591	engine26 : Electric	transmission4 : Abs	wheel1 : AbstractWh	tank3 : AbstractFue	diff1 : AbstractDif	controller2 : Abstr	0.16306160576558795
28	sportcar1607	engine30 : Electric	transmission4 : Abs	wheel1 : AbstractWh	tank3 : AbstractFue	diff1 : AbstractDif	controller2 : Abstr	0.7486034937522559

Filter is not applied. **265** rows are displayed in the table.

(a) 组件组合评价之后留下的265个候选组合

SatisfyCar

#	name	engine	transmission	wheel	fuel tank	differential	controller	firstResult : Real
130	sportcar2479	engine31	transmission4	wheel1	tank10	diff1	controller2	0. 974261448
107	sportcar1611	engine31	transmission4	wheel1	tank3	diff1	controller2	0. 967054899
84	sportcar1363	engine31	transmission4	wheel1	tank1	diff1	controller2	0. 962173163
88	sportcar1735	engine31	transmission4	wheel1	tank4	diff1	controller2	0. 961792351
148	sportcar1859	engine31	transmission4	wheel1	tank5	diff1	controller2	0. 950870524
118	sportcar1983	engine31	transmission4	wheel1	tank6	diff1	controller2	0. 948136826
143	sportcar3719	engine31	transmission4	wheel1	tank3	diff1	controller2	0. 919781419
157	sportcar1487	engine31	transmission4	wheel1	tank2	diff1	controller2	0. 91974832
124	sportcar1239	engine31	transmission4	wheel1	tank10	diff1	controller1	0. 919742769
152	sportcar2231	engine31	transmission4	wheel1	tank8	diff1	controller2	0. 919727244
135	sportcar2355	engine31	transmission4	wheel1	tank9	diff1	controller2	0. 919444846
114	sportcar2851	engine31	transmission4	wheel1	tank3	diff1	controller3	0. 918097822
93	sportcar371	engine31	transmission4	wheel1	tank3	diff1	controller1	0. 917264762
98	sportcar2603	engine31	transmission4	wheel1	tank1	diff1	controller3	0. 916583394
102	sportcar2975	engine31	transmission4	wheel1	tank4	diff1	controller3	0. 916453792

(b) 根据评价结果排序的候选组合

图 9-21　排序的组件组合

经过讨论，选择 sportcar2479 进行进一步评价，其相关细节如图 9-22 所示。汽车主要有四种经典布局如图 9-23 所示。经过分析，设计师决策从{内部空间，重量分布，越野能力}三个方面对汽车进行评价。这三个指标之间的相对权重如表 9-13 所示，根据设计师的经验，输入不同的布局在不同的指标下的优劣，如表 9-14 所示。取值范围是[1,10]，数值越大，代表在该指标下该布局的表现越好。经过 9.4.1 节定义的计算，{前置前驱，前置后驱，后置后驱，前置四驱}对应的结果是{0.08, 0.61, 0.38, 0.92}。结果显示前置四驱是最优布局方式，前置后驱次之，设计师可以进一步权衡从而选出最合适的布局方式。

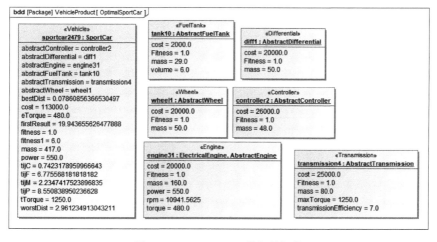

图 9-22　sportcar2479 的相关细节

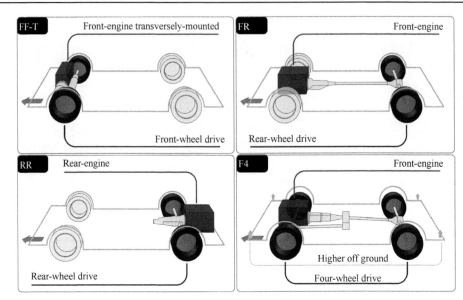

图 9-23　汽车布局①

表 9-13　组件布局评价过程中指标之间的相对权重

评价指标	内部空间	重量分布	越野能力
内部空间	1	1/9	1/9
重量分布	9	1	1
越野能力	9	1	1

表 9-14　不同布局在不同指标下的取值

布局	内部空间	重量分布	越野能力
前置前驱	9	3	3
前置后驱	3	6	6
后置后驱	9	3	6
前置四驱	3	6	9

9.6　小　　结

　　作为详细设计的起点，逻辑架构的设计在整个产品设计过程至关重要。随着产品复杂程度的提高，使用计算机技术辅助设计变得非常必要。常见的计算机辅

---

① https://en.wikipedia.org/wiki/Powertrain_layout.

助设计研究主要集中于详细设计阶段，对于早期设计过程的支持技术研究不足。因此，本章提出了一种集成的逻辑架构生成和多指标评价方法，特点在于以下几个方面。

(1) 为确保识别到所有能实现某一功能的组件，在统一知识建模的基础上，本章提出基于实例的功能-组件映射方法及基于流和功能基的功能-组件识别方法。基于本体推理实现自动化的功能-组件映射，并在此基础上，本章提出组件相对于功能的合适度的概念。通过将该合适度作为逻辑架构的评价指标之一，可以从流和功能基匹配的角度识别候选逻辑架构相对于特定系统需求的合适程度。

(2) 为缓解组件组合爆炸问题，本章提出基于动态规划的组件组合方法。对组件之间的兼容性进行分析，提出兼容性判断的规则模板。在组件组合的每一步中，通过本体推理自动判断待添加组件与组件集中已有组件之间是否兼容，从而排除不可行组件集。在组件组合的过程中排除不可行方案，可以缓解常见的组合爆炸问题；在组件组合过程中记录得到的组件集的相关信息可用于进一步的逻辑架构评价。

(3) 针对逻辑架构评价的特点，对多指标评价方法 TOPSIS 从指标权重设置、属性设置、最优最劣解设置、归一化方法四个方面进行扩展。将逻辑架构的评价分成"组件集评价"和"组件布局评价"两步，从而提高逻辑架构评价的效率，避免不必要的计算。通过对生成的逻辑架构进行多指标多层次的评价，可以提供更多的信息供设计师进行架构决策。

第 10 章　模型驱动的系统设计与系统仿真集成

10.1　引　　言

机电一体化系统(mechatronics system，MTS)是物理系统、传感器、促动器、控制系统、计算机的协同集成，这种协同贯穿设计过程始终，从而支持复杂系统的决策制定。因此，机电一体化系统需要机械、电子、电气、液压、控制等多学科的复杂结合，从而完成既定的总体功能。由于各子系统除了完成自身功能，还与其他子系统相互作用，使得 MTS 的设计变得异常复杂。因此，在进行各子系统的详细设计之前，从全局角度出发开展的系统设计成为设计过程中不可缺少的一个环节[62]。

机电一体化系统通常可以被抽象为以下四个组成部分：①物理部分，由机械、电气、液压等动力学元件依照一定的物理规律连接而成的物理网络系统；②促动器，根据控制部分的指令，驱动物理部分完成规定的运动；③传感器，检测物理部分的状态变量，并将变量信息传送给控制部分；④控制部分，以传感器检测到的状态变量信息为输入，根据特定的控制算法，产生相应的控制信号。

机电一体化系统组成如图 10-1 所示。

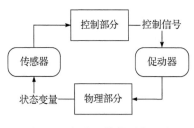

图 10-1　机电一体化系统组成

根据复杂机电系统的特点，在对其行为进行建模时，需要考虑以下几个问题。

(1) 多领域连接。复杂机电系统涉及控制、机械、电气、液压等多领域，各领域有其自身特定的表示和语义，并且各领域之间还有交互耦合。因此，在复杂机电系统建模时，必须能够对多领域元件及元件之间的连接关系进行统一表示。

(2) 多种行为。复杂机电系统可涉及三种行为：时间连续行为(time-continuous behavior)、基于事件的离散行为(event-based discrete behavior)和混合行为(hybrid behavior)。时间连续行为是指系统的状态变量随时间发生连续变化，该连续并非数学意义上的取值连续，而是指该变化符合一致的规律；离散行为是指系统状态根据事件的激发或条件的改变而发生跳变；混合行为是上述二者行为的结合，系统状态在连续变化的同时，又可能发生离散的跳变。在复杂机电系统建模时，必须能够同时对三种行为进行表示。

(3) 动态验证。复杂机电系统由于其复杂性，设计和分析人员很难根据静态的系统模型来对设计进行验证。因此，对设计模型的动态验证成为复杂机电系统开发过程中的一个重要内容，而设计模型的自动仿真技术也成为许多研究人员正在探索的课题。

目前，针对复杂机电系统设计与仿真集成的研究工作已有很多[63-68]，主要目的是在系统设计模型与系统仿真模型之间建立双向自动的信息交互渠道，从而实现设计模型的自动仿真验证及仿真信息向设计模型的自动反馈。这一过程涉及三个必要组成部分：系统设计模型、系统仿真模型，以及模型间的双向自动转换机制。

系统设计模型用于描述复杂机电系统的系统层设计结果。而设计模型中的行为部分描述了系统的动态特性，因此，它成为系统动态仿真所需信息的主要来源和依据。根据复杂机电系统的特点，其系统行为模型不仅需要能够描述系统中涉及的各领域元件及其之间的连接关系，还需要能够同时表示时间连续行为、基于事件的离散行为及混合行为。SysML 作为标准的系统工程建模语言为上述信息的表示提供了基础，然而，作为一种通用语言，SysML 并没有对复杂机电系统行为建模提供专门的支持，例如，SysML 只对连续行为建模和离散行为建模提供了部分支持，即提供了参数图支持连续行为建模及状态机图支持离散行为建模，而并没有为混合行为建模提供支持。针对复杂系统的特点，本章使用统一行为建模语言(uniform behavior modeling language，UBML)作为系统设计中行为模型的建模语言，从而解决混合行为建模及多域统一建模两大问题[69]。

系统仿真模型用于对系统层设计结果进行动态仿真，从而验证设计结果是否符合需求。典型的可用于系统层行为仿真的平台有 Simulink/Simscape 及基于 Modelica 建模语言的 Dymola、MapleSim 等。这些仿真平台采用特定的仿真建模语言建立系统仿真模型，这些仿真建模语言中的模型元素及其关联关系可以通过元模型的方式进行抽象描述，从而为仿真模型与设计模型的集成提供基础。此外，由于系统设计中的行为模型与具体仿真平台无关，且不带有任何仿真配置信息，因此，本章采用仿真补充模型的概念，基于 SysML 对仿真平台相关的信息进行建模。该模型包括两个部分：仿真框架模型，用于表示一系列仿真实验所共享的模型结构；仿真实例模型，描述每次仿真所采用的不同实验参数配置。

模型转换技术最初是针对模型驱动的体系架构(model driven architecture，MDA)这一软件开发框架所提出的，其目的是将系统表示为平台无关模型(platform independent model，PIM)，然后将该 PIM 自动转换为其具体实现，即平台专用模型(platform specific model，PSM)。这一技术已经被扩展到支持任意两种模型之间的转换，其基本思想如图 10-2 所示[70]，即基于转换规则，将符合元模型 MM_a 的

模型 M_a 通过转换引擎转换为符合元模型 MM_b 的模型 M_b。

图 10-2　模型转换基本思想

基于这一基本思想，已有许多模型转换方法及相应工具被提出，如查询查看转换(query view transformation，QVT)、图形重写与转换(graph rewriting and transformation，GReAT)、Atlas 转换(Atlas transformation，ATL)、三元图文法(triple graph grammar，TGG)等。由于基于 TGG 的模型转换方法[71]具有与 MOF 2.0 标准的兼容性、模型转换的双向性、可追溯性等多种优秀特性，因此，本章采用该方法作为系统设计与系统仿真模型间相互转换的支撑技术。

基于上述三个组成部分，本章提出的复杂机电系统设计模型与仿真模型集成方法的基本思路概括如下[72]：①基于 UBML 建立独立于任何仿真平台的系统行为模型；②选取目标仿真平台，并采用 SysML 建立平台相关的仿真补充模型；③建立仿真平台所使用的特定仿真建模语言及仿真补充模型的元模型；④在 UBML 与仿真建模语言之间建立 TGG 转换关系。这一集成方法的优点在于，设计人员只需建立一个通用的系统行为模型，即可映射到不同的仿真平台的仿真模型，而无须为每一种仿真平台都建立相应的模型。

10.2　系统设计模型

如前所述，系统设计模型中的行为部分为系统仿真提供了主要信息来源，因此，在系统设计与仿真集成中，主要关注于系统行为模型。复杂机电系统行为建模的复杂性主要来自于混合行为建模及多域统一建模两个方面，这两个方面的复杂性并非相互独立，而是耦合在一起的，即各领域子系统均可能包含三类行为。例如，对于控制系统来说，其混合行为可以由多个离散的控制模式及各模式所对应的控制算法来描述；对于物理系统来说，除了连续动力学行为，还可能由控制信号的变化或与外界环境的相互作用而引起行为的离散跳变。

针对复杂机电系统行为建模中的复杂性，本章在 SysML 已有模型元素的基础上采用构造型方式进行扩展，形成一种新的建模语言——统一行为建模语言(UBML)。它为基于 SysML 的混合行为建模提供支持机制，并为复杂机电系统行为建模提供一套完整的解决方案。

10.2.1　统一行为建模语言概述

为实现对三类行为及多领域系统统一建模，需要对 SysML 语言进行扩展。目前，存在两种对 SysML 进行扩展的机制：①重量级(heavy-weight)扩展机制是指在 UML/SysML 元模型中定义新的元类(meta-class)，形成具有自身特定属性和用法的全新建模元素。该方法能够更精确地表达所需要的建模元素及其语义，但缺点是无法被已有的建模工具所支持。②轻量级(light-weight)扩展机制是指用构造型(stereotype)和标记值(tagged value)对 UML/SysML 已有元素的进行扩展，版型机制可以对 UML 模型元素的语义进行扩展，从而使建模元素专有化；而标记值可以对模型元素赋予 UML 元模型中未包含的新属性。这种扩展方法具有更高的灵活性及通用性。因此，UBML 采用该机制对 SysML 进行扩展，形成所需建模元素。

UBML 在 UML 元类以及 SysML Profile 基础上进行扩展，包含一系列扩展而来的版型，根据其建模用途，形成五个子 profile，其基本框架如图 10-3 所示。

(1) 有序参数图(sequenced parametric diagram，SPD)Profile：SPD 是对 SysML 参数图的扩展，其模型元素均从 SysML 参数图的相关元素扩展而来。它对参数图的约束语义进行修改，包含一系列抽象的模型元素，为混合行为建模提供底层支持机制。

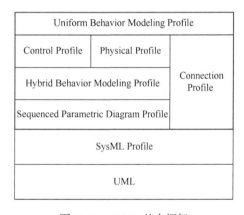

(2) 混合行为建模(Hybrid Behavior Modeling)Profile：该 profile 建立在 SPD 基础之上，包含对连续、离散、混合三种行为进行建模的相关模型元素。它所提供的是一种通用的独立于特定领域(控制、机械等)的混合行为描述方法。

图 10-3　UBML 基本框架

(3) 控制系统建模 Control Profile：该 profile 用于对控制元件进行建模。它对 SysML 模块定义图中相关模型元素进行扩展，从而提供更具体、蕴含控制语义的模型元素来对控制元件的属性进行建模；并在 Hybrid Behavior Modeling Profile 所提供的通用行为建模的基础上进行扩展，使其具备控制语义，从而对控制元件的三类行为进行建模。

(4) 物理系统建模 Physical Profile：与 Control Profile 类似，该 profile 用于对物理元件的属性和行为进行描述。虽然复杂机电系统涉及多种物理域(如机械、电气、液压等)，但是，这些物理系统均遵循统一的动力学原理。该方法没有区分各物理域的特定语义，而是在动力学层面上对多物理域进行统一建模。

(5) 连接关系建模 Connection Profile：该 profile 用于构建系统模型。它包含对传感器和促动器进行建模的元素，从而支持控制系统和物理系统的集成；并包含多种具有特定语义的连接器，用于同一领域不同元件之间的互联。

基于 UBML，复杂机电系统的行为建模可以分为元件建模和系统建模两个层次：首先，采用 Control Profile 和 Physical Profile 对控制元件及物理元件的属性和行为进行描述；之后，采用 Connection Profile 提供的连接机制，将多领域元件进行互连，从而以网络化的方法对整个系统进行建模。系统的整体行为通过元件自身行为及连接器隐含行为共同描述。

10.2.2　混合行为建模

1. 理论基础——混合自动机

大部分混合行为建模方法的理论基础都是 Alur-Henzinger 混合自动机(hybrid automata)[73]。本章方法所依据的理论模型为混合自动机的一个简化版本，它包含一系列位置(location)和转换(transition)，表示基于事件的离散行为。每个位置中有活动表示状态变量的连续变化。该模型的基本思想是，以离散行为为基础形成状态机，通过向状态机中的每个状态赋予函数表示的连续行为，将离散和连续结合起来，表示混合行为。

在该理论模型中，混合系统被描述为一个有限自动机 H=(Loc, Var, Lab, Edg, Act, Inv)。在每一个位置(location) $l \in$ Loc 中，状态变量(state variable) $x \in$ Var 根据当前位置的活动(action) $f \in$ Act(l)随时间进行连续变化。每个位置可以被赋予一个不变量(invariant)inv $\in$ Inv(l)，一旦该不变量为假，状态机将自动退出该位置。在两个位置之间，可以有转换(transition)$e \in$ Edg 表示状态之间的离散瞬时跳变。从该定义可以看出，位置和转换共同描述了混合行为中的离散部分，构成混合行为模型的框架；而基于函数的连续行为被赋予到每一个位置，描述该位置上状态变量的连续变化情况。

2. 有序参数图

在 SysML 中，状态机图与参数图可以分别用于描述离散行为和连续行为。为了扩展 SysML 的建模能力使其能够对混合行为进行建模，一种方法是以状态机为基础，在每个状态的活动(action)中用微分代数方程(differential-algebraic equation, DAE)描述当前状态下的连续行为。但是，这种做法存在三个缺点：①连续行为是以纯文本的方式进行描述的，缺乏形式化的模型表示；②行为与结构之间的参数关系难以表示；③状态(state)不是可实例化的模型元素，因此，无法支持状态的重用，使得整个行为模型缺乏重用性。

在本章提出的方法中，采用参数图而非状态机图作为混合行为建模的基础，并对其进行语义扩展，使其具备支持离散和混合行为建模的能力，形成有序参数图(SPD)。SPD profile 的内容如图 10-4 所示。该图是以 MOF 2.0 语法表示的，这是一种元模型建模语言。其中，元类(meta-class)表示模型元素的类型及属性，两个元类 A 与 B 之间可以存在关联关系(association)，使得 A 中包含以 B 为类型的属性；可以存在泛化关系(generalization)，表示 B 是 A 的特殊化和扩展。元类可以组成包，一个包 A 可以通过引入(import)另一个包 B 从而使用 B 中的所有元类。元模型是模型的模型，模型中的元素均是元类的实例。

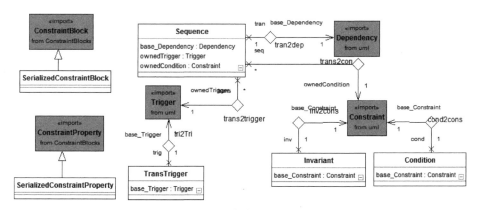

图 10-4　有序参数图元模型

在 SPD 中，最主要的模型元素是有序约束块(serialized constraint block，SCB)和有序约束属性(serialized constraint property，SCP)，它们分别是约束块(constraint block)和约束属性(constraint property)的版型。与参数图一样，有序约束块可以被声明为块(block)的有序约束属性，有序约束属性的参数可以通过绑定器与所属块的属性相绑定，从而描述这些属性应满足的规律。

SPD 主要对参数图进行了语义扩展：在参数图中，一个块中的所有约束属性是同时发生约束作用的，即所有被绑定的属性同时满足约束块所描述的约束，没有先后关系。而在有序参数图中，有序约束属性是按一定顺序发生约束作用的，某一时刻只能有一个约束属性发生作用。SCP 之间的顺序通过序列(sequence)关系描述。某一时刻，发生约束作用的 SCP 被称为活动的(active)SCP。SCB 中的约束可以有不变量，用以限定 SCP 保持活动状态的时间，一旦不变量被违反，SCP 必须退出活动状态，转为非活动状态。

序列关系是由依赖关系(dependency)扩展而来的，用来表示两个 SCP A 与 B之间的顺序。它可以包含条件(condition)和触发器(trigger)。条件是由序列关系所在 SPD 所属块的属性形成的布尔表达式，触发器表示经由块的端口流入的某个事件。当条件为真并且触发器所对应的事件发生时，序列关系便被激发。一旦序列关系被激发，其源 SCP A 将约束权限交予目标 SCP B。

3. 混合行为建模方法

混合行为建模方法以有序参数图为基础，在利用参数图的连续行为建模能力的同时，采用 SPD 中提出的新的模型元素对离散行为进行建模。该 profile 的内容如图 10-5 所示。根据模型元素的用途，将其划分为两个视图：用于连续行为建模的元素如图 10-5(a)所示，由这些元素建立的模型形成连续视图(continuous view)；用于离散行为建模的元素如图 10-5(b)所示，由这些元素建立的模型形成离散视图(discrete view)。

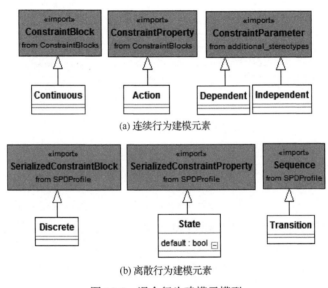

(a) 连续行为建模元素

(b) 离散行为建模元素

图 10-5　混合行为建模元模型

1) 连续视图

视图(view)是 UML 中包(package)的版型，它包含模型中的一部分元素，用于展示整个模型的某一个方面，从而支持目标用户的兴趣与决策。连续视图描述了系统的时间连续行为或混合行为中的连续部分。

《Continuous》版型是由参数图中的约束块扩展而来的，表示基于微分代数方程的连续行为。在参数图中，约束块所描述的规律是非因果的方程，即它并没有明确指定自变量和因变量，各参数平等地满足约束所指定的客观规律。但是，在连续行为表示中，尤其是为了支持后续的动态仿真的需求，需要以因果性的函数表示状态变量的变化。这里，连续约束块的参数可以分为自变量和因变量两种，分别由约束参数(constraint parameter)的《Independent》和《Dependent》版型表示。连续约束块的实例是动作，由约束属性的《Action》版型表示。

2) 离散视图

离散视图表示系统的基于事件的离散行为或混合行为中的离散部分。离散行为通常被表示为对象状态的变化，因此，其核心元素是状态(state)和转换(transition)。

《Discrete》版型由有序约束块扩展而来，是对 SCB 的专有化，特指用于表示离散行为的 SCB。它的实例化即是状态，有序约束属性的《State》版型。状态描述了所属块的生命周期中的一个阶段，在这个阶段中，块的属性遵循统一的规律进行变化。状态版型的标记值 default 用于指定该状态是否为行为的初始状态。

状态之间通过转换(《Transition》)相联系，它由序列关系扩展而来。转换的激发遵循序列关系语义所规定的准则。

离散视图包含了描述状态机的所有必需元素，因此，可以对基于事件的离散行为进行建模。

3) 视图融合与解耦

混合行为是离散行为与连续行为的结合，通过离散视图和连续视图的融合可以对混合行为进行建模。这种视图的融合是通过参数图及 SPD 提供的底层模型元素之间的关系来实现的。在 SPD 中，有序约束块可以包含约束属性，因此，以连续约束块为类型的动作(action)可以作为离散约束块的属性，从而实现将连续行为赋予离散状态的视图融合过程。此外，有序约束块还可以包含有序约束属性，因此，状态(离散约束块的实例化)内部也可以包含子状态，从而形成层次化的状态框架。这种混合行为建模方法符合混合状态机的基本思想，即用离散行为作为框架，将连续行为赋予离散行为的各个状态中。

由于离散视图和连续视图是以完全不同的两类模型元素来表示的，二者之间是一种松散的结合，因此，可以很方便地将离散行为和连续行为区分开来，方便工程人员对不同种类行为的观察和研究。

图 10-6 显示了一个弹球的行为模型。弹球是一个简单但是典型的混合系统。它包括两个状态：在空中按照自由落体定律的运动状态，以及撞地瞬间发生的速度反向衰减的状态。

图 10-6(a)中对弹球系统进行了定义，两个状态分别由离散约束块 above ground 和 impact ground 表示。由连续控制块 free fall 与 impact 分别表示自由落体定律和撞地瞬间的速度反向衰减。两个连续控制块作为动作，连接到离散约束块上，形成视图的融合。

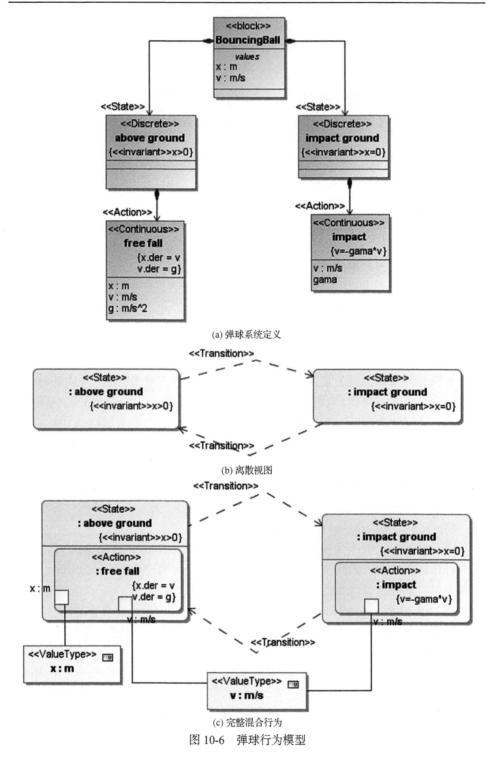

(a) 弹球系统定义

(b) 离散视图

(c) 完整混合行为

图 10-6　弹球行为模型

图 10-6(b)和(c)分别显示了离散视图及完整的混合行为。离散视图只显示了弹球的离散行为，便于工程人员观察离散状态的变化；而完整的混合行为将连续视图表示的约束定律也显示出来，便于工程人员观察系统变量的变化规律。

10.2.3　多域统一建模

10.2.2 节提供的模型元素及建模方法适用于通用的混合行为建模。然而，复杂机电系统行为有其自身的特点，需要对其特定语义进行描述。使用本节介绍的 Control profile、Physical profile 及 Connection profile，可以针对复杂机电系统控制元件、物理元件及元件之间的互联进行建模，从而以网络化的方式描述系统行为。

1. 控制系统建模

IEC61499[74]是控制系统建模的通用标准之一，也是本书控制系统建模的基础。该标准的核心内容是功能块(function block)模型，而控制系统行为建模的核心就是对功能块行为的描述。IEC61499 功能块模型如图 10-7 所示。

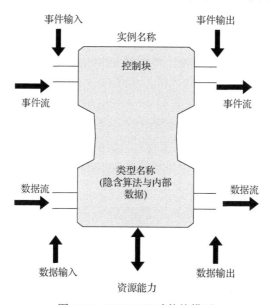

图 10-7　IEC61499 功能块模型

功能块描述控制系统中的软件功能单元，它以面向对象的方式对控制系统的行为进行描述。功能块分为基本功能块和复合功能块两类，复合功能块由基本功能块互连而成。基本功能块类型(type)描述了功能块的数据结构和算法。功能块实例(instance)是功能块类型的副本，它可以互相连接构成应用(application)。功能块的属性包括事件输入/输出、数据输入/输出四类端口和内部数据。功能块之间通过端口进行互连，传递事件和数据，协同完成一定的应用功能。功能块的事件端口与数据端口之间存在 with 关系，表示当事件发生时，根据信号刷新相应的数据端口。图 10-8 给出了一个功能块 INTEGRAL_REAL 的示例，它包括两个事件输入端口 INIT、EX，两个事件输出端口 INITO、EXO，三个数据输入端口 HOLD、XIN、CYCLE，一个数据输出端口 XOUT。事件端口与数据端口存在 with 关系，如 INIT 与 CYCLE 之间的 with 关系，表示当 INIT 事件到来时，刷新 CYCLE 数据端口，用于对功能块进行时钟同步。

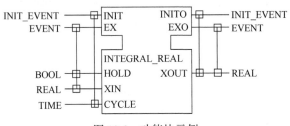

图 10-8　功能块示例

功能块的行为由执行控制表(execution control chart，ECC)及一系列控制算法描述。执行控制表是功能块行为模型中的核心单元，担当功能块行为组织者的角色。ECC 实际上是一个有限自动机，它包括 EC(execution control，执行控制)状态、EC 转换及 EC 动作。每个 EC 状态可以关联多个 EC 动作，表示在该状态下，功能块所执行的具体算法及算法执行完毕后产生的输出事件。EC 转换由其上指定的布尔条件或事件触发。如图 10-9 给出了一个执行控制表的示例。START 状态是 ECC 的起始状态，当 INIT 事件来临时，切换到 INIT 状态，在该状态下，会调用 INIT 控制算法，在算法执行完毕后，产生 INITO 事件。

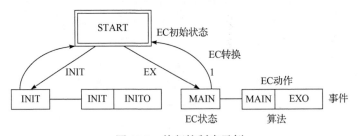

图 10-9　执行控制表示例

为了在 SysML 中对控制系统行为进行建模，本章提出的方法参考 IEC61499 功能块模型，定义了 Control profile，其内容如图 10-10 所示。

《FunctionBlock》及《CompositeFB》分别表示基本功能块和复合功能块，它们表示控制系统模型的基本元件。功能块的数据端口与事件端口分别由《DataPort》和《EventPort》表示，它们是 SysML 中流端口(flow port)的版型，分

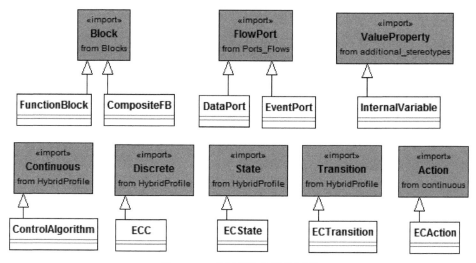

图 10-10 控制系统建模元模型

别用于表示变量(包括读取状态变量及发出控制变量)和事件的流入流出。功能块的内部数据由值属性的构造型《InternalVariable》表示。

控制系统行为建模建立在基于 SPD 的混合行为建模方法之上,因此,所有构造型均由 Hybrid Behavior Modeling profile 中的模型元素扩展而来。其离散行为由离散约束块的构造型《ECC》描述,它表示了功能块的执行控制图,其中包含的 EC 状态、EC 转换和 EC 动作分别由状态、转换与动作的《ECState》《ECTransition》和《ECAction》版型表示。其连续行为由连续约束块的《ControlAlgorithm》版型表示,用于描述功能块的控制算法。这些模型元素的语义与 IEC61499 标准保持一致,可以在 SysML 中基于该标准建立控制系统模型。

图 10-11 显示了一个控制元件 MSDControl 的行为模型。该元件用于向外部提供力。

图 10-11(a)显示了该元件的定义,用功能块表示该元件本身。其行为用 ECC 块定义。该执行控制图包含了三个 EC 状态 NoForce、Impulse1、Impulse2,分别对应不提供力、提供 1N 冲击力和提供 100N 冲击力三种情况。由于状态本身仅仅描述了一个框架,状态下的具体行为需要用 EC 动作来表示。因此,图 10-11 中还存在三个连续约束块 Force_0、Force_1、Force_100,分别表示 0N、1N 和 100N 的三种力。这三个连续约束块作为 EC 动作嵌入到 EC 状态中,描述该状态下具体的动作。

图 10-11(b)显示了该控制元件的有序参数图模型。在该图中,ECC 显示了该元件的状态转换情况:在初始时,该元件处于状态 st1,不向外提供力;在 1~1.1s,

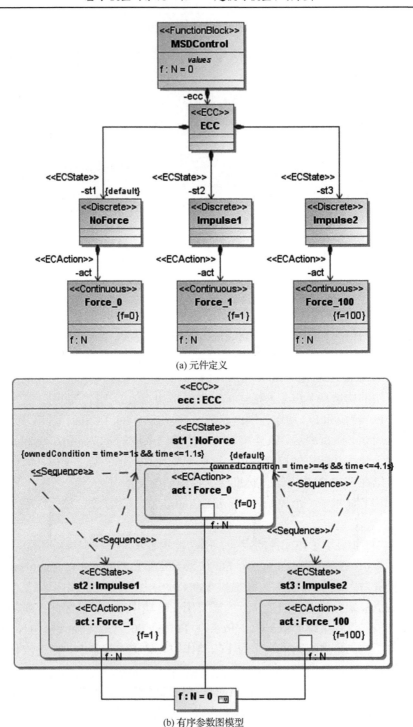

(a) 元件定义

(b) 有序参数图模型

图 10-11　控制元件 MSDControl 的行为模型

该元件处于状态 st2，向外提供 1N 的力；之后，该元件恢复到不提供力的状态；在 4～4.1s，该元件处于状态 st3，向外提供 100N 的力；之后，回到初始状态。除了描述状态转换情况，行为模块中的参数与控制元件的属性 f 相绑定，从而清楚地显示了任意时刻该属性的取值和变化情况。

2. 物理系统建模

尽管物理系统涉及多物理域，如机械、电气、液压、热力等，但是，各领域的系统具有很高的相似性，其行为均遵循统一的动力学规律。这些共同规律可以概括为以下几条。

(1) 任何一个系统，都是由若干基本元件按照预定的结构连接而成的。复杂系统是由许多不同物理系统组成的系统。

(2) 元件的行为可以通过两个物理变量的关系来表示，一个是流变量(through variable)，即在元件两端具有相同数值；另一个是势变量(across variable)，用元件两端的差值或相互关系表示。

(3) 元件之间的连接符合基尔霍夫定律，即同一连接上的多个端口，其势变量相等，流变量之和为 0。

(4) 机械、电气、热力等系统的基本纯元件的物理方程具有相似性，可以广义化为 A 型储能、T 型储能、D 型耗能三种元件。各领域元件的方程形式均可归结为上述三种，只是由于存储/消耗的能量不同，而采用不同的领域变量。

根据上述动力学规律，本章提出的方法提出了 Physical profile，用于描述物理系统元件的行为模型。物理系统建模元模型如图 10-12 所示。

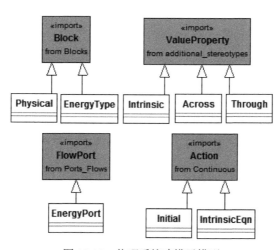

图 10-12　物理系统建模元模型

　　物理系统的元件用《Physical》块表示，如机械系统的质量、弹簧、阻尼等。物理块可以有三种属性：本征属性《Intrinsic》，是指其值不会随时间发生变化的属性，如质量块的质量、弹簧的弹性系数等，该属性反映了物理块的基本特征，也是系统设计中需要设计和调节的参数；流变量《Through》和势变量《Across》，是物理块的状态变量，其值可以反映当前物理系统的状态，例如，质量块的状态变量是其运动速度 v 和所受的力 f。每个物理域有其自身特定的流变量和势变量，所有物理块的流、势变量的定义需与其所属物理域的变量定义一致，例如，平动的流变量是受力 f，势变量是速度 v；转动的流变量是力矩 t，势变量是转动速度 w。

　　由于物理元件被看作封装的对象，其与外界的交互是通过端口发生的。物理块与外界主要发生能量的传递，通过《EnergyPort》表示能量流入或流出的端口。能量端口的类型由《EnergyType》表示，它对应于该物理块所属的物理域，如质量块的能量端口类型为平动(translational)。Energy Type 块本身可以包含流变量和势变量两个属性，它们限定了该物理域公共的流和势变量，同时对该类能量的特征进行描述。

　　物理元件的离散行为没有特殊语义，因此无须定义特殊的模型元素进行描述。其连续行为通过本征方程《IntrinsicEqn》和初始条件《Initial》共同描述。本征方程描述了物理块所遵循的物理定律，如质量块遵循牛顿第二定律。初始条件给出了流变量或势变量的初始值，用于描述物理块的初始状态，并且用作仿真求解的初始条件。它们均是连续视图中《Action》的版型，可以作为状态的动作嵌入到离散行为中构成混合行为，也可以直接作为物理块的动作描述其连续行为。

　　图 10-13 显示了一个质量块 Mass 的行为模型。图 10-13(a)对质量块进行了定义。该质量块 Mass 用物理块表示，它包含三个属性：本征属性 m、流变量 f 和势变量 v，其中，m 表示了该质量块的本质特征，f 和 v 是该质量块的状态变量。质量块通过两个能量端口 R 和 C 与外界传递能量。它们的类型均是 Translational，这是一个《EnergyType》类型的块，表示该质量块所属的物理域是平动，其能量流通过速度 v 和受力 f 两个变量共同描述。图 10-13(a)中还包括两个连续约束块：NewtonLaw，其描述了牛顿定律的方程；MassInit，其描述了起始速度及流变量和势变量的定义。这两个约束块均为可重用的客观描述。将它们连接到质量块上，作为质量块的约束属性从而描述质量块的行为。这里它们分别用作质量块的初始条件 Initial 和本征方程 IntrinsicEqn。图 10-13(b)显示了质量块的参数图。在该图中，质量块的本征方程和初始条件分别与质量块的相关属性相绑定，约束这些属性按照指定的规律发生变化，从而描述了质量块的行为。

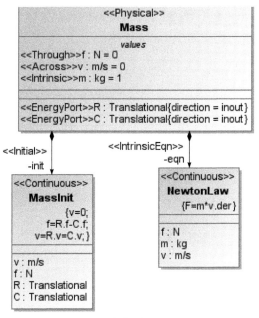

(a) 质量块定义

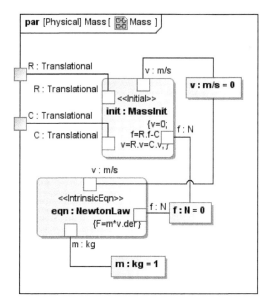

(b) 质量块参数图

图 10-13　物理元件 Mass 行为模型

3. 组件连接关系建模

以上 Control profile 与 Physical profile 仅提供了控制系统和物理系统的元件建

模元素，而元件之间的互联及多域子系统之间的互联还需要 Connection profile 的支持。组件连接关系元模型如图 10-14 所示。

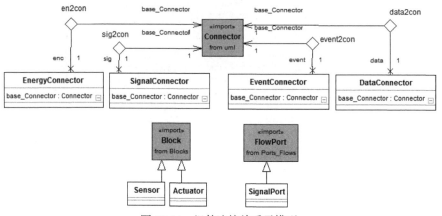

图 10-14　组件连接关系元模型

Connection profile 提供了四种连接器，分别用于连接能量端口、信号端口《SignalPort》、事件端口和数据端口。其中，能量连接器在同种类型的不同能量端口之间传递能量，它隐含了基尔霍夫定律的语义，即通过同一能量连接器相连的多个能量端口的流变量和势变量满足基尔霍夫定律；其他三类连接器分别用于在相应端口之间传递信号、事件和数据。

《Sensor》与《Actuator》是两种特殊的块，用于表示传感器和促动器。传感器可以有能量端口和信号端口，它通过能量端口与普通物理块相连，从而探测该端口上的流变量和势变量值，通过信号端口与控制块相连，从而将状态变量值发送给控制块。促动器通过信号端口与控制器相连，接收来自控制器的控制信号，通过能量端口与控制块相连，从而为物理系统提供能量以促使其发生相应的运动。

图 10-15 显示了质量块-弹簧-阻尼系统模型。

该系统的物理部分包含了一个质量块、一个弹簧和一个阻尼，是对汽车悬吊系统的简化和抽象，该质量块代表汽车的车身，弹簧和阻尼的并联系统与车身串联，用于减少颠簸时车身的振动，便于车身快速恢复到稳定状态。在系统模型中，这三个元件分别用 Mass、Spring、Damper 块进行表示，并用 Ground 块表示物理系统参考点。这些物理元件通过《EnergyConnector》进行互连，从而在元件之间传递能量。系统的控制部分由 MSDControl 元件表示。它与物理系统通过一个 Sensor 和一个 Actuator 相连。Sensor 检测 Mass 块的速度和位移，并传递给控制元件。控制元件读取状态变量值，并根据控制算法产生相应的控制信号。该控制信号传递给 Actuator，并产生外力作用到物理系统上，控制系统的运动。

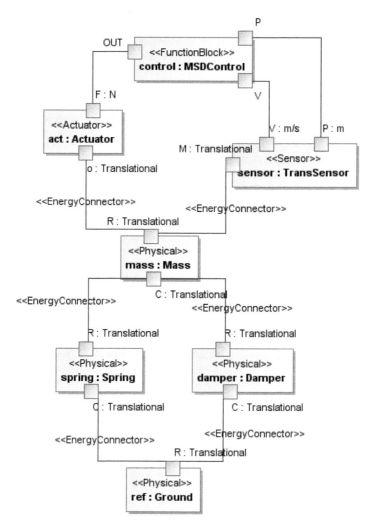

图 10-15　质量块-弹簧-阻尼系统模型

10.3　系统仿真模型

10.3.1　仿真分析工具简介

在众多支持复杂系统仿真的平台中，本章采用了广泛应用的仿真分析工具 MATLAB/Simulink，它支持在交互式、图形化环境中对动态系统进行仿真和分析。为了支持多领域系统的仿真，许多具有特殊功能的工具包被开发出来，例如，Simscape 支持以物理网的方法对多领域物理系统进行建模，Stateflow 支持以有限状态机的形式对混合系统进行建模。这些具有特殊功能的工具包可以在 Simulink 提供的统一建模和仿真环境中使用。由于 Simscape、Stateflow 提供了针对物理系统和混合行为建模的功能，Simulink 非常适合作为复杂机电系统行为的仿真工具。

此外，除上述提到的两个通用工具包，许多针对更具体领域的工具包也被扩展出来，如 SimMechanics、SimElectronics、SimHydraulics 等，它们分别针对机械、电气、液压等具体工业领域进行建模和仿真。图 10-16 显示了 Simulink 及其工具包之间的层次关系。

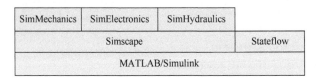

图 10-16　MATLAB/Simulink 产品框架

尽管存在多种建模工具包，但基于这些工具包所建立的模型均遵循 Simulink 提供的统一方法进行仿真。Simulink 的仿真主要包括三个步骤：①对目标系统进行建模；②对系统参数及仿真参数进行设定；③指定要观察的变量。在上述三个步骤完成后，Simulink 便可以模拟系统的运行情况，并显示要观察变量值的变化曲线供分析人员进行分析。

10.3.2　系统仿真元模型

为了支持模型转换，我们需要提取 Simulink 及 Stateflow、Simscape 的元模型，从而对仿真建模中所使用到的各种模型元素进行描述。Simulink 由统一的底层建模仿真环境及一系列具有特定用途的建模工具包组成(本章主要用到 Stateflow 和 Simscape)。统一的 Simulink 仿真环境为 Stateflow 和 Simscape 提供了公共的建模仿真支持机制，而这些特殊语言也有其自身的模型元素和建模方法。在提取仿真元模型时，本方法遵循两条启发式的原则：①完整性，该元模型必须能够表示 Simulink 建模与仿真的所有信息；②近似性，该元模型与 UBML 元模型之间的异构性必须尽可能地缩小，从而为 TGG 转换规则的制定提供便利。从这两条原则出发，我们抽取了 Simulink 建模仿真中与复杂机电系统相关的模型元素，并进行元模型建模。

1. 公共元素

公共元素部分为 Simulink 统一建模与仿真提供公共基础，其他扩展工具包可以在这些元素基础上进行扩展形成其所需的特殊元素。这些元素组成了 Simulink 元模型中 Common 包。Simulink 公共元模型如图 10-17 所示。

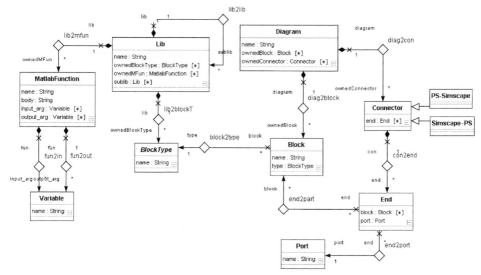

图 10-17　Simulink 公共元模型

　　每个 Simulink 模型被表示为一幅 Diagram，其中的核心建模元素是 Block 和 Connector。在 Simulink 中，系统模型表示为 Block 网络，Block 通过其 Port 用 Connector 与其他 Block 相连。这里有两种特殊的 Connector，专门用于 Simulink 与 Simscape Block 之间的跨领域连接：PS-Simscape，其将 Simulink Block 的 regular port 与 Simscape Block 的 signal port 相连，其方向是从 Simulink 到 Simscape；Simscape-PS 则正好相反。这里可以看到，虽然 Connector 连接可以有其他表示方法，但为了与 UML/SysML 元模型接近，这里添加了 End 元类，并作为 Connector 的属性表示其两端所连接的元素。

　　虽然 Simulink 并没有显式支持"类型-实例"这种模型重用机制，但为了与 SysML 模型的可重用性保持一致，这里将 Block 人为区分为可重用的 BlockType 与 Diagram 中实际用到的 Block。同样，Simulink 的 Diagram 也区分为普通的表示系统模型的 Diagram 与专门用于存放 BlockType 的 Lib。当建模时需要用到某个 BlockType 时，只需将它复制或拖动到相应 Diagram 中，此时，该 BlockType 便成为 Block。如图 10-18 中显示了 Lib 与 Diagram 及 BlockType 与 Block 的区别。图 10-18(a)是一个 Lib，其中包含了一些 BlockType，如 Mass。图 10-18(b)是一个 Diagram，它描述了某个系统的模型，该系统包含三个 Block。这三个 Block 均从 MSD_lib 中复制而来，它们可以有自己的名字，如 mass、ref、f 等。虽然二者在本质上是一致的，但是为了支持重用性，将它们做如此区分。

　　此外，MATLAB 函数也可进行重用。它用 MATLAB 语言定义为.m 文件，可以采用 Simulink 标准库中提供的 MATLAB Function 块在 Simulink Diagram 中使用。这里，函数的属性包括输入参数、输出参数(即返回值)及函数体 body。

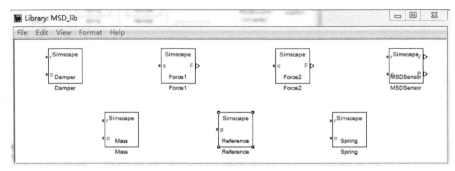

(a) 模型库

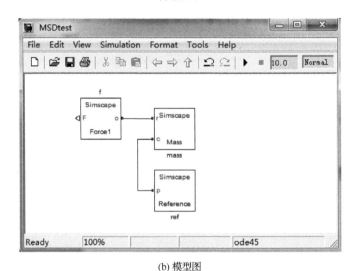

(b) 模型图

图 10-18　Simulink 模型示例

2. Stateflow 元模型

Stateflow 用于对控制系统的混合行为进行建模，其元模型如图 10-19 所示。

一个 Stateflow 模型用一个 Chart 块来表示，它是 Stateflow 中唯一一个出现在 Simulink Diagram 中的 Block，可以表示复杂机电系统中的一个控制元件。与其他 Block 一样，Chart 也具有 Port：ChartData，表示数据流通的端口；ChartEvent，表示事件进出的端口。

Chart 的内部表示了一个状态机，它包含 State 和 Transition，State 内部可以有 StateAction，它可以用数学表达式描述(即 ExpressionAction)，也可以基于 MatlabFunction 的函数调用表示。如果采用函数调用，那么需要为函数调用指定输入参数，这些参数可以来自于 Chart 的数据端口。为了显式表示这种参数指定关系，我们用 Argument、Parameter 及 Binding 分别表示实参、形参及其绑定关系。

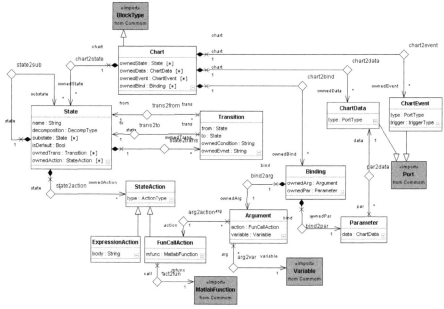

图 10-19　Stateflow 元模型

图 10-20 显示了一个 Stateflow 的例子。图 10-20(a)中为 Stateflow 的 Chart 块在 Simulink Diagram 中的表示，可以对该块进行命名，该块的端口也会显示。该控制块状态机如图 10-20(b)所示。该状态机包含三个状态，每个状态的动作可以直接用表达式表示，如 f=0，也可以调用 MATLAB 函数，如 ml.f_1()调用了函数 f_1()。

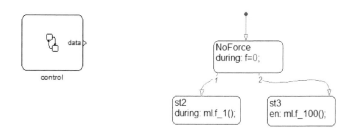

(a) Simulink图中控制块定义　　　　　　　　(b) 控制块状态机

图 10-20　Stateflow 模型示例

3. Simscape 元模型

Simscape 采用物理网的方式对多域物理系统进行建模。每个系统被描述为由一些功能单元所组成的网络，这些功能单元通过端口进行互连，从而交换能量。Simscape 的元模型如图 10-21 所示。

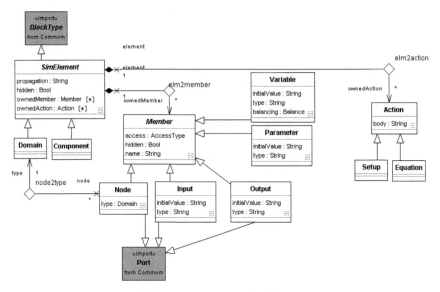

图 10-21　Simscape 的元模型

Simscape 中的核心元素包括两类：Component，表示实际的物理元件，如质量、弹簧、阻尼等，它在编译后可以被图形化的显示为 Simulink Block，用于连接形成系统模型；Domain，表示物理域，如 Translational、Rotational 等。这两类元素的内容采用 Simscape 建模语言并用文本形式描述。

Component 的内容分为声明与实现两部分。声明部分主要描述了 Component 的属性，它主要包括四类属性：Variable，表示其值随时间发生变化的物理量，如流变量和势变量；Parameter，表示常值物理量，当 Component 被图形化显示为 Simulink 块后，参数也会显示在对话框中方便分析人员进行调节；Node，是 Component 的端口类型之一，它用于能量的流入和流出，它的类型由 Domain 来确定，进而也确定了 Component 所属的物理域；Input/Output，是 Component 的另一类端口，用于物理信号的输入和输出，物理信号以信号形式表示了物理变量的值。Component 的实现部分描述了其行为，它包括：Setup，其表示行为的初始条件，也就是仿真的初始条件；Equation，描述了物理元件的本征方程，在整个仿真过程中，物理元件的变量属性均按照本征方程的描述发生变化。

当 Component 被定义好后，可以进行编译形成可视化的 Simulink 块，存放在 Lib 中。这些 Component 块可以被用于物理系统建模，Component 之间通过两类 Port 与其他 Component 或 Simulink 块相连。

Domain 由于不是实际的物理元件，因此不具有实现部分，只具有声明部分。并且，因为 Domain 不会与其他构件相连，因此，也不具备端口。

图 10-22 显示了一个用 Simscape 建立的物理系统模型。该系统包含六个物理

元件：mass、spring、damper、ref、force、sensor。它们之间通过 Node 相连。而 force 和 sensor 还具备 Output 端口，采用特殊 PS-Simulink Connector 与 Simulink 的元件 Scope 相连。

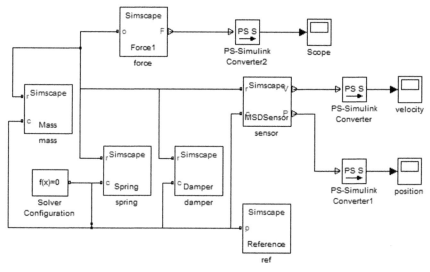

图 10-22　Simscape 模型示例

10.3.3　仿真补充模型

由于基于 UBML 的系统行为模型并没有包含仿真参数设定和指定观察变量两部分内容。为了表达完整的仿真信息，还需要在 SysML 中进行仿真补充建模，从而提供上述信息供仿真模型的自动生成。通常，对系统的仿真需要执行多次，每次仿真之间的差别仅仅是修改某些参数的数值，而目标系统的模型结构一般不发生改变。为了区分这些保持不变的仿真框架与经常会被修改和调整的参数，我们将仿真补充模型分为两部分：仿真框架模型和仿真实例模型。前者用于表示一系列仿真实验所共享的模型结构，后者主要用于描述对实验参数的不同配置。

1. 仿真框架模型

仿真框架模型主要包括三类块：①仿真配置块，它定义了仿真所需的所有参数，如仿真起止时间、求解器类型等；②目标系统块，它是要仿真的目标系统的模型，即采用 UBML 建立的复杂机电系统模型；③变量观察块，它用于连接到目标系统中元件的特定端口上，从而观察端口的状态变量值，如在 Simulink 中，可以使用观察仪(scope)模块对系统变量进行探测和显示。

图 10-23 显示了 Mass-Spring-Damper 系统的仿真框架模型。图 10-23(a)显示了仿真框架模型中包含的模块。整个仿真框架用 MSDSimulation 块表示，它包括一个仿真配置块 SimulationConfig、一个观察仪 Scope 及要仿真的目标系统 MSD。SimulationConfig 块用于定义仿真参数，如仿真起始时间 starTime 和终止时间 stopTime，它们分别有各自的缺省值 0sec 和 10sec。观察仪块包含一个数据接口，用于探测要显示的变量值。除了定义模块，还需要对模块之间的连接关系进行表示。在图 10-23(b)中，观察仪的数据接口连接到 MSD 系统中传感器的速度检测接口上，从而使得观察仪可以探测到该速度的值并显示出来。

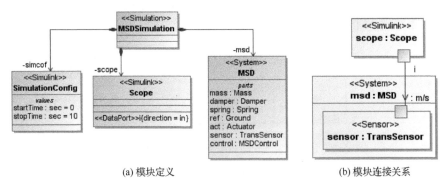

(a) 模块定义　　　　　　　　　　(b) 模块连接关系

图 10-23　MSD 系统仿真框架模型

2. 仿真实例模型

仿真实例模型对应某一次特定的仿真实验。它向仿真框架模型中各模块的属性赋予特定的值，从而对该次仿真实验的各参数进行配置。

仿真参数包括两类：目标系统参数，其指定了目标系统中各元件在本次仿真实验中的属性值；仿真参数，其指定了仿真配置相关的参数值。这两类参数统一表示在仿真实例模型中。该模型由一系列实例(instance)组成，实例是块的实例化，它具备块的所有属性，但可以为这些属性赋予特定的值。仿真实例模型包含了仿真框架模型中模块的实例。

图 10-24 显示了 MSD 系统的一个仿真实例模型，它显示了在该系统的一次仿真中各参数的配置情况。在该次仿真中，仿真起始时间为 0s，结束时间为 20s；MSD 系统中质量块的质量被设定为 50kg。

3. 仿真补充模型元模型

在 Simulink 中，仿真相关信息均是以图形化、交互式对话框的方式供用户设置和调整。然而，在模型转换中，这些信息必须以模型文件的方式显式存储下来。为了便于仿真信息的存储和表示，这里对 Simulink 的仿真补充模型也进行了元建

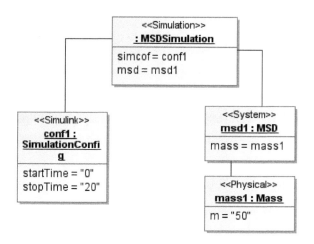

图 10-24　MSD 仿真实例模型

模。仿真补充模型的元模型的内容如图 10-25 所示。Simulation 表示了一次虚拟实
验。这里需要表示的信息包括两类：①仿真配置信息，采用 SimConfig 元类进行
表示，它存储仿真用到的参数及其设定值；②参数设定信息，主要表示系统模型
中 Block 参数的设定情况，每一个参数的设定表示为一个 BlockSetting，它包含该
参数所属的 Block 及该参数的设定值。其中，可设定的参数包括控制元件的
ChartData 属性和物理元件的 Parameter 属性。

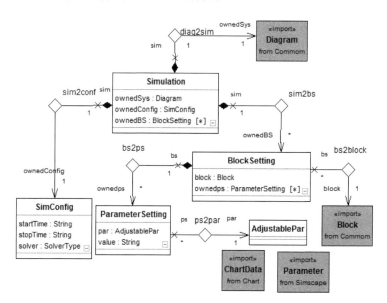

图 10-25　仿真补充模型的元模型

10.4　基于 TGG 的系统设计与仿真模型集成

10.4.1　TGG 概述

基于 TGG 的模型转换方法的核心思想是将需转换的两种元模型均视为图，元模型的元类为图的节点，元类之间的关系为图的边。在二者图之间建立第三幅图，称为对应图(correspondence graph)，该图的节点为对应关系，连接需要进行转换的元类。

为了实现将复杂机电系统行为模型自动生成仿真模型，本章提出的方法采用了基于 TGG 的模型转换方法。基于 TGG 的模型转换方法如图 10-26 所示。

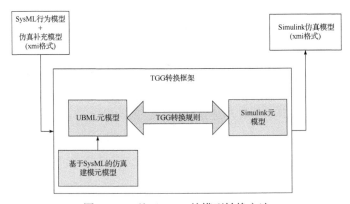

图 10-26　基于 TGG 的模型转换方法

该方法的核心内容是构建图中的 TGG 转换框架。基于该框架，可以实现 SysML 模型与 Simulink 模型之间的双向转换。两者模型均是以 XMI(XML-based metadata interchange)格式输入和输出的。它使用可扩展标记语言(XML)进行描述，为使用不同语言和开发工具的工程人员之间提供了元数据信息交换的标准方法。

构建 TGG 转换框架的过程完全在元模型层面上进行，它主要包括以下四个部分。

(1) UBML 元模型建模。UBML 元模型包括三个部分：第一部分是 UML 的元模型部分，第二部分是 SysML 元模型部分，第三部分是 UBML 对两种语言进行扩展的版型部分。UML/SysML 元模型可参考 UML/SysML 语言的标准文档。UBML 的元模型可参见 10.2 节中基于 MOF 语言的描述。

(2) 基于 SysML 的仿真补充信息建模。该方法以 Simulink 为例，在 10.3.3 节分析 Simulink 仿真所需的相关信息，并基于 SysML 进行了形式化的建模。

(3) Simulink 元模型建模。该方法在 10.3.2 节对 Simulink 建模方法进行了系统的分析，抽取其元模型，并采用 MOF 语言进行建模。

(4) TGG 模型转换。在 SysML 及 Simulink 元模型建立完成后，可以在其二者元模型之间建立对应关系，并描述具体的转换规则。这些元模型层的规则可用于支持模型层上具体模型的自动转换。这部分内容将在本章后续章节进行详细的说明。

10.4.2　TGG 模式与规则

根据 TGG 理论，模型转换由存在于两个元模型之间的对应图(correspondence graph)表示。在本章所采用的方法中，对应图的定义包括两部分内容：TGG 模式和 TGG 规则。

1. TGG 模式

TGG 模式由一系列集成链类型(integration link type)组成，这些链类型直接联系了需要进行转换的两个元类，显示了元类之间的对应关系。图 10-27 显示了一个 integration link type 的例子。该链类型表示 SysML 中 Class 元类(图中 Clazz 为 TGG 引擎特定用法)与 Simulink 中的 Chart 元类相对应。链类型本身可以具有属性，如图中的 n:String 属性，该属性可以在 TGG 转换规则中使用；也可以具有优先级，因为两个相对应元类之间可能存在多条链类型，当这些转换规则同时满足时，采用优先级高的链进行转换。

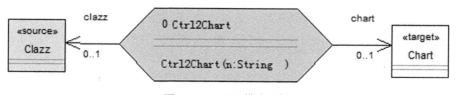

图 10-27　TGG 模式示例

为了定义 TGG 模式，其核心内容是识别 UBML 元类与 Simulink 元类之间的对应关系。而两个元类之间存在对应关系的条件是，它们具有相同的功能和语义。因此，为了定义 TGG 模式，必须分析每个元类的功能和语义。这种分析过程，需要追溯到底层建模方法这一根本，分析每个元类在建模过程中所处的地位和发挥的作用。图 10-28 显示了本章提出的方法中复杂机电系统建模的流程及每一阶段的模型产物。

本章的建模方法分为两个阶段：①元件建模阶段，该阶段分别对物理组件和控制组件进行建模，每个元件包括结构建模和行为建模两部分，该阶段产生一系列元件模型并组成元件库；②系统建模阶段，该阶段使用元件库中的元件并将其实例化为系统的一个组成部分，然后将这些元件连接成网络，形成系统模型，该阶段的产物为系统模型，它由元件实例和连接器组成。

这一建模方法被 UBML 及 Simulink 所共享，它们为方法中各阶段产物的表示提供支持。因此，两者元模型中的每个元类均对应到产物模型的相关概念上。例

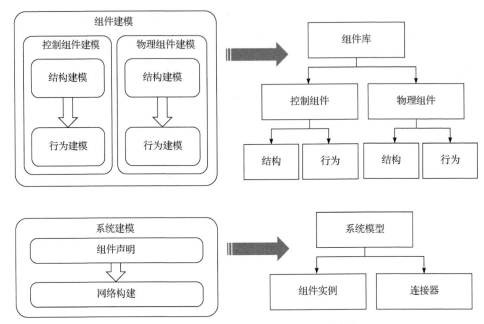

图 10-28　复杂机电系统建模流程及相关产物

如，控制元件是元件建模阶段的产物，它可看作一个底层概念(本体)，在 UBML 中，控制元件由 Control profile 中的 Function Block 表示，在 Simulink 中，控制元件由 Stateflow 中的 Chart 表示，因此，控制元件这一本体将 UBML 中的元类 Function Block 与 Simulink 中的元类 Chart 联系起来，从而识别出二者之间的对应关系。

综上，我们将 TGG 模式的定义归纳为以下步骤：①分析复杂机电系统建模过程，分析每个步骤的相关产物，识别本体概念；②寻找 UBML 中表示该概念的模型元素；③寻找 Simulink 中表示该概念的元类；④在表示同一概念的两个元类之间建立对应关系，即集成链类型。

2. TGG 规则

仅有元类之间的对应关系还不足以描述转换的操作和实现过程，需要由 TGG 规则来描述具体转换的实现。每一条 integration link type 均对应唯一一条 TGG 规则。它描述了源元素与目元素是以何种方式同时出现在 TGG 的三幅图中。

基于 UBML 与 Simulink 元模型的特点，我们抽象出了 TGG 规则定义的模板，它是一个四元组(OT，PT，BC，CC)。其中 OT 和 PT 表示了本条规则所执行的任务(即生成哪些模型元素)，BC 和 CC 表示本条规则适用的条件(即当哪些模型元素或关系已经存在时，本条规则才能发生作用)。

OT 是目标转换(objective transformation)。它包含三个对象：本条规则所要转

换的源元类实例 O_s、目元类实例 O_t 及链类型实例 L。一旦待转换的两个对象之一被创建，另外一个必须同时出现。

PT 是属性转换(property transformation)。每个元类包括两类属性：简单属性，是指其类型为基本类型(如 String、Real 等)的属性；引用属性，是指其类型为其他元类的属性。简单属性的转换可以直接通过参数共享来实现，即链类型的属性可以作为 TGG 规则的参数被 O_s 和 O_t 共享，从而实现属性值的传递。而引用属性的转换需要用到作为属性类型的两个元类的实例(用 P_s 和 P_t 表示)及其之间的 TGG 链类型实例 L_p：创建 P_s 与 O_s 及 P_t 和 O_t 之间的关联关系(正是该关联关系定义了 O_s 和 O_t 的两个引用属性)，引用在 P_s 和 P_t 之间的链类型实例 L_p。

BC 是所属条件(belonging condition)。待转换元类可能作为其他元类的属性，因此，在转换发生之前，其所属的元类(其实例用 B_s 和 B_t 表示)之间必须已经存在转换关系。所属条件引用了 B_s 和 B_t 之间的转换关系，当该转换已经存在时，本转换才有可能发生。

CC 是约束条件(constraining condition)。约束条件描述了待转换对象需满足的条件，只有这些条件已存在，本转换才能发生作用。约束条件包括两类：属性约束，是指待转换对象的简单属性值必须满足的条件；引用约束，是指待转换对象必须被某个对象所引用，成为其引用属性，本规则才能适用。

图 10-29 显示了一个 TGG 规则的例子。

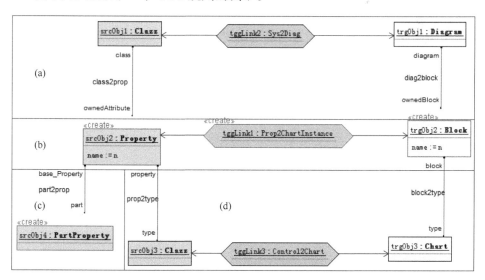

图 10-29　TGG 规则示例

该规则表示了 UBML 中系统的组件到 Simulink 中 Block 之间的转换。由于系统部件在 UBML 中表示为系统的部件属性，因此，该转换规则的目标转换(图 10-29(b))发生在 Property 的对象与 Block 的对象之间。两个待转换对象均包含两个属性：部件名称 name 和部件类型。因此，属性转换中，简单属性 name 的转换直接通过链参数 *n* 传递；引用属性的转换(图 10-29(d))通过 Class 与 Chart 之间的转换描述。系统部件需包含在系统中，其所属的系统模型之间的转换必须已经存在。所属条件(图 10-29(a))描述了 UBML 中表示系统的 Class 到 Simulink 中表示系统模型的 Diagram 之间的转换。UBML 中，Class 可以有多种属性，而只有部件属性才适用于本条转换规则。因此，约束条件(图 10-29(c))描述了这条约束，即只有当 Property 是 PartProperty 版型时，才将该 property 转换为 Simulink 的 Block。在具体应用时，转换引擎会采用模式识别的方法，判断所属条件和约束条件是否已经具备，如果具备，那么运用本条规则，执行相应的目标转换和属性转换。

10.4.3　集成框架

基于 UBML 与 Simulink 元模型，以及二者之间的模型转换关系，可以生成基于 TGG 的模型集成框架。该框架能够自动实现 SysML 设计模型与 Simulink 仿真模型之间的双向转换。为实现基于 TGG 的模型转换，本章采用了 MOFLON 工具[75]，它可以支持在同一环境中进行元模型建模和 TGG 转换规则描述，基于这些模型，可以自动生成 Java 应用程序，来实现模型转换和一致性检查等任务。

该工具将基于 TGG 的模型转换方法以基于 MOFLON 的 TGG 插件形式来实现。在该方法中，TGG 模型转换的实现包括两部分工作：①可执行规则的生成，它包括对需转换的两种语言进行元模型建模，描述 TGG 模式和 TGG 规则，从这些模型中生成可执行代码；②规则的应用，它是指应用上一步生成的可执行代码来实现具体的模型转换任务。

生成可执行代码的具体步骤如下。

(1) 采用 MOFLON 中的 MOF 2.0 编辑器对 UBML 和 Simulink 进行元模型建模。

(2) 采用 TGG 插件中模式编辑器和规则编辑器，分别描述 TGG 模式和规则。

(3) 将步骤(2)中的 TGG 描述自动转换成 MOF 元模型，并自动生成可操作 TGG 规则。可操作规则由 FUJABA 工具集中的 story driven modeling 编辑器描述。

(4) 基于上述两个元模型及 TGG 描述，可以生成 JMI 兼容的 Java 代码。

将这些代码进行编译构建打包，即可生成三个 Adapter，分别对应两个元模型和 TGG 转换描述，用于源模型与目标模型的读取和写入，以及转换的实现。

将三个 Adapter 及待转换的模型文件放置到 TiE(tool integration environment)集成框架[76]中，即可执行向前/向后模型转换、一致性检查、可追溯链的维护等集成任务。图 10-30 显示了向前模型转换的过程。

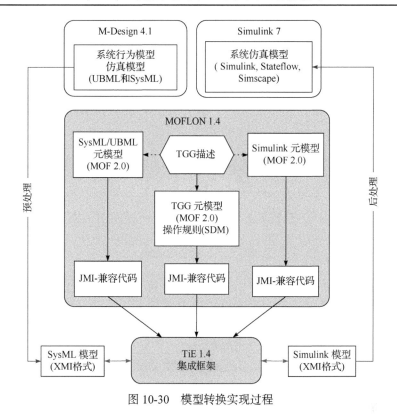

图 10-30　模型转换实现过程

10.5　实例分析

10.5.1　倒立摆系统简介

本章所采用的倒立摆系统如图 10-31 所示。该系统的物理部分包含小车和摆两个元件。小车的本征属性为质量 $M=0.5\text{kg}$，摩擦系数 $b=0.1$。其状态方程为

$$f - b \times v = M \times \dot{v} \qquad (10\text{-}1)$$

方程反映的本质是牛顿定律。其中，f 表示小车所受的外力，它包括外力 F 及促动器所提供的力。摆包含三个参数：质量 $m=0.2\text{kg}$，长度 $l=0.3\text{m}$，转动惯量 $I=0.006\text{kg} \cdot \text{m}^2$。它的状态方程有两个：

$$f = m \times \dot{v} + m \times l \times \dot{w} \times \cos\theta - m \times l \times w^2 \times \sin\theta \qquad (10\text{-}2)$$

$$(I + m \times l^2) \times \dot{w} + m \times g \times l \times \sin\theta = -m \times l \times \dot{v} \times \cos\theta \qquad (10\text{-}3)$$

式中，$\dot{w}$ 表示角加速度，w 表示角速度，$\dot{v}$ 表示加速度，v 表示速度，θ 表示偏移角，g 表示重力加速度，f 表示水平方向上的合力。式(10-2)通过对摆进行水平方

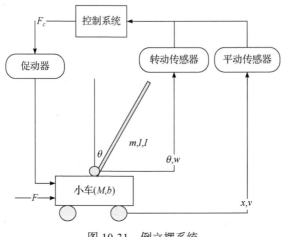

图 10-31　倒立摆系统

向受力分析所得；式(10-3)通过在竖直方向上对摆所受外力及力矩进行分析所得。物理系统受到一个恒定的外力 F=0.2N。由于该力的作用，倒立摆物理系统无法保持稳定。因此，控制系统的目的通过向物理系统提供一个外力 F_c，使摆处于竖直状态并且使小车的位置尽量地接近原点。

控制系统包括两个控制器：①实验控制器，这是一个性能不确定的控制器，需要通过实验测试该控制器是否可以达到控制目标；②基础控制器，该控制器已被证实能够达到控制目标，一旦实验控制器偏离控制目标，使得物理系统运动状态不佳时，便切换到基础控制器。两个控制器的控制方程分别如式(10-4)和式(10-5)所示。

$$F_c = -1.0000 \times x - 1.6567 \times v + 18.6854 \times \theta + 3.4594 \times w \tag{10-4}$$

$$F_c = -70.7107 \times x - 37.8345 \times v + 105.5298 \times \theta + 20.9238 \times w \tag{10-5}$$

式中，x 表示位移。

控制系统由实验控制器作为初始状态，当倒立摆偏移角 θ 超过 0.004rad 时，便切换到基础控制器。

该系统包含两个传感器：平动传感器，检测小车的速度和位移；转动传感器，检测摆的角速度和偏移角。它们将这四个状态变量传递给控制系统，用于产生相应控制信号。促动器接收控制信号并转化成力 F_c 作用到物理系统上。

10.5.2　基于 UBML 的倒立摆系统建模

对于倒立摆来说，其系统建模分为元件建模和系统建模两个阶段。

其控制元件 IPControl 的模型如图 10-32 所示。图 10-32(a)对模型中的块进行了定义。该元件用一个功能块表示，它包含四个数据端口，其中，x、v、theta、w

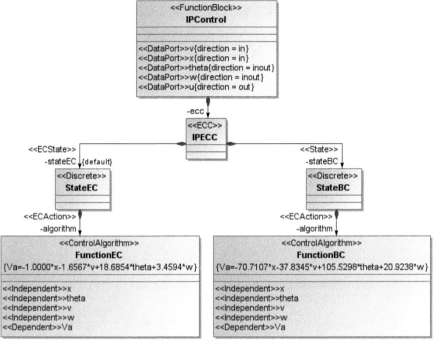

(a) 模块定义

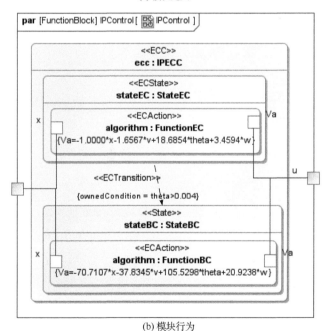

(b) 模块行为

图 10-32　控制元件 IPControl

用于接收状态变量值，u 用于输出控制信号。在其行为模型中，执行控制器包含两个状态：在 StateEC 状态下，采用实验控制器所定义的控制算法 FunctionEC；在 StateBC 状态下，采用基础控制器的控制算法 FunctionBC。图 10-32(b)用有序参数图描述了 ECC 的状态转换过程：它以 StateEC 为起始状态，当 theta 超过 0.004 时，切换到 StateBC。行为模型中的各参数分别由相应的端口传入或传出，如控制算法的因变量 V_a 会从控制元件的 u 端口输出，它们之间通过绑定器连接，显示这种数据绑定关系。

系统中包含三个物理元件，其行为模型定义如图 10-33 所示。以小车元件为

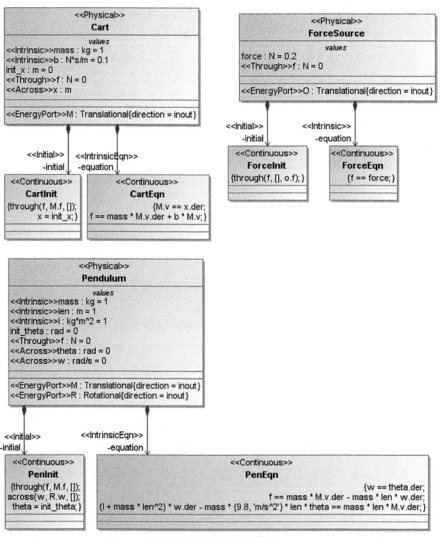

图 10-33　物理元件模型

例进行说明。小车用物理元件 Cart 表示，它包含两个本征属性 mass 和 b，以及流变量 f 和势变量 x。它具有一个能量端口 M 与外界传递能量。小车的行为通过本征方程 CartEqn 和初始条件 CartInit 表示。

除了物理元件和控制元件，为了连接物理系统和控制系统，还需要对促动器和传感器元件进行定义。图 10-34 显示了两个传感器和促动器的定义。它们的结构与物理元件非常类似，所不同的是，它们可以含有信号端口，从而与控制系统之间传递信号。如促动器 Actuator 含有信号端口 F，它可以与控制系统相连，接收控制系统产生的表示外力大小的信号值。

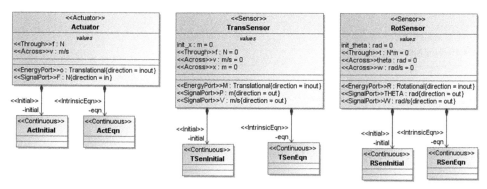

图 10-34　传感器和促动器模型

整个倒立摆系统的模型如图 10-35 所示。整个系统用一个 InvertedPendulumSystem 块表示。它包含 7 个元件，分别是物理元件、控制元件及促动器和传感器元件的实例。

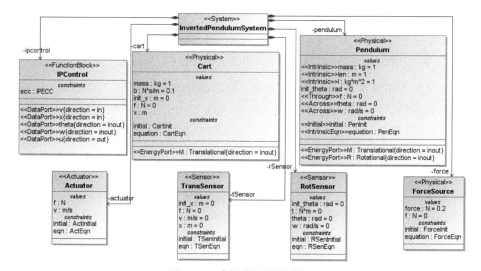

图 10-35　倒立摆系统的模型

　　倒立摆系统的内部结构如图 10-36 所示。该图中各元件的连接与图 10-31 中一致，反映了现实世界中倒立摆系统各元件的连接情况。能量端口之间通过 EnergyConnector 连接，该连接隐含基尔霍夫定律，表示能量的传递情况；信号端口之间采用 SignalConnector 连接，将变量值以信号方式进行传递。

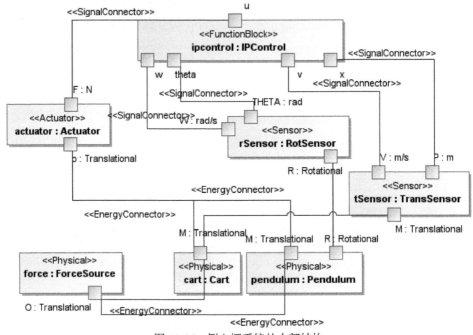

图 10-36　倒立摆系统的内部结构

　　基于各元件自身的行为模型，以及它们之间的连接关系(连接关系隐含了行为描述)，可以完整地描述整个系统的行为模型。

10.5.3　基于 SysML 的仿真建模

　　上述行为模型是与仿真平台无关的，不包含仿真相关信息。因此，需要建立仿真补充模型，对仿真信息进行描述。

　　图 10-37 显示了倒立摆系统的仿真框架模型。图 10-37(a)显示了仿真框架的模块定义情况。整个仿真框架用 IPSimulation 块表示。其中，SimulationConfig 块包含了仿真配置参数，Scope 块用于连接到倒立摆系统中检测并显示系统变量。倒立摆系统本身也被包含进仿真框架中。图 10-37(b)显示了模块之间的连接情况。其中，scope 连接到倒立摆系统中的平动传感器的 THETA 端口上，从而接收该端口上摆的偏移角数值。

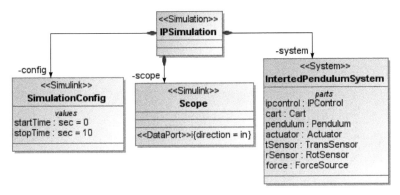

(a) 模块定义

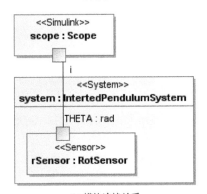

(b) 模块连接关系

图 10-37　倒立摆系统仿真框架模型

图 10-38 显示了某次实验的仿真实例模型。本次仿真被命名为 Simulation1，它是仿真框架的一个实例。该次仿真中所有模块均是仿真框架中模块的实例，被赋予了该次仿真中所设定的参数值。例如，在本次仿真中，小车质量被设定为 10kg，摆的初始偏移角被设定为 0.002rad。

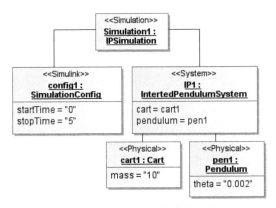

图 10-38　倒立摆系统仿真实例模型

10.5.4　模型转换

由于 MagicDraw 工具可以将模型保存为 xmi 格式，此 xmi 格式的倒立摆系统模型可以直接作为 UBML-Simulink 转换程序的输入，进行模型转换。图 10-39 显示了倒立摆系统模型转换结果。将 SysML 模型文件作为程序的输入，选择 Forward转换算法，即可自动生成 xmi 格式的 Simulink 模型文件。下方显示转换的结果：左侧 Target 部分显示了自动生成 Simulink 模型的内容，右侧显示了二者模型之间的对应情况。例如，SysML 模型中的 IPControl class 对应到 Simulink 中的 IPControl chart，二者之间的关联关系也被记录下来，由 Ctrl2Chart 链表示。生成的 Simulink模型文件经过解析，可以使用 Simulink API 生成在 Simulink 中直接运行的仿真模型。

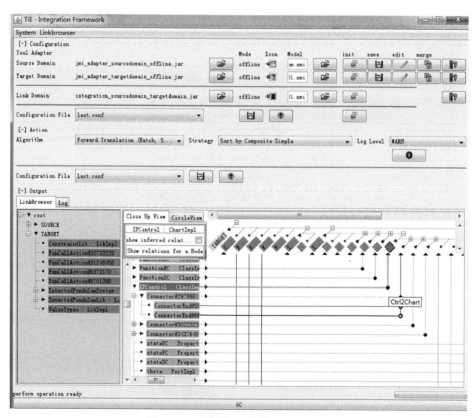

图 10-39　倒立摆系统模型转换结果

10.5.5　Simulink 仿真模型及仿真结果

基于 SysML 倒立摆模型，生成的图形化的 Simulink 模型如图 10-40 所示。

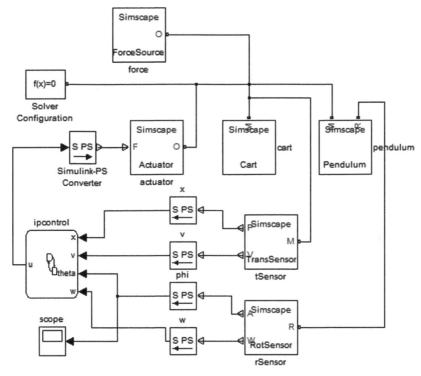

图 10-40　倒立摆系统 Simulink 模型

该系统包含一个控制元件 ipcontrol，用 Stateflow Chart 表示；三个物理元件 cart、pendulum 和 force，用 Simscape component 表示；促动器 actuator 及两个传感器 tSensro 和 rSensor 用 Simscape component 定义。以上元件按照图 10-40 所示的连接方式进行连接。

仿真的结果如图 10-41 所示。其中，包含了三组实验(1)～(3)，分别将摆的初始偏移角设置为 0、0.002 和 $\pi/4$。每组实验中，图(a1)～(a3)显示了摆的偏移角 θ 在本实验中混合控制器的控制下产生的变化曲线，图(b1)～(b3)显示了在基础控制器控制下的变化曲线，图(c1)～(c3)是在实验控制器控制下的变化曲线。图 10-41 中纵轴表示 theta 数值，单位弧度(rad)；横轴表示时间，单位秒(s)。

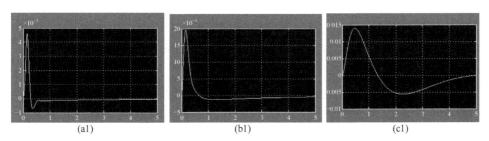

(a1)　　　　　　　　　(b1)　　　　　　　　　(c1)

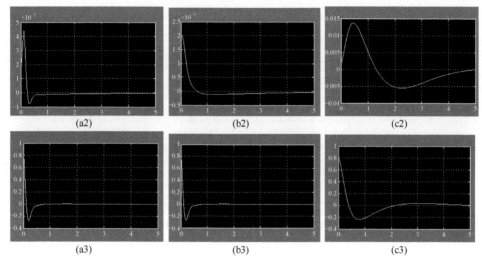

图 10-41　倒立摆系统仿真实验结果

　　实验结果显示，实验控制器的控制性能并不理想，而基础控制器可以在较短时间内使摆回到并保持在竖直状态下。混合控制器有效地防止了实验控制器带来的不安全控制，避免了倒立摆的剧烈振动。分析人员可以对系统的参数进行调节来进行更多实验和分析。

10.6　小　　结

　　本章从复杂机电系统设计的需求出发，为其系统层建模与仿真提供了一套较完整的解决思路。在设计建模方面，复杂机电系统的行为包含时间连续行为、基于事件的离散行为及混合行为三种类型，并且涉及控制、机械等多领域子系统的互联。本章针对复杂机电系统多领域、多行为的特点，对 SysML 语言进行扩展，提出了统一行为建模语言 UBML。基于该语言，建立了层次化、多视图的统一行为模型。

　　由于系统设计模型的复杂性，很难基于静态的模型验证设计的正确性。为支持设计模型的动态验证，本章采用基于 TGG 的模型转换方法，在 UBML 与仿真建模平台 Simulink 之间建立了双向转换关系，使基于 UBML 的行为模型可以自动转换生成 Simulink 仿真模型，为设计模型的自动仿真提供支持。

　　在上述工作的基础上，本章创建了 UBML 建模扩展包及 UBML-Simulink 模型集成框架。在这些工具的支持下，以倒立摆系统为例，说明了复杂机电系统设计和仿真集成的具体实施过程。

第 11 章　模型驱动的系统设计与详细设计集成

11.1　引　　言

如前面所述，作为标准的系统建模语言，SysML 已广泛地运用于复杂多域机电产品的系统层建模，支持系统设计过程。显然，若 SysML 表示的系统层物理结构模型可自动生成初始 CAD 模型，则能自然地建立起系统设计模型与后续详细设计模型间的关联，有利于快速建立系统设计模型与领域设计模型间的集成，同时还将有助于减少人工建模活动，加快设计进程。然而，如何基于系统设计模型自动生成初始 CAD 模型仍是一个挑战。其主要原因是，在现有的模型集成方法中，系统结构模型大多仅表示系统构件的设计参数和层次结构，缺乏构件的几何信息建模。另外，现有模型生成方法主要集中在仿真分析及控制模型生成，而非机械子系统。然而，文献[77]和[78]表明，随着产品复杂度的增加，大致的构件几何信息及其空间布局对系统概念设计的重要性日益增强。借助于此类信息，可对系统概念设计方案进行更全面、准确地评估。然而，现有系统设计模型中缺乏几何信息的表示，导致无法自动生成初始 CAD 模型。因此，设计人员通常需根据自己的理解和判断，由已有 SysML 模型手动重建设计模型，其过程往往耗费大量时间，且容易出错。同时由于每个人的理解不同，还容易产生不同结果的初始 CAD 模型。

为此，需首先提出基于 SysML 的几何信息建模方法。基于 SysML 表示的系统设计模型，可生成初始 CAD 模型，支持后续详细设计活动。鉴于标准 STEP 格式的通用性，本章采用 STEP 文件来表示最终生成的 CAD 模型[79]。STEP 文件主要由 EXPRESS 实体构成，因此基于 SysML 表示的系统设计模型，通过使用模型转换方法(如 TGG)可生成 XMI 格式的 EXPRESS 模型，进而通过解析该模型生成 STEP 文件。

11.2　基于 SysML 的几何信息建模方法

如何在概念设计阶段表达与应用几何信息已有一定的研究[80-82]。在引入标准系统建模语言 SysML 后，由于其块定义图、内部块图及参数图是描述系统模型结构的常用建模工具，几何信息的表达更为规范与便捷。对构件而言，块定义图主要描述其属性定义及施加在属性上的各类约束。由于 SysML 的通用建模元素难以准确地描述领域相关语义,这里需利用 SysML 的扩展机制对几何信息进行建模。SysML 的扩展机制有两种:①heavyweight 方法,为 SysML 定义新的元模型;②lightweight 方法,在 SysML 已有的建模元素基础上自定义版型。前者是第一类扩展机制,其优点是不限定元模型的使用方式,但要求建模工具做相应的升级。而后者可直接应用于现有建模工具,因此应优先采用 lightweight 扩展机制。

这里提出的几何信息建模包含零件建模及约束建模两部分[83]。任意零件都有特定的形状,零件建模利用基本几何形体来表示构件形状。此外,将引入接口特征概念,用以定义零件的接口。约束建模描述零件之间的空间关系。系统建模的主要结构如图 11-1 所示。在零件建模 Profile 中,除基本形状外,还包含基本几何要素,用于定义零件之间的空间约束。

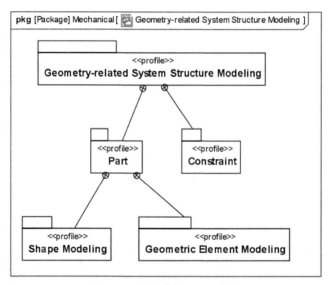

图 11-1　系统建模 Profile 结构

11.2.1　零件几何信息建模

1. 形状建模

在设计的早期阶段,系统零件形状不可能十分精确,只能由基本几何形状来粗略地描述,并在后续详细设计过程中逐步优化。这里定义基于《Block》元模型的版型《Shape》,提出六种基本形状:圆柱体、立方体、球体、圆锥体、圆环和圆台,构成了描述系统零件几何信息的基本形状库,如图 11-2 所示,每种形状定义了相应的尺寸参数。对于其他基本几何的形状信息,用户也可以通过 SysML 的 Stereotype 扩展机制进行添加。此外,对于特定形状,尺寸参数应满足一定关

系，这里通过约束对其定义。如圆环定义中，旋转轴的半径应大于圆环界面的
半径。

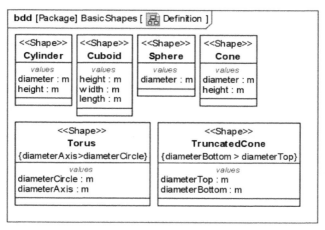

图 11-2 六种基本几何形状

2. 基本几何元素建模

空间几何约束操作的对象包括点、线、面三种。这些基本几何元素由
《BasicGeoElement》表示，零件对外提供这三种元素类型的接口特征，如图 11-3

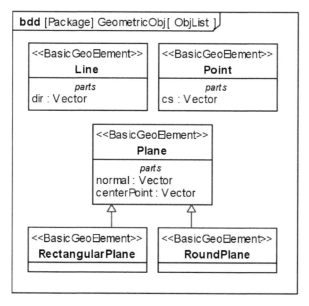

图 11-3 基本接口

所示。Point 类型中包含坐标定义，Line 类型中包含定义方向。Plane 定义了法向和该面的中心点坐标，并引申出 RectangularPlane 和 RoundPlane 两种子类型。基于坐标和方向定义，Fixed 约束可直接作用于这些接口特征。

3. 零件建模

零件定义包含形状及接口特征信息。在零件形状的基础上，可定义若干点、线、面。几何约束通过定义不同零件的点、线、面应满足的约束关系来描述零件的相对空间位置，形成系统的空间布局。因此，这里定义基于《Block》扩展的《MechPart》版型表示零件。《Body》和《InterfaceFeature》版型由《Property》扩展而来，《Body》表示零件形状信息，《InterfaceFeaturet》版型描述零件定义的基本特征。图 11-4 是一个基本 Block 类型的定义示例，该零件的面均被定义为接口特征，通过《InterfaceFeaturetPort》版型对外提供接口特征。

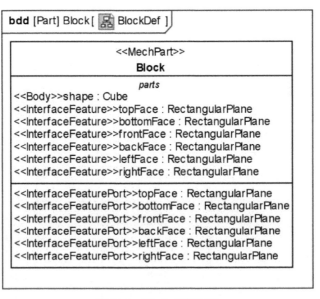

图 11-4　Block 零件定义

11.2.2　约束建模

零件需通过施加在接口特征上的空间约束关系形成完整的系统结构。CAD 系统中的空间约束关系类型可分为点约束和方向约束两种类型，分别由基于《Constraint》扩展的《PositionConstraint》和《DirectionConstraint》版型表示。在图 11-5 中，给出了若干约束类型定义示例。其中，平行约束可作用于两条线或两个面之间，分别由 LineParallelism 和 PlaneParallelism 表示。点坐标和方向信息也可以同时被约束，如 PlaneFixed 类型。此外，部分约束定义需提供约束值，如

PlaneFixed 和 PlaneDirection。

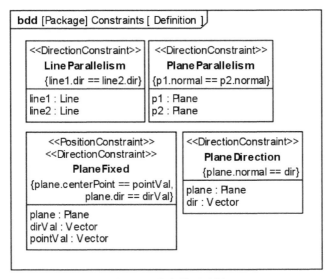

图 11-5 约束类型示例

11.3 基于 TGG 的模型转换

为生成初始 CAD 模型，这里引入图 11-6 所示的模型转换框架。由图 11-6 可知，模型转换的核心问题在于元模型定义及转换规则定义。基于转换规则，由转换引擎将源元模型转换为目标元模型。这里采用基于 TGG 的模型转换方法[71]。

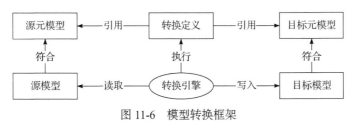

图 11-6 模型转换框架

11.3.1 元模型定义

这里的原始模型的元模型定义主要包括两部分：①基于 SysML 扩展的自定义版型；②自定义版型之间的关系。其结构如图 11-7 所示，针对 EXPERSS 目标模型，相关元模型结构如图 11-8 所示。其主要概念是 Entity 和 Attribute，Attribute 的类型为 ParameterType。SimpleType 和 Entity 均为 ParameterType 子类型，其中，Entity 类型的实例可定义 UniqueRule 和 DomainRule 两种约束规则。UniqueRule

约束每个实例的特定属性值各不相同,DomainRule 则表示属性之间应满足的约束关系。

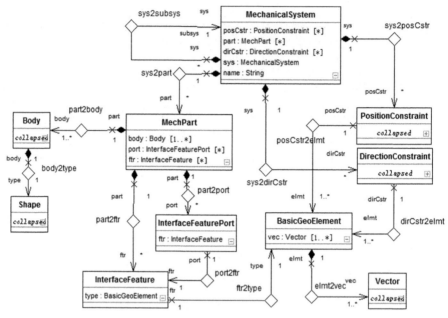

图 11-7　原始模型的元模型结构

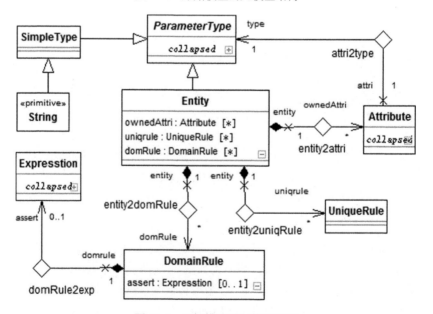

图 11-8　目标模型的元模型结构

11.3.2　转换

在模型驱动工程中，已有多种模型转换方法，包括 TGG 转换方法。TGG 具有支持图形化操作及 Java 代码自动生成等优点，因此这里采用该方法来完成模型转换工作。关于 TGG 的介绍也可以参考相关文献。实现 TGG 转换需完成的操作有：①TGG 关联，即定义原始模型与目标模型的映射关系；②TGG 规则，说明如何由原始模型生成目标模型。

1. TGG 关联

这里用到的 UML 元模型与 EXPRESS 元模型的映射关系由表 11-1 给出。由此，图 11-9 给出了 TGG 关联定义的 Sys2Entity 映射示例，表示原始模型中 Class(为避免与 Java 代码自动生成冲突，重命名为 Clazz)类型与目标模型 Entity 类型的一一对应。

表 11-1　元模型映射关系

UML	EXPRESS
Class	Entity
Property	Single or SET ExplicitAttribute of SimpleType
Association	Single or SET ExplicitAttribute of EntityType
Constraint	DomainRule
DataTypes	SimpleTypes (String, Boolean, etc.)

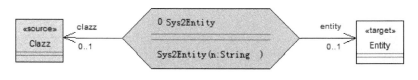

图 11-9　TGG 关联示例

2. TGG 规则

定义 TGG 关联的基础上，必须给出 TGG 规则定义，说明模型转换的激活条件及目标模型详细的创建规则。TGG 规则可抽象为一个四元组(OT, PT, BC, CC)。其中，前两项表示具体应创建的元素，后两项表示该规则的适用条件。

作为转换目标，每个 OT 均包含参与转换的源模型及应被创建的目标模型。PT 描述了当目标模型被创建时，目标模型的属性应如何创建，包括简单类型(Int、String 等类型)属性的赋值及引用类型的创建等。BC 定义了模型转换中层次归属定义，只有其上一层模型转换完毕之后 OT 转换才能执行。CC 为待转换的源模型应满足的限定条件。

在图 11-10 的示例中，该 TGG 规则描述了从源模型 Property 至 Attribute 的转换(Level 2 的定义)。PT 包括目标模型的 ID 属性及 Level 3 中的引用类型转换定义。Level 1 定义的 BC 说明 Clazz 和 Entity 的转换应已经存在。Level 4 的限定条件说明仅针对从 Property 扩展的 PartProperty 版型才参与该转换。表 11-2 给出了表 11-1 中的 TGG 规则定义。

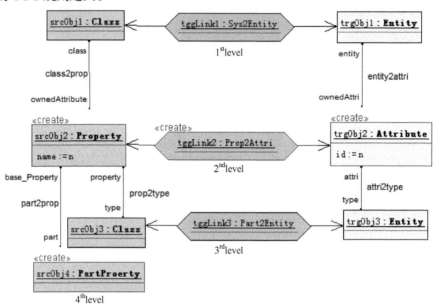

图 11-10　TGG 规则示例

表 11-2　TGG 规则定义

序号	OT	PT	BC	CC
1	(Clazz, Entity)	Properties of SimpleTypes (e.g., name, id)	—	Stereotypes of Block (e.g., MechanicalSystem, MechPart)
2	(Property, Attribute)	name and values	1	ValueProperty
3	(Property, Attribute)	name and referring properties	1	Stereotypes of PartProperty (e.g., Body, InterfaceFeature)
4	(Constraint, DomainRule)	name and body	1	

11.3.3　集成框架

上述元模型定义及 TGG 关联定义均可在 MOFLON 工具中完成，并可自动生成 Java 代码。通过 TiE 集成工具，执行生成的 Java 的代码，可由输入的源模型自动生成目标模型，其主要过程如图 11-11 所示。

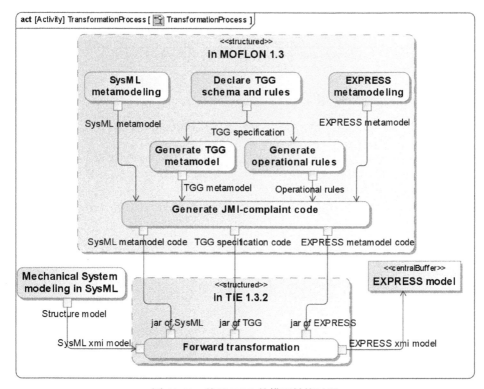

图 11-11　基于 TGG 的模型转换过程

在图 11-11 中，首先对系统结构的几何信息进行 SysML 建模，并将建模结果输出为 XMI 文件。然后利用元模型建模工具 MOFLON 进行元模型建模，并定义元模型之间的 TGG 关联和规则。在 MOFLON 工具中，为元模型及 TGG 定义生成 Java 代码。最后以 XMI 文件、MOFLON 的元模型定义、TGG 定义及生成的 Java 代码为输入，利用 TiE 模型集成框架执行模型转换过程，自动生成 XMI 格式的目标 EXPERSS 模型。

11.4　详细模型生成

现有 CAD 系统均不兼容 XMI 格式文件，因此还需解析转换后的 EXPRESS 模型，抽取 EXPRESS 模型中系统零件信息和约束信息，生成 CAD 支持的中性 STEP 文件，其过程如图 11-12 所示，其主要任务是零件模型生成及转换数据计算[84,85]。对于前者，可创建零件模型生成器(part model generator，PMG)，作为不同零件生成的通用模板。定义零件形状的匹配信息作为计算转换数据的输入。后者负责计算零件模型在装配体环境下的转换数据，该数据由转换矩阵决定。根据零件的原始匹配信息及装配环境下的该类信息，可计算零件的转换矩阵。

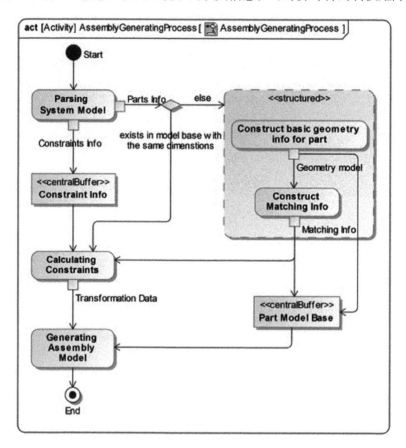

图 11-12　装配模型生成过程

11.4.1　零件模型生成

基于几何形状的 B_Rep 模型模板，零件模型生成可分为两步完成。首先利用模型的尺寸参数实例化模型模板，得到零件几何形状的 B_Rep 模型；然后更新该形状的匹配信息。

1. 基本几何模型重建

零件的 B_Rep 模型由拓扑信息和几何信息组成。对于同一零件类型的不同零件实例，其 B_Rep 模型中的拓扑信息相同，不同之处仅在于由不同形状参数实例化后得到的几何信息。例如，图 11-13 给出了基于 AP203 标准的 Block 类型零件的部分 B_Rep 模型信息，其尺寸参数为 5mm×4mm×3mm，图中每一项(如#94)均表示一个 EXPERSS 实体。若需生成一个尺寸参数为 10mm×8mm×6mm 的模型实例，仅需将图 11-13 中几何信息中的参数改为新的参数值即可。

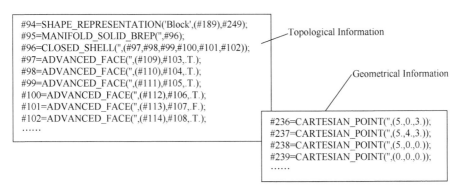

图 11-13　B_Rep 模型的拓扑及几何信息示例

基于上述分析，可提出基于模板的零件模型生成方法。对于图 11-2 中定义的每一种基本几何形状，均可定义相应的 B_Rep 模型模板，形成模板库。通过模板，可由尺寸参数驱动获得模型实例，而几何信息的 EXPRESS 实体与尺寸参数的关系可定义为规则。PMG 结构如图 11-14 所示。

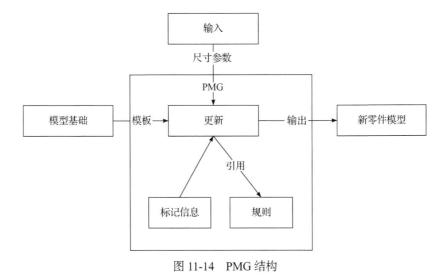

图 11-14　PMG 结构

2. 匹配信息构造

匹配信息(matching information，MI)指几何形状上的点、线、面等基本几何元素在零件环境下的坐标信息，用于计算零件的转换矩阵。对于图 11-2 中定义的基本几何形状，其标准接口特征定义及匹配信息定义如表 11-3 所示。

表 11-3　基本形状的标准接口特征定义及其匹配信息定义

形状类型	接口特征	匹配信息 (接口特征在零件环境中的坐标)		
		点	线	面
圆柱		顶面和底面中心点	顶面和底面法向	顶面和底面
圆锥		顶点及底面中心点	底面法向	底面
圆台		顶面和底面中心点	顶面和底面法向	顶面和底面
立方体		侧面的中心点	面法向	六个侧面
圆环		中心点	旋转轴方向	
球		球心	任意方向	

11.4.2　装配模型生成

当零件模型生成完毕后，先基于系统的约束关系计算零件的转换数据。根据转换数据可将零件逐一添加至装配环境中。

1. 转换数据定义

转换数据定义了零件实例在装配环境中的位置和方向。该数据可由图 11-15 说明。图 11-15(a)为装配环境下的全局坐标系，图 11-15(b)为零件的局部坐标系。对于图 11-15(c)中的装配结果，可知：①x_l 的方向与 y_g 的方向相同，均指向(0, 1, 0)；②z_l 的方向与 x_g 的方向相同，均指向(1, 0, 0)；③在装配环境中，零件局部坐标系的原点坐标为(1, 1, 1)。则该零件的转换数据定义为

$$x' = (0, 1, 0), \quad z' = (1, 0, 0), \quad \text{ori}' = (1, 1, 1)$$

式中，x' 表示局部坐标系中 x_l 在全局坐标系中的指向；z' 表示局部坐标系中 z_l 在全局坐标系中的指向；ori' 表示局部坐标系中原点在全局坐标系中的位置。

2. 转换数据计算

零件模型生成完毕后，其关键问题是如何确定零件在装配环境下的转换数据，

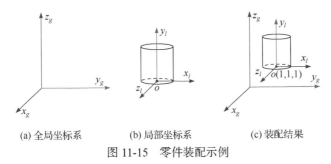

(a) 全局坐标系　　　　(b) 局部坐标系　　　　(c) 装配结果

图 11-15　零件装配示例

即零件的局部坐标系原点在全局坐标系下的坐标及零件局部坐标系的 X 轴和 Z 轴在全局坐标系的方向。为了获得该数据，应根据匹配信息在不同坐标系下的坐标信息，计算出零件的旋转矩阵。由于局部坐标系下的匹配信息已知(表 11-3)，通过空间约束信息，可获得零件在全局坐标系下的匹配信息。

为此，这里提出基于约束的方法来获得零件的转换数据。由已知零件在全局坐标系下的匹配信息，可获得与其有直接约束关系的零件匹配信息。对于包含零件 $p_1, p_2, \cdots, p_n$ 的系统 S，首先可将零件 p_1 直接加入装配体中，以 p_1 的匹配信息为基准开始后续计算过程。若 p_1 与 p_2 分别通过接口特征 f_1 与 f_2 存在约束关系，则 f_2 的匹配信息也可以计算。当 p_2 的接口特征在全局坐标系下的匹配信息均已求解时，即可求出 p_2 的旋转矩阵，并可算出 p_2 的旋转数据。该方法伪代码如下所示。

$p_1, p_2, \cdots, p_i, \cdots, p_n$: 系统 S 的零件实例

mi: 零件特征匹配信息

gc: 装配体环境下全局坐标

lc: 零件环境下局部坐标

$p_i.mi.gc$: 零件 p_i 特征的全局坐标

$p_i.mi.lc$: 零件 p_i 特征的局部坐标

建立空列表 l，将零件 $p_1, p_2, \cdots, p_n$ 加入列表 l

// 生成零件模型.

对列表 l 中的零件 p_i

　利用 PMG 生成 p_i 的零件模型

// 将 p_1 插入装配体中，旋转矩阵为标准矩阵，特征全局坐标等于局部坐标

　$p_1.mi.gc = p_1.mi.lc$

// 生成装配体模型

为 S 生成空的装配体模板 T.

若 l 不为空

　　对 l 中的零件 p_i

　　　　若零件 p_i 的全局坐标未定，则选下一个零件

　　　　计算该零件特征 f_j 的全局坐标 $mi.gc$

　　　　计算转换数据.

　　　　基于转换数据，计算该零件其他特征的全局坐标 gc，以及 p_i 的约束定义

　　　　将零件 p_i 从 l 中移除

　　若 l 不变

　　　　选择 p_j，其特征信息的全局坐标匹配程度最高

　　　　自由设置 p_j 的另一正交特征信息的全局坐标

Exit

3. 基于 AP203 标准的装配模型生成

AP203 标准中的装配体模型结构如图 11-16 所示，图中左侧表示装配产品定义实体，右侧表示装配体中零件产品定义。AP203 中使用相同的定义机制来表示这两种产品定义，因此这两部分结构也类似。图 11-17 的中间部分为装配体与零件的关联，用来定义零件实例。多次关联可以表示同一零件产品的不同实例。

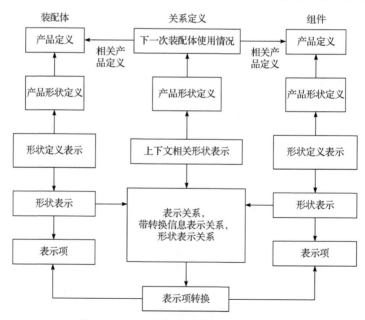

图 11-16　AP203 标准中的装配体模型结构

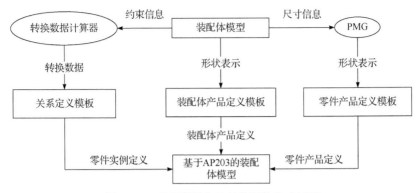

图 11-17　基于模板方法的装配体生成过程

11.5　案　例　分　析

本节以图 11-18 所示的发动机模型为例演示本章提出的方法，并使用 M-Design 工具实现系统建模过程。方法的目的是生成如图 11-19 所示的初始 CAD 模型，作为后续详细设计过程的输入。应特别说明的是，本方法重点不在于如何设计出满足用户需求的产品，而是在系统结构已由设计人员给出的前提下，如何利用系统结构自动生成初始 CAD 模型。在该初始 CAD 模型的基础上，设计人员可利用 CAD 设计工具对模型进行修改，或利用其他分析优化工具改进产品设计，加快产品设计进程。通常，在后续详细设计过程中，初始 CAD 模型的形状和尺寸参数均可变。然而，应尽量地避免修改系统结构的关键参数，如图 11-18 中的发动机轴的长度。若必须修改该类参数，则应通知相关设计人员，以便对该设计变更进行评估。

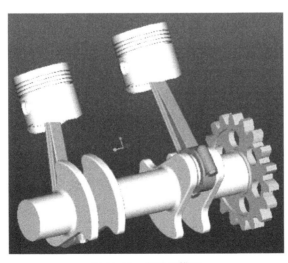

图 11-18　发动机模型

在图 11-18 中，该发动机的结构由一个输出轴零件、两曲柄零件、两连杆零件及两活塞零件组成。图 11-18 中的齿轮零件不属于发动机的零件。此外，图 11-18 的模型是经详细设计优化后的输出，并非由 SysML 表示的系统设计模型直接生成的初始 CAD 模型。

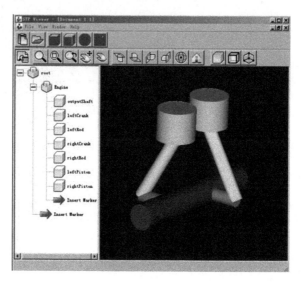

图 11-19　待生成的初始发动机模型

11.5.1　系统结构建模

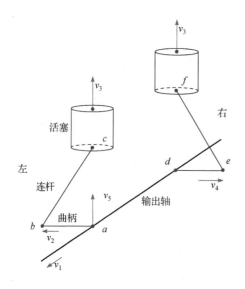

图 11-20　发动机的抽象结构图

发动机的抽象结构图如图 11-20 所示，主要包含左右两部分。左半部分的曲柄与输出轴的接触点为 a，与连杆底部的接触点为 b，连杆与活塞在 c 点相连。活塞顶部朝向为 v_3，输出轴顶端方向 v_1 与曲柄朝向 v_2 相垂直，两者叉乘结果为 v_5。这里 v_1 与 v_2 的具体方向对系统结构没有影响，仅需保持二者的垂直关系即可。显然，v_5 与 v_3 平行，系统的右半部分结构类似。

为了表示系统结构的初步空间布局，需分别定义输出轴、曲柄、连杆和活塞零件，零件形状均由圆柱形表示，零件尺寸参数如表 11-4 所示。图 11-20

中的点和方向为零件的接口特征,均应在零件模型中显式定义,如图 11-21 所示。图中的 Shaft 零件包含五个接口特征, 其中, mountPoint1 与 mountPoint2 分别表示图 11-20 中的 a 点和 d 点, 并给出 mountPoint1 和 mountPoint2 的计算方法。

表 11-4　零件尺寸参数

零件类型	形状尺寸
Shaft	高: 0.6m; 直径: 0.1m
Crank	高: 0.15m; 直径: 0.05m
Rod	高: 0.3m; 直径: 0.05m
Piston	高: 0.12m; 直径: 0.15m

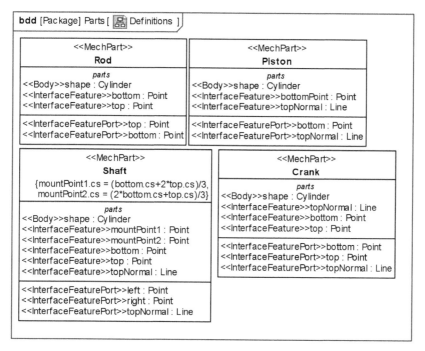

图 11-21　零件类型定义

发动机零件之间的空间约束如表 11-5 所示, 定义了图 11-20 中几何元素应满足的约束关系, 如 LineAngle 表示 v_1 与 v_2 的垂直关系。此外, 针对图 11-20 中 a 点至 f 点, 分别定义了六个点重合约束。系统结构定义如图 11-22 所示, 其中, 属性 piston2shaft 表示图 11-20 中 a 点至 c 点的距离。且 c 点与 f 点的坐标可分别由 a 点和 d 点计算获得(图 11-22 虚线框部分),系统内部结构连接如图 11-23 所示。

表 11-5　发动机零件之间的空间约束

约束		特征	
		接口特征 1	接口特征 2
1	PointCoincidence	outputShaft.mountpoint1	leftCrank.bottom
2		leftCrank.top	leftRod.bottom
3		leftRod.top	leftPiston.bottom
4		outputShaft.mountpoint2	rightCrank.bottom
5		rightCrank.top	rightRod.bottom
6		rightRod.top	rightPiston.bottom
7	LineDirection	leftPiston.topNormal	pistonVec
8		rightPiston.topNormal	pistonVec
9	LineAngle	leftCrank.topNormal	rightCrank.topNormal
10	LinePerpendicularity	leftCrank.topNormal	outputShaft.topNormal
11	pistonVec expression	leftCrank.topNormal	outputShaft.topNormal
12	leftRod.top expression	outputShaft.mountpoint1	pistonVec
13	rightRod.top expression	outputShaft.mountpoint2	pistonVec

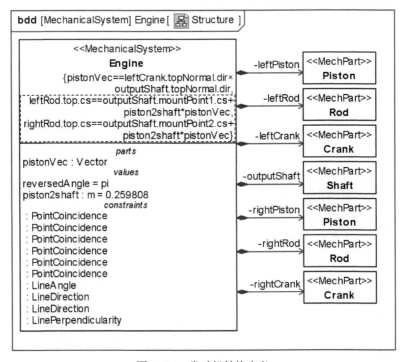

图 11-22　发动机结构定义

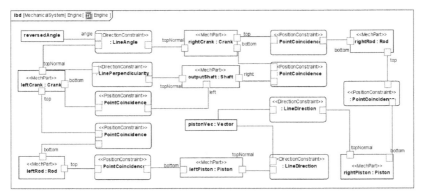

图 11-23 发动机内部结构

11.5.2 模型转换

图 11-11 定义的模型转换实现过程如图 11-24 所示，针对图 11-21～图 11-23 的系统建模结果，M-Design 工具可输出 XMI 文件。利用 MOFLON 工具定义元模型及基于 TGG 的模型转换规则。在步骤(3)中，为元模型及 TGG 定义生成可执行 Java 代码，作为 TiE 集成工具的转换输入。最后，TiE 读入 SysML 模型源文件，执行具体转换过程，生成 XMI 格式的 EXPRESS 目标模型。在上述过程中，步骤(2)～(3)仅需执行一次即可，因此设计人员仅需手工完成步骤(1)和步骤(4)即可。

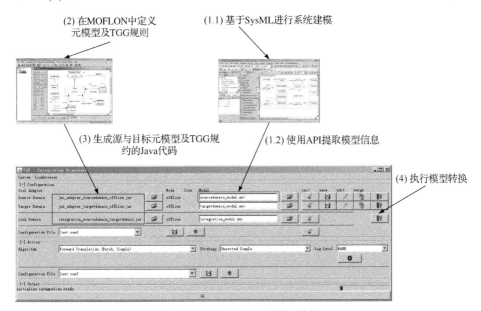

图 11-24 基于 TiE 的模型转换

11.5.3　详细模型生成

从已生成的 EXPRESS 模型中，为每个零件生成 B_Rep 模型，并计算相应的转换数据，生成装配体的 STEP 文件。

1. 零件模型生成

如前面所述，零件生成主要是由形状参数创建 B_Rep 模型，并初始化相应的匹配信息。这里以 Shaft 零件为例说明该过程，其他零件生成过程类似。该零件如图 11-25(a)所示，其底面中心点(bottom)为局部坐标系中的坐标原点，顶面中心点(top)坐标由零件长度尺寸决定，为(0, 0, 0.6)。

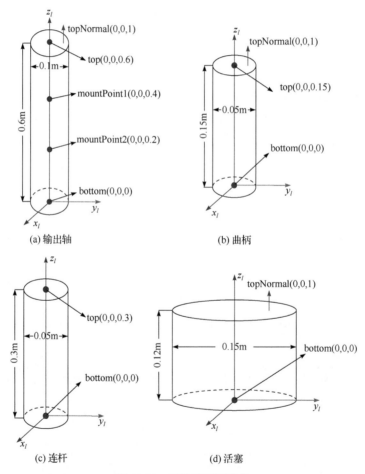

图 11-25　零件的匹配信息

Shaft 零件底面半径为 50mm，长度为 600mm，利用该参数实例化模板后得到该零件的 B_Rep 模型，图 11-26 给出了部分实体定义，包括零件参数值。类似可获得其他零件的 B_Rep 模型。

在获得零件 B_Rep 模型后，应初始化零件接口特征的匹配信息，根据 Shaft 零件定义，可求得该零件的 mountPoint1 与 mountPoint2 点坐标为(0, 0, 0.4)和(0, 0, 0.2)，零件的顶面朝向(topNormal)为(0, 0, 1)。类似可求得其他零件的匹配信息。

```
……
#104=CYLINDRICAL_SURFACE(",#124,50.);
……
#119=CIRCLE(",#122,50.);
#120=CIRCLE(",#123,50.);
……
#140=CARTESIAN_POINT(",(0.,0.,600.));
#141=CARTESIAN_POINT(",(50.,0.,600.));
……
```

图 11-26　Shaft 零件的 B_Rep 模型

2. 转换数据计算

基于图 11-25 的零件匹配信息及零件之间的空间约束关系，可求出零件的转换数据。这里以 outputShaft 零件实例为基准，加入装配体中。由前面所述算法可知，该零件无须矩阵转换，其局部坐标系与全局坐标系相同，如图 11-27(a)所示。因此，该零件的转换数据为

$$x' = (1, 0, 0),\ z' = (0, 0, 1),\ ori' = (0, 0, 0)$$

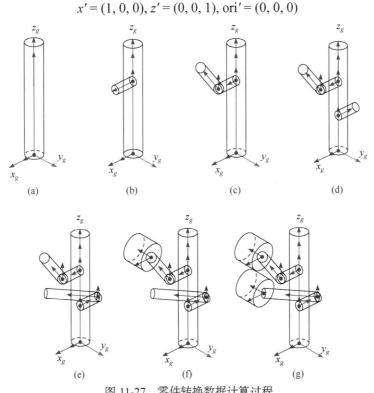

图 11-27　零件转换数据计算过程

由于 leftCrank 与 outputShaft 零件之间存在约束关联，可将其选为下一个待装配零件。leftCrank 的底面中心与 outputShaft 的 mountPoint1 重合，且两零件实例的 topNormal 特征垂直，令图 11-25(b)中的 x_l 轴与图 11-27(a)中的 z_g 轴方向相同，则该零件实例的装配结果如图 11-27(b)所示。由于该零件的 x_l、z_l 轴分别与 z_g、x_g 轴相同，其转换数据为

$$x' = (0, 0, 1), z' = (1, 0, 0), ori' = (0, 0, 0.4)$$

通过分析系统的空间约束，系统零件转换数据的详细计算过程如表 11-6 所示。由于计算过程类似，这里仅列出步骤 1 和步骤 2 的详细计算过程。

表 11-6　转换数据计算过程

步骤	特征	约束	零件
步骤 1	all features of outputShaft part, leftCrank.bottom, rightCrank.bottom	1, 4	outputShaft
步骤 2	leftCrank.topNormal, leftCrank.top leftRod.bottom, rightCrank.topNormal pistonVec, leftRod.top, rightRod.top leftPiston.topNormal, rightPiston.topNormal	10, 2, 9, 11, 7, 8, 12, 11	leftCrank
步骤 3	leftPiston.bottom	3	leftRod
步骤 4	rightCrank.top, rightRod.bottom	5	rightCrank
步骤 5	rightPiston.bottom	6	rightRod
步骤 6			leftPiston
步骤 7			rightPiston

计算第一个待装配零件，令 outputShaft 为第一个待装配零件。该零件无须矩阵转换操作，即转换矩阵为标准矩阵。因此，转换数据为

$$x' = (1, 0, 0), z' = (0, 0, 1), ori' = (0, 0, 0)$$

全局坐标系统下 outputShaft 的匹配信息不变，与局部坐标系统值相同。outputShaft.mountPoint1 的全局坐标为(0, 0, 0.4)；outputShaft.mountPoint2 的全局坐标为(0, 0, 0.2)；outputShaft.topNormal 的全局方向为(0, 0, 1)。根据表 11-6 可知，leftCrank.bottom 全局坐标为(0, 0, 0.4)，rightCrank.bottom 全局坐标为(0, 0, 0.2)。

表 11-6 中第二个待计算的零件为 leftCrank，表 11-5 说明 outputShaft.topNormal 与 leftCrank.topNormal 特征之间存在垂直约束。由于两曲柄零件的转换矩阵均未知，且仅有两曲柄零件的部分特征的匹配信息可以计算，因此下一个待计算零件必然为两者之一。考虑到 leftCrank 零件与 outputShaft.topNormal 特征存在约束关系，与 outputShaft.topNormal 的方向相垂直的四个可选值为

$$(1, 0, 0), (-1, 0, 0), (0, 1, 0), (0, -1, 0)$$

这里令全局坐标系统下 leftCrank.topNormal 值 v_1' 为 $(1,0,0)$，令 leftCrank.topNormal 的局部坐标下的方向为 v_1，为进行后续计算，需显式构造另一个方向变换信息，这里选择 y 轴来构造另一个方向 v_2，$v_2=(0,1,0)$，因此有

v_1 与 v_2 垂直

$\Rightarrow v_1'$ 与 v_2' 垂直

$\Rightarrow v_2'$ 的可选值为 $(0,1,0)$, $(0,0,1)$, $(0,-1,0)$, $(0,0,-1)$

令 $v_2' = (0,-1,0)$，则 leftCrank 零件的旋转矩阵 A 计算如下：

$$v_1 A = v_1', \quad v_2 A = v_2', \quad (v_1 \times v_2)A = (v_1' \times v_2')A$$

$$\Rightarrow A = \begin{pmatrix} 0 & 0 & 1 \\ 0 & -1 & 0 \\ 1 & 0 & 0 \end{pmatrix}$$

因此，leftCrank.bottom 的局部坐标与全局坐标分别为 $(0,0,0)$ 和 $(0,0,0.4)$，leftCrank 零件的转换数据如下，其余零件的转换数据可类似求得，此处不再累述。

$$x' = xA = (1,0,0) A = (1,0,0), \quad z' = zA = (0,0,1) A = (1,0,0), \quad ori' = (0,0,0)$$

3. 装配体模型生成

根据图 11-17 中的模板，装配体模型最终结构如图 11-28 所示，针对 outputShaft 零件，其关联定义如图 11-28(b) 所示，其中，包含了图 11-16 中的关联子结构的 EXPRESS 实体。图 11-28(b) 中的 "#1010"、"#945" 和 "#946" 为该零件的转换数据。该装配体的 STEP 文件在 STPViewer 工具下的结果如图 11-19 所示。

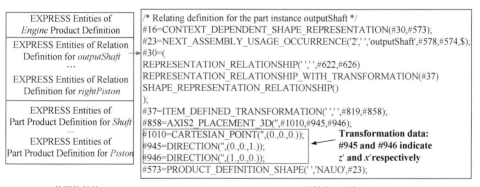

(a) 装配体结构　　　　　　　　(b) outputShaft 零件的关联定义

图 11-28　发动机装配体结构

11.6　小　　结

本章提出了一种基于系统设计模型的初始 CAD 模型生成方法，可减少系统

设计与详细层设计鸿沟，该方法利用基本几何形状表示构件的抽象形状。借助于零件的接口特征，不同零件可通过空间约束相互关联，形成系统结构的空间布局。基于系统建模元模型和 EXPRESS 元模型，利用 TGG 模型转换方法实现模型转换。目标模型不依赖于特定 CAD 平台，维护了系统元模型的稳定性。通过基于模板的初始 CAD 模型生成方法，详细设计人员可开始后续设计过程。

　　然而，SysML 建模也存在不足，如缺乏三维建模环境。这将影响系统建模的直观性。缺乏系统布局的直观展示可能给零件接口特征定义带来不便。此外，为了便于约束定义，零件需定义尽可能多的接口特征。例如，针对 Block 类型的零件，其每个面均可能与其他零件接触，需为每个面单独定义接口特征。而直观性的缺乏可能给接口特征的区分带来困难。因此，在系统早期设计阶段，融合三维建模环境的系统建模工具对设计人员理解系统架构，设计合理的系统布局很有帮助。目前，由于 SysML 建模平台均不提供三维建模功能，一种可行的办法是尽可能使用简单形状来表示系统构件。此外，由于 STEP AP203 标准的局限性，方法仅表示系统的几何信息，没有考虑如何表示系统设计意图。

第12章 模型驱动的系统设计与系统优化集成

12.1 引　　言

如前面所述，近年来 MBSE 思想逐渐被广大的机电系统设计人员所接受和应用[62,86]，同时在标准系统建模语言 SysML 的帮助下，机电系统产品可以通过基于图表模型的表示来描述它的需求分析过程、架构设计过程和行为分析过程等。为了验证系统设计结果，研究人员在系统设计与仿真集成方面已开展了相关工作，根据系统仿真的反馈结果系统设计人员能够比较和查看系统的动态行为，进而判断早期给定的系统需求是否得到满足。然而，仅仅使用基于仿真的验证结果来获得一个最优的系统设计方案是一项非常烦琐且意义不是很大的工作[87]。

在现代机电系统设计过程中系统优化过程扮演着重要的角色，在很大程度上它能改善设计的整体方案并减少设计成本[88,89]。就目前的相关研究而言，尽管已有一些研究人员开展了机电系统设计与系统优化方面的研究，然而还存在着诸多不足，主要有：①在构建机电系统设计与优化集成的过程中缺乏一个完整且兼容性强的表示方法；②对于真实的机电产品设计方案而言，工程语义信息具有非常大的价值，但在集成的过程中，目前还缺乏对于工程语义信息的表示和利用的有效方案；③尽管已经有如此多成熟的优化方法，但对于一个给定的机电系统设计方案，如何找出一个最合适的优化方法依然没有一个很好的解决办法。

在实现机电系统设计与优化集成过程的细节方面，就目前的研究而言，在系统早期的设计模型、用于数值求解的优化模型和优化算法之间实现高效的信息传输依然是一个未有效解决的问题。为了支持在机电产品系统设计过程需要时自动实现系统优化功能，需要解决两个主要问题：第一，构建系统优化模型时优化模型需要的相关元素能够自动从系统设计模型中识别和抽取；第二，对于一个特定的优化问题如何有效且高效地找到可行的优化方法。另外，还需要建立系统设计模型中的参数与优化模型中的变量之间的相关性。

针对上述问题，本章使用 MOF 和 SysML 的扩展方式，提出基于模式的系统设计和系统优化过程的集成方法，包括一种基于 SysML 的优化扩展方法，其目标是形式化优化问题和优化方法的定义。另外，通过对已有优化问题及其优化方法的模式化表达与存储，提出一种基于语义相似度的方法，从而为特定的优化问题自动找到一个可行的优化方法[90-93]。

12.2　基于模式的系统设计与优化集成平台介绍

12.2.1　模式

对于模式(pattern)的定义，在不同的上下文语境中有着一定的差异。这里，模式的作用是用来集成地表示机电系统设计问题及其相关的优化解决方案。如图 12-1 所示，一个模式包含四个部分，即基本信息、问题描述、解决方案描述和效应。

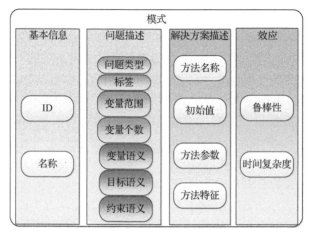

图 12-1　模式的结构和定义

基本信息(basic information)部分主要涉及一些基本的描述信息，包括模式 ID 和模式名称，两者均为文本表示。模式 ID 使用一个唯一的值用于区分不同的模式。对于模式的名称理论上它可以由任意字符如数字和字母构成，然而为了表明它的意义，这里使用与之关联的优化问题和优化方法名字缩写的组合。

问题描述(problem description)部分用于描述优化问题。此部分主要包含两个方面，一方面的目的是描述优化模型的结构，相关字段有问题类型、标签、变量边界和变量的数量。变量边界字段对于设计变量设置其边界约束，用于约束其探索的设计空间范围。标签字段目的是使用一系列数字记录优化模型的特性，同时标签信息也确定了优化问题的类型。这些字段的主要功能是确定优化问题的类型，有关这些字段基于 SysML 的详细定义可以参照后续小节。另一方面是用于描述优化模型的语义信息，字段包括优化变量语义、优化目标语义和约束条件语义信息。机电系统的语义信息用于更加详细地描述优化问题，因而对于一个给定的优化问题，支持以检索的方式构建出相似模式。本书对机电系统使用扩展的本体表示工程语义。

　　解决方案描述(solution description)部分用于描述针对一个系统设计问题可能的优化方法。每个模式中使用了许多相关字段描述一个优化方法的相关信息，该方法为同一个模式中对应优化问题所选择的，字段包括方法名称、初始值、方法参数和方法特征。初始值字段用于记录优化问题中的变量初始值，而方法参数用于记录优化算法中参数的配置。它们是一个算法的主要特性并且不同的参数配置对于求解的最终结果有着巨大的影响。方法特征字段用于描述一个算法的主要特征，主要指合适的优化问题的规模尺度和关注的优化变量的数量。对于拥有不同优化变量的优化问题选择的优化算法也不一样。例如，牛顿(Newton)法对于求解优化变量比较少的问题结果比较好。为了定性地衡量优化问题的尺度，优化变量的尺度大致分为三种：小(1~4 个优化变量)、中(5~15 个优化变量)和大(优化变量超过 15 个)。当在选择一个恰当的模式时，该字段能够给出非常不错的建议。

　　同时最优化的标准选择对于优化方法而言也是非常重要的，此处主要考虑三个准则。

　　准则 1：两次迭代期间连续地包含优化变量的向量差别足够小，即

$$\|X^{(k+1)} - X^k\|_p \leqslant \varepsilon \tag{12-1}$$

　　准则 2：两次迭代期间连续地包含优化目标函数的向量差距足够小，即

$$\|f(X^{(k+1)}) - f(X^k)\|_p \leqslant \varepsilon \tag{12-2}$$

　　准则 3：对于无约束优化问题连续且可微的目标函数是一个一阶方程，其梯度值逼近于 0，即

$$\|f(X^k)\|_p \leqslant \varepsilon \tag{12-3}$$

　　在上述公式中，X 是优化变量向量，k 表示迭代次数，p 表示范式阶数，ε 表示限定阈值，$f(X)$ 表示对应优化变量向量函数值。另外，对于所有的启发式优化算法而言，需要配置最大迭代次数。

　　效应部分(effect)用于记录模式中优化方法在求解对应问题时的计算性能和结果质量。当一个优化算法求解完给定优化问题后会相应得到一个性能指示器值。为了定性和定量评价性能需要考虑如下两个特定方面：①鲁棒性，即考虑一个优化方法对于具有不同语义信息优化问题求解结果的影响，对于优化问题参数的配置，鲁棒性指示器在某些区间值为真，而在其他区间为假；②计算复杂度，即考虑优化算法的计算时间代价。

12.2.2　基于模式的集成方法流程

　　在本章提出的方法中定义了一组相关的 SysML 扩展版型，利用 SysML 的扩

展工具对第三方分析模型和工具的扩展将变得十分容易实现。同时，由于利用了扩展的语义信息和模式机制，能高效智能地实现系统设计与系统优化的集成。具体的集成方法流程如图 12-2 所示。由图可知，主要包括以下 4 个步骤。

(1) 构造优化问题模型。为了自动构造系统优化问题模型，先抽取定义在系统设计模型中所有的设计变量和约束，接着通过设计人员确定优化目标和额外的约束自动构建优化问题模型。本章中通过定义好的优化问题扩展版型能够显式地描述优化目标和约束所属的类型，对于优化问题中的语义信息确定过程也是在这一步完成的。

(2) 选择优化方法。通过重用已存在的优化问题模式中的相关知识为给定的优化问题确定一个可行的优化方法。具体方法是在所有反馈的可行模式集合里，通过相似度值和其性能等选择一个最合适的算法。

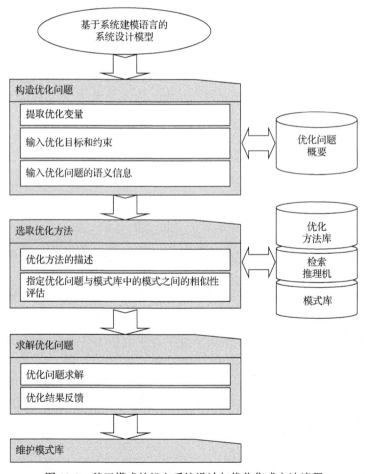

图 12-2　基于模式的机电系统设计与优化集成方法流程

(3) 求解优化问题。将选取的优化算法应用于给定的优化问题进行求解，并将优化结果反馈到系统设计模型中，帮助设计人员做出决策。

(4) 维护模式库。这一步包含创建新的模式和将这些模式插入到模式库中。

对于一个真实的工程设计问题，系统设计和优化过程将十分复杂，前述的流程步骤可能需要迭代反复执行多次。同时设计人员在设计过程中通常要动态地改变设计参数，使得优化模型能够灵活地交互调整。

12.3　系统概念设计阶段的优化问题形式化

为了支持机电系统设计过程中基于模式的系统优化自动集成功能，首先需要利用在元模型层 SysML 扩展机制定义优化问题相关语义。通常来说对于特定的应用有两种方法扩展 SysML，即重量型方法和轻量型方法。前者对于 SysML 将创建新的构造类型，而后者通过在 SysML 已有的构造类型基础上定义新的构造类型。本章使用后者的方法，因为在已有的 MBSE 工具中比较容易实现，且无须花大量的精力开发新的工具用以支持新定义的构造类型。

12.3.1　基于 SysML 的优化问题扩展包

前面提到一个典型标准的优化模型中包含三类基本元素，即优化目标、优化约束和优化变量。为了实现系统设计与系统优化的自动集成，对于每种优化元素类型都需要表示其对应的语义信息。本节提出的基于 SysML 扩展版型规范优化问题的语义信息和每种构造类型所表示的意义，如表 12-1 所示。本质上此扩展版型给出一种优化问题语义信息的表示方法。在用户给出了优化约束和优化目标并且优化变量从系统设计模型中抽取完成后，一个完整的优化问题模型可以基于此扩展版型利用显式语义信息定义出来。

表 12-1　定义优化问题模型扩展版型中的构造类型

构造类型	语义
《OptimizationVariable》	优化变量
《OptimizationObjective》	优化目标
《LinearEqualConstraint》	线性等式约束
《LinearInEqualConstraint》	线性不等式约束
《NonLinearEqualConstraint》	非线性等式约束
《NonLinearInEqualConstraint》	非线性不等式约束
《InitialValue》	初始值

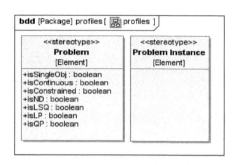

图 12-3 用于定义优化问题构造类型的
信息结构

为了让优化问题能自动智能地选择优化方法，需要基于与优化问题相关的元素规范对其进行更加详细的描述。为了实现这个目标，基于 SysML 定义了构造型《Problem》与《ProblemInstance》，分别表示优化问题及相关优化实例。这两个新定义构造类型的信息结构如图 12-3 所示。

根据 MOF 规范，构造类型属于元模型层，支持在模型层上规范模型元素的基本信息。定义的构造类型用于模型层，即设计优化问题的规范那一层。构造类型《Problem》包括七个构造属性，即 isContinuous、isSingleObj、isConstrained、isLP、isQP、isLSQ 和 isND。表 12-2 给出了这些属性的具体含义，其类型为布尔型(boolean)并且这些属性的组合对优化问题给出了一个清晰而完整的分类。基于这些属性值就可以容易地识别一个优化问题的类型。图 12-4 显示了两个确定优化问题类型的例子(灰色模块)，第一个例子连续(isContinuous)和带约束(isConstrained)这两个属性值为真，而其他属性值为假，用一个向量表示，其编码为[1, 0, 1, 0, 0, 0, 0]，包含虚线箭头方向的路径显示了其类型决策过程并且叶子节点显示了其最终结果；第二个例子为"线性规划"模块，在这个例子中虚线箭头描述的路径为 isContinuous、isSingleObj、isConstrained 和 isLP 均为真，故而其编码为[1, 1, 1, 1, 0, 0, 0]。

表 12-2 构造性属性含义

属性	含义
isSingleObj	是否为单目标或多目标优化问题
isContinuous	是否为离散或连续问题
isConstrained	是否为带约束问题
isND	是否为不可微分问题
isLSQ	是否为线性二次问题
isLP	是否为线性规划问题
isQP	是否为二次规划问题

为了进一步阐释这部分和后面章节定义的构造类型，此处选用一个倒立摆作为例子进行说明，如图 12-5 所示，它是一个简单但非常经典全面的机电产品。为了保持摆的平衡，通过使用一个小车在水平方向上来回移动进行控制。对于此真

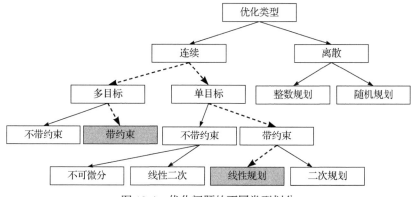

图 12-4　优化问题的不同类型划分

实机电系统主要追求两个目标:控制的精度和电机能量的消耗,故属性 isSingleObj 为假。杆的长度和电机电压两个连续参数将作为设计变量,故属性 isContinuous 为真。同时还需要考虑两个约束条件,即电池容量限制和倒立摆保持动态平衡,故属性 isConstrained 为真。剩余的四个属性值均为假。因此,构造了一个带约束的连续多目标优化问题,其对应的属性标签值为[1, 0,1, 0, 0, 0, 0]。

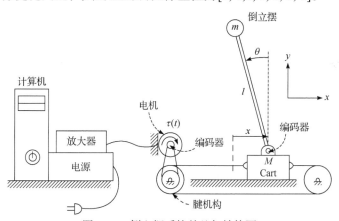

图 12-5　倒立摆系统的几何结构图

12.3.2　复杂系统的语义信息详述

在模式中机电系统的语义描述对于选择一个高效可行的优化算法非常重要。为此,本章通过扩展一般的优化本体,提出一种基于本体的机电系统语义描述方法。

首先扩展了优化本体中的基本元素。本章的目的并不是开发一个完整的机电系统语义。表 12-3 列举出了部分与机电相关的优化模型类,需要注意的是相同的项可以根据实际的需要应用在优化变量、优化目标和约束任意类型上。从表 12-3 可以看出与机电相关的语义信息大致可以分为四个大类：机械运动学(mechanism kinematics)、机械动力学(mechanism dynamics)、动态特性(dynamical performance)及结构与形状参数(structure & shape parameter)。对于每种不同类型定义了许多不同的项用于进一步区分机电系统语义，每一项有一个对应的编号。

表 12-3　用于扩展优化问题的机电语义

编号	类型（type）	条目（item）
1	mechanism kinematics	运动误差（motion error）
2		速度（velocity）
3		加速度（acceleration）
4		角速度（angular velocity）
5		角加速度（angular acceleration）
6	mechanism dynamics	力（force）
7		力矩（torque）
8		功率（power）
9		能量（energy）
10		惯性（inertia）
11		质量（mass）
12		失衡（unbalance）
13	dynamical performance	响应速度（response speed）
14		响应加速度（response acceleration）
15		过冲（overshoot）
16		稳态误差（steady-state error）
17		调整时间（adjustment time）
18		上升时间（rise time）
19	structure & shape parameter	质量（mass）
20		应力（stress）
21		应力集中系数（stress concentration factor）
22		结构参数（structure parameter）

为了描述优化问题的语义，首先需要对其进行定义，优化问题的语义由三个部分组成，即优化变量(varSem)、优化约束(conSem)和优化目标(objSem)，这三个字段的结构是相同的。以 conSem 为例其包含两个部分，即类型部分和条目部分，如图 12-6 所示。类型部分是一个由四元数组表示的向量，每个组件分别表示属于类型 mechanism kinematics、mechanism dynamics、dynamical performance 和 structure & shape parameter 的约束数量，在这个例子中上述约束的数目分别是 0、1、1 和 0，它们用于后续的相关系数(correlation coefficient，CC)计算。

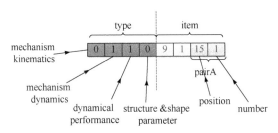

图 12-6　一个模式中的约束语义示例

对于条目这一部分在数据结构上采用<属性-值>对的方式表示,尽管在表 12-3 中定义了 22 个条目，但是对于一个给定优化问题可能仅仅涉及其中的一部分，这样的存储方式能够节省空间，存储效率高。以倒立摆为例，不失一般性，对于一个标准的约束优化问题，除了前面提到的两个目标，还需要考虑两个设计变量，即杆长度和电机的电压，两个约束条件，即电池容量限制和保持倒立摆动态平衡。在给定优化问题中对于每个元素根据其物理含义，两个目标 objSem 的条目分别是类型 dynamical performance 中的 steady-state error 和类型 mechanism dynamics 中的 energy。两个优化变量 varSem 所归属的条目分别为类型 structure & shape parameter 中的 structure parameter 和类型 mechanism dynamics 中的 power。两个约束条件 conSem 所属的条目分别为类型 mechanism dynamics 中的 energy 和类型 dynamical performance 中的 overshoot。图 12-6 显示了给定的倒立摆系统优化问题在一个模式中两个约束语义的表示格式。

12.3.3　优化问题构造

为了将系统优化功能集成于机电系统设计过程，需要基于系统设计模型将优化问题进行形式化。对于一个给定的优化问题，其形式化过程描述如下。

(1) 抽取系统组件里的模型模块，这些系统模型模块包含形式化一个优化问题所需要的语义信息，获取这些组件的属性，接着将抽取的设计信息转换到优化过程中。另外，如果在系统设计模型中有定义好的系统约束条件，那么也同时抽取。

(2) 从多样的系统组件中根据特定的设计优化需求选择合适的属性作为系统优化变量。

(3) 基于已选定的优化变量确定优化目标和优化约束条件，包括基于机电系统的物理原理的规范化线性和非线性约束。同时根据优化目标和约束条件唯一地确定优化问题的类型。

(4) 使用表 12-1 中的语义信息根据抽取的设计信息确定机电系统的语义。根据步骤(3)自动抽取相关优化元素，对于每种类型首先确定其类型，然后根据选定的类型确定相应的条目。

(5) 在包含所有的优化变量的向量中初始化此优化问题的初始状态。在某些案例中会给出缺省值，因此，此步骤可以忽略。

12.4　优化方法

12.4.1　优化方法的描述

图 12-7 显示了基于 SysML 表示的优化方法扩展版型。优化方法规范包含五个条目，即方法名字、方法 ID、输入、参数和结果，其中"输入"表示一个输入模型，"参数"表示参数模型，"结果"表示返回模型。这里输入模型定义了优化问题模型的输入规范，规范的类型为集合(set)。返回模型反映了一个优化方法的返回规范，同时还定义了一些特定的条目，如结果名字、结果类型、错误名字和错误类型。错误类型对于一个优化方法而言是一个标识，用于指明特定的信息如警告。

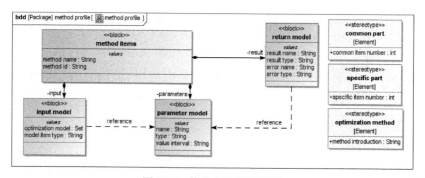

图 12-7　优化方法扩展版型

参数模型定义了一个特定优化方法的参数规范，包括三个字段：名字、类型和值区间。其中，一个参数的值区间可以是一个区间或者是一个具体的数值。在输入模型和返回模型中引用了参数模型，故而在这些模型中的参数能够形式化地定义。

这里定义的不同构造类型用于表达不同方法之间的关系，构造类型中的共同部分用于记录共同条目的属性，即在不同方法中相同的属性。类似地，构造类型的特定部分用于记录每个条目的特定属性。

图 12-8 显示了用于参数定义的数据类型。GeneralForm 与基本类型 String 关联并且 Vector 类型和 Matrix 类型将继承它，这意味着它本质上是一个 String 并且能够扩展为多种不同的形式。一个参数的类型可以为向量(vector)或者矩阵(matrix)，根据参数被定义所在的特定的问题。

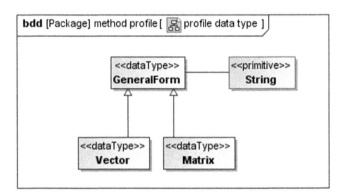

图 12-8　用于优化方法定义的数据类型

12.4.2　优化方法的确定流程

为了给待优化问题找到合适的优化方法，需要在模式库中找到是否有相同类型与相似语义的模式。在检索过程完成之后，检索出的多个模式将根据语义值大小进行排序，设计人员根据排序结果综合其他信息选择一个可行且比较合适的模式，并最终利用模式中的优化方法求解给定的优化问题。整个模式检索流程如图 12-9 所示，详述如下。

(1) 对于给定优化问题确定其类型。

(2) 比较给定优化问题和当前模式的类型，如果相同，那么认为当前模式是一个可行模式并执行步骤(3)。如果找不到合适的可行模式，那么设计人员根据他们的经验选择优化方法。同时，将会创建一个新的模式并增加到模式库中。

(3) 计算给定优化问题和可行模式之间的语义相似度，详细的计算过程如12.4.3 节介绍。

(4) 对于模式库中的每个可行模式重复步骤(2)和步骤(3)并根据它们 SemSim 值对可行模式集合进行排序。此过程的输出为根据 SemSim 值进行排序了的一组可行模式。

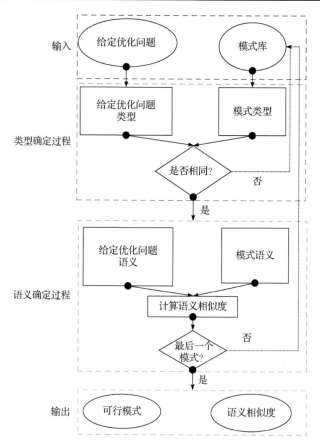

图 12-9　基于语义相似的模式检索流程

12.4.3　优化方法检索过程中相似性评价

对于一个给定优化问题选择一个可行且比较合适的优化方法非常重要。为了解决这个问题，本章方法中需要执行两个主要步骤：第一，从模式库中检索出一个模式集合，这个模式集合中的模式的类型与给定优化问题一致；第二，计算模式集合中每个模式与给定问题之间的语义相似度。本节以模式集合中的一个模式作为例子来介绍语义相似度(SemSim)的计算过程。它问题描述的部分与倒立摆系统类似并且与给定优化问题的类型相同。给定优化问题与选定的模式之间的不同之处在于后者多一个优化变量(小车的质量，其语义为类型 mechanism dynamics 中的质量)和多一个约束条件(小车的速度限制，其语义为类型 mechanism kinematics 中的速度 velocity)。本节中采用了基于本体的语义相似度计算方式[94]。

SemSim 的计算过程包括两个部分：相关系数(CC)和相同部分系数(common part coefficient，CPC)。前者主要反映两个部分的相关程度而后者直观地反映它们之间的相似度。CC 的计算过程是基于语义信息的类型，而 CPC 的计算过程是基于表 12-3 中描述的语义信息的条目，它们的计算方法如下所示。

1) CC 的计算

如前面所述，模式的存储结构中保存了优化变量、优化约束和优化目标的类型，是一个四元组数字向量。每个组件表示类型 mechanism kinematics、mechanism dynamics、dynamical performance 和 structure & shape parameter 约束的数量。因此，对于给定倒立摆优化问题，向量长度为 12，如图 12-10 的上半部分所示。给定问题中包含两个优化变量，四个变量的语义类型 mechanism kinematics、mechanism dynamics、dynamical performance 和 structure & shape parameter 的数量分别为 0,1,0,1。类似地，优化目标和约束条件的不同语义的数量也可以使用这个结构表示。同时图 12-10 的下半部分显示了用于比较的模式语义向量。

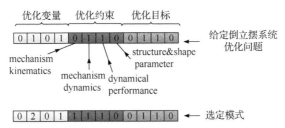

图 12-10　用于计算 CC 的语义信息示例

对于给定的两个向量 X 和 Y(X 表示给定倒立摆系统优化问题的语义，Y 表示选定模式中的语义)，CC 使用如下公式计算：

$$CC = \frac{\sum_{i=1}^{N}(X_i - \overline{X})(Y_i - \overline{Y})}{\sqrt{\sum_{i=1}^{N}(X_i - \overline{X})^2}\sqrt{\sum_{i=1}^{N}(Y_i - \overline{Y})^2}} \tag{12-4}$$

式中，N 为向量 X 和 Y 的长度；$\overline{X}$ 和 $\overline{Y}$ 分别为 X 和 Y 的均值。很明显 CC 的值位于区间[−1,1]内。CC 值越大，说明 X 和 Y 越相关，因而它们的语义越相似[95,96]。

根据式(12-4)计算倒立摆优化问题与选定模式的 CC 值，为 0.72，这个结果表明它们之间是比较相关的。

2) CPC 的计算

表 12-3 中每种类型包含多个条目，例如，对于类型 mechanism kinematics 包括的项有 motion error、velocity、acceleration、angular velocity 和 angular acceleration。与 CC 相类似，假设向量 X 与 Y 分别表示给定优化问题和选定模式的语义信息，CPC 计算方法如下：

$$\mathrm{CPC} = \frac{\mathrm{CT}(X,Y)}{\mathrm{TT}(X,Y)} \tag{12-5}$$

式中，$\mathrm{CT}(X,Y)$ 表示向量 X 和 Y 相同条目的数目；$\mathrm{TT}(X,Y)$ 表示两个向量所包含的项总和。此度量标准用于强调语义中条目的部分并且能够直观地反映两个向量具有相同条目的百分比。与 CC 不同的是，CPC 在更细的粒度上展现了两个向量的相似性。并且可以看到其计算过程非常简单且高效。在 CC 和 CPC 计算之后，SemSim 定义为 CC 和 CPC 之和。对于检索得到的每个可行模式均可以计算其对应的 SemSim 值，故而能得到一个 SemSim 值集合。最后将 SemSim 集合中的值标准化并依据其值大小降序排列。

12.4.4　优化问题求解

在获得一组可行模式集后，将根据 SemSim 值和优化性能选择一个合适的模式，其中包含的对应优化方法将用于求解给定的优化问题。具体用于求解给定优化问题的步骤如下：

(1) 确定选定优化方法参数的初始值；

(2) 确定给定优化问题的初始状态；

(3) 运行外部优化算法并获得优化求解结果，再基于优化求解结果更新系统设计模型中的设计参数。

在使用特定优化算法求解完成一个优化问题后，需要更新和维护模式库。如果在模式库中不存在给定优化问题的合适可行模式，那么由设计人员依据其经验选择一个合适的优化算法或设计合适优化算法，并将其与优化问题结合形成一个新的模式并加入到模式库中。

12.5　案　例　分　析

基于 MagicDraw 16.5 MBSE 建模平台、MATLAB 优化算法库和 MySQL 数据库软件对本章提出的算法进行了实现。特别地，MagieDraw 建模软件的 API 用于实现扩展版型的建立、参数提取、交互界面等，MATLAB 用于实现优化算法，MySQL 数据库管理系统用于存储模式库。

12.5.1　系统设计与系统优化集成实例

本节使用无级变速器(continuously variable transmission, CVT)[97]来测试本章提出的方法。CVT 的变速比在一个给定的范围内会连续性地改变，故而产生光滑的输出。这个齿轮条式的 CVT 由许多传统的机械部件组成，如主动齿轮、凸轮盘、两对齿条和两个滑块。当输入传动轴与输出传动轴之间的距离发生改变时，CVT 将会改变其传动比。此距离称为偏移(offset)，使用 e 表示。在 CVT 内部集成了一种偏移机制。图 12-11 显示了本章例子 CVT 原型。

图 12-11　CVT 原型图

CVT 动态模型包含的状态变量为

$$x_1 = \dot{\theta}, x_2 = i, x_3 = e, x_4 = \dot{e}$$

式中，θ 表示齿轮开角，i 是齿轮数量，e 表示偏移距离。控制信号为

$$u(t) = -p_5(x_{\text{ref}} - x_1) - p_6 \int_0^t (x_{\text{ref}} - x_1)\mathrm{d}t$$

式中，x_{ref} 是相对偏移量。优化变量组成的向量为

$$p = [p_1, p_2, p_3, p_4, p_5, p_6]^{\text{T}} = [N, m, h, e_{\text{max}}, K_P, K_I]^{\text{T}}$$

式中，N 为齿轮的数量，m 为其模数，h 为面的宽度，e_{max} 为轴之间的最大偏移距离。采用了一个 PI 控制器用于控制此 CVT 系统，此控制器需要两个控制参数，即 K_P 和 K_I。

12.5.2　实例的系统设计模型

在系统建模过程中需要建立所有用于系统优化相关的组件。图 12-12 显示了使用 SysML 模块图建立 CVT 机电系统的模型图，其包含许多部分属性(图 12-12 中的小模块)和值属性。CVT 系统中的部分值属性对应于许多优化变量，同时一些基本的约束在 CVT 系统模型中直接给出，如几何约束使用数学方程表达 (图 12-12)。这些表达出的约束将会被抽取并图形化地显示。对于一些形式非常复杂的约束条件，如描述系统动态行为的约束，则通过图形用户界面交互地进行规范化。两个值属性，即 energy 和 error，由于特定的优化需求也包含在此测试实例中，后续将作为优化目标变量。

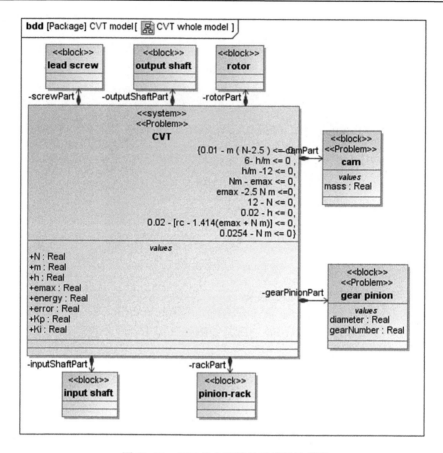

图 12-12　CVT 机电系统的系统结构模型

12.5.3　基于模式的优化问题求解

基于上述步骤得到的优化结果，如图 12-13～图 12-16 所示。图 12-13 给出了系统设计模型不同的优化初始值。图 12-14 为求解给定优化问题之前的模式库中所包含的模式。图 12-15 为在利用本章方法执行一系列步骤后得到的优化实例设计结果值。图 12-16 为求解优化问题后模式库中更新的模式。

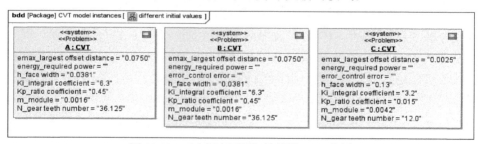

图 12-13　三个拥有不同初始值的 CVT 实例

id	name	problem	tag	varBoundary	numberOfVar	varSem	objSem	conSem	method	varInitValue	methodFeature	methodPara	effect
1	LP_LargeM	LP	1111000	[0 20]	2	100121181	010071	02108191111	LargeM	12 0.00423	Small	[]	True 21.3
2	QP_lAGRANGE	QP	1110100	[0 20]	2	101001131	1011 2131 1..	101101101171	Lagrange	12 0.00423	Small	[]	True 86.9
3	MO_SMPSO	MO	1010000	[0 50]	4	11110161111191	101061141	35230111217..	SMPSO	36.125 0.0016 0.0381 0.075	Small	[swarmSize refSet1Size refEv..	True 102.5
4	MO_AbYSS	MO	1010000	[0 50]	5	1112213181118191	011071121	44140113217..	AbYSS	34.7 0.0012 0.016 0.045..	Middle	[swarmSize refSet1Size refEv..	True 156.8
5	UNC_PatternSearch	UNC	1100000	[0 50]	2	2010121311	010071	0000	PatternSearch	36.125 0.0016	Small	[delta gama sita] [(0.2 0.2) 1..	True 126.5
6	UNC_Powell	UNC	1100000	[0 50]	2	010181181	010071	0000	Powell	36.125 0.0016	Small	[p] [(-1 1 1) -2 0 -3)]	True 130.4
7	LP_LPSimplex	LP	1111000	[0 50]	3	101121151191	010071	12101192121	LPSimplex	34.7 0.0012	Small	[]	True 110.5
8	MO_MOEA	MO	1010000	[0 50]	4	2110228121	011071121	62140213217..	MOEA	36.125 0.0016 0.0381 0.075	Small	[swarmSize maxEvaluations] [1..	True 203.5
9	MO_PAES	MO	1010000	[0 20]	4	211122812118 1	001112118 1	33120211617..	PAES	12 0.00423 0.13 0.0025 0..	Small	[swarmSize archiveSize biSect..	True 506.4
⋮													
94	UNC_PatternSearc..	UNC	1100000	[10 40]	2	00114191	010091	0000	Pattern	12 24	Small	[delta gama sita] [(0.2 0.2) 1..	True 100.5
95	LP_LPsimplex11	LP	1111000	[-10 100]	3	11102181151	001081	12011181151	LPSimplex	-2 15 3.25	Small	[]	True 125.6
96	MO_MOEA10	MO	1010000	[-50 50]	7	2122315112132152	0110 2181	32101121417..	MOEA	-10 2 5 4.3 -1 32 14	Middle	[swarmSize archiveSize biSect..	True 524.6
97	MO_PAES10	MO	1010000	[-20 50]	6	11221315162131	101021111	23111131627..	PAES	2.3 5.4 3.5 12.45 -8.5 24.1	Middle	[swarmSize archiveSize biSect..	True 653.2
98	CON_OuterPointPe..	CON	1110000	[-10 50]	3	11105110115 1	100051	24101151628..	OuterPointPe..	-2.5 10 5 6.98	Small	[u v] [9 0.5]	True 256.3
99	MO_NSGAII10	MO	1010000	[-50 50]	4	11112151811 41	100151101	31012210116 1	NSGAII	-10 2.5 6.526 23.45	Small	[swarmSize maxEvaluations] [1..	True 365.4
100	MO_NSGAII11	MO	1010000	[-50 50]	5	11201151272	100121151	22105116181 92	NSGAII	-10.2 2.5 6.45 14.25 6.35	Middle	[swarmSize maxEvaluations]..	True 253.45
101	LP_LargeM8	LP	1111000	[-10 50]	2	210011415181	010041	1020217191	LargeM	-1.2 10 13.12	Small	[]	True 36.51
102	MO_SMPSO10	MO	1010000	[-10 50]	16	56231123527293142..	10105191	32132152721 0..	SMPSO	1.2 2.4 -1.2 30.5 2.1 26..	Large	[swarmSize archiveSize maxEv..	True 562.25

图 12-14　模式库中的模式示例

图 12-15　更新后的优化结果

id	name	problem	tag	varBoundary	numberOfVar	varSem	objSem	conSem	method	varInitValue	methodFeature	methodPara	effect
1	LP_LargeM	LP	1111000	[0 20]	2	100121181	010071	02108191111	LargeM	12 0.00423	Small	[]	True 21.3
2	QP_lAGRANGE	QP	1110100	[0 20]	2	101001131	1011 2131 1..	101101101171	Lagrange	12 0.00423	Small	[]	True 86.9
3	MO_SMPSO	MO	1010000	[0 50]	4	11110161111191	101061141	35230111217..	SMPSO	36.125 0.0016 0.0381 0.075	Small	[swarmSize archiveSize maxEv..	True 102.5
4	MO_AbYSS	MO	1010000	[0 50]	5	11122131811181191	011071121	44140113217..	AbYSS	34.7 0.0012 0.016 0.045..	Middle	[swarmSize refSet1Size refSet..	True 156.8
5	UNC_PatternSearch	UNC	1100000	[0 50]	2	2010121311	010071	0000	PatternSearch	36.125 0.0016	Small	[delta gama sita] [(0.2 0.2) 1..	True 126.5
6	UNC_Powell	UNC	1100000	[0 50]	2	010181181	010071	0000	Powell	36.125 0.0016	Small	[p] [(-1 1 1) -2 0 -3)]	True 130.4
7	LP_LPSimplex	LP	1111000	[0 50]	3	101121151191	010071	12101192121	LPSimplex	34.7 0.0012	Small	[]	True 110.5
8	MO_MOEA	MO	1010000	[0 50]	4	2110228121	011071121	62140213217..	MOEA	36.125 0.0016 0.0381 0.075	Small	[swarmSize maxEvaluations] [1..	True 203.5
9	MO_PAES	MO	1010000	[0 20]	4	211122812118 1	001112118 1	33120211617..	PAES	12 0.00423 0.13 0.0025 0..	Small	[swarmSize archiveSize biSect..	True 506.4
⋮													
94	UNC_PatternSearc..	UNC	1100000	[10 40]	2	00114191	010091	0000	Pattern	12 24	Small	[delta gama sita] [(0.2 0.2) 1..	True 100.5
95	LP_LPsimplex11	LP	1111000	[-10 100]	3	11102181151	001081	12011181151	LPSimplex	-2 15 3.25	Small	[]	True 125.6
96	MO_MOEA10	MO	1010000	[-50 50]	7	2122315112132152	0110 2181	32101121417..	MOEA	-10 2 5 4.3 -1 32 14	Middle	[swarmSize archiveSize biSect..	True 524.6
97	MO_PAES10	MO	1010000	[-20 50]	6	11221315162131	101021111	23111131627..	PAES	2.3 5.4 3.5 12.45 -8.5 24.1	Middle	[swarmSize archiveSize biSect..	True 653.2
98	CON_OuterPointPe..	CON	1110000	[-10 50]	3	11105110115 1	100051	24101151628..	OuterPointPe..	-2.5 10 5 6.98	Small	[u v] [9 0.5]	True 256.3
99	MO_NSGAII10	MO	1010000	[-50 50]	4	11112151811 41	100151101	31012210116 1	NSGAII	-10 2.5 6.526 23.45	Small	[swarmSize maxEvaluations] [1..	True 365.4
100	MO_NSGAII11	MO	1010000	[-50 50]	5	12201151272	100121151	22105116181 92	NSGAII	-10.2 2.5 6.45 14.25 6.35	Middle	[swarmSize maxEvaluations]..	True 253.45
101	LP_LargeM8	LP	1111000	[-10 50]	2	210011415181	010041	1020217191	LargeM	-1.2 10 13.12	Small	[]	True 36.51
102	MO_SMPSO10	MO	1010000	[-10 50]	16	56231123527293142..	10105191	32132152721 0..	SMPSO	1.2 2.4 -1.2 30.5 2.1 26..	Large	[swarmSize archiveSize maxEv..	True 562.25
103	CON_InnerPointPe..	CON	1110000	[-10 50]	3	211222812118 2	010071	62140213217..	InnerPointPe..	36.125 0.0016 0.038 0.07..	Small	[u v] [8 0.5]	True 305.8
104	MO_NSGAII12	MO	1010000	[-50 50]	4	12210181911141181	011081141	32260221217..	NSGAII	36.125 0.0016 0.038 0.07..	Middle	[swarmSize maxEvaluations] [1..	True 305.8
105	MO_NSGAII3	MO	1010000	[0 50]	4	122101819131141181	011081141	32260221217..	NSGAII	12 0.00423 0.13 0.0020 0..	Middle	[swarmSize maxEvaluation]..	True 318.9

图 12-16　更新后的模式库

12.6 小　　结

本章中提出了一种在机电产品设计过程中集成优化功能的方法。该方法基于系统建模语言 SysML 及其扩展机制,定义了复杂机电系统优化问题和常用优化算法的扩展版型。并通过模式的定义,捕获与重用理解优化问题和优化方法的选择方面的语义知识,从而支持在系统设计过程中构造优化问题并同时自动调用优化工具进行求解,帮助设计人员更快地进行决策。为支持准确地找出可重用的优化方法,本章提出了一种基于语义相似度评价的方法。通过高效且直观的参数进行度量,既定性地考虑了待优化问题与某个模式之间的大致关系,又定量地评价了两者之间有哪些具体的共同点。无级变速器的工程实例验证了本章提出方法的有效性。

参 考 文 献

[1] 系统工程史. [2024-06-15]. https://baike.baidu.com/item/系统工程史/12649054 [EB/OL].

[2] 恩格斯. 路德维希·费尔巴哈和德国古典哲学的终结[M]. 中共中央马克思恩格斯列宁斯大林著作编译局, 译. 北京:人民出版社, 2018.

[3] 系统工程. [2024-06-15]. https://baike.baidu.com/item/系统工程/5121[EB/OL].

[4] Hoffmann H. Harmony SE: A SysML based systems engineering process[C]// Innovation 2008 Telelogic User Group Conference, Armonk, 2008: 1-25.

[5] IEEE Standard Associations. IEEE Standard for Application and Management of the Systems Engineering Process[S]. IEEE Std 1220-1998:1-84. doi: 10.1109/IEEESTD.1999.88825.

[6] Forsberg K, Mooz H. The relationship of system engineering to the project cycle[C]//Proceedings of the National Council on Systems Engineering Conference, Chattanooga, 1991: 57-65.

[7] Boehm B W. A spiral model of software development and enhancement[J]. Computer, 1988, 21(5): 61-72.

[8] Wymore A W. Model-based Systems Engineering[M]. Boca Raton: CRC Press, 1993.

[9] OMG systems modeling language, version 1.6 [EB/OL]. [2024-06-15]. https://www.omg.org/spec/SysML/1.6/PDF.

[10] Dori D. Object-process language [M]//Object-Process Methodology. Berlin: Springer, 2002.

[11] INCOSE Systems Engineering Vision 2020[R/OL]. [2024-06-15].https://sebokwiki.org/wiki/INCOSE_Systems_Engineering_Vision_2020.

[12] INCOSE Systems Engineering Vision 2025[R/OL]. [2024-06-15].https://sebokwiki.org/wiki/Systems_Engineering_Vision_2025.

[13] Arthurs G. Model-based systems engineering[R]. IBM White Paper, 2008.

[14] McDermott T, DeLaurentis D, Beling P, et al. AI4SE and SE4AI: A research roadmap[J]. Insight , 2020, 23: 8-14.

[15] Jacobson I. Object-Oriented Software Engineering: A Use Case Driven Approach[M]. Boston: Addison-Wesley Professional, 1992.

[16] Delligatti L. SysML 精粹[M]. 侯伯薇, 朱艳兰, 译. 北京: 机械工业出版社, 2015.

[17] OMG. OMG meta object facility (MOF) core specification [S/OL]. [2024-06-15]. https://www.omg.org/spec/MOF/2.5.1/PDF.

[18] Frank U. Domain-Specific Modeling Languages: Requirements Analysis and Design Guidelines [M]. Berlin: Springer, 2013.

[19] Selic B. A systematic approach to domain-specific language design using UML [C]//Proceedings of the 10th IEEE International Symposium on Object and Component-Oriented Real-Time Distributed Computing, New York, 2007: 2-9.

[20] OMG. Object Constraint Language, version 2.4 [EB/OL]. [2024-06-15]. https://www.omg.org/spec/OCL/2.4.

[21] OMG. Semantics of a Foundational Subset for Executable UML Models, version 1.5 [EB/OL]. [2024-06-15]. https://www.omg.org/spec/FUML/1.5.

[22] 彭祺擎, 张海联. 基于模型的载人航天工程需求分析方法[J]. 系统工程与电子技术, 2023,45(11): 3532-3543.

[23] 拉尔森. 载人航天任务分析与设计[M]. 邓宁丰, 张海联,译. 北京: 中国宇航出版社, 2016.

[24] Estefan J A. Survey of model-based systems engineering (MBSE) methodologies[R/OL]. [2024-06-15].https://www.omgsysml.org/MBSE_Methodology_Survey_RevB.pdf.

[25] Sanford F. Adapting UML for an object oriented systems engineering method (OOSEM)[C]// Proceedings of the 10th Annual INCOSE International Symposium, Minneapolis, 2000.

[26] Hoffmann H P. Deploying model-based systems engineering with IBM® rational® solutions for systems and software engineering[C]//Proceedings of the 2012 IEEE/AIAA 31st Digital Avionics Systems Conference, Williamsburg, 2012.

[27] IBM. IBM rational harmony deskbook, version 3.1.2 [EB/OL]. [2024-06-15]. https://www.ibm. com/support/pages/model-based-systems-engineering-rational-rhapsody-and-rational-harmony-systems-engineering-deskbook-312.

[28] Ingham M D, Rasmussen R D, Bennett M B, et al. Generating requirements for complex embedded systems using state analysis[J]. Acta Astronautica, 2006, 58(12): 648-661.

[29] Philippe K. The Rational Unified Process: An Introduction[M]. 3rd ed. Reading: Addison-Wesley Professional, 2003.

[30] Rose C S, Long J E. A concurrent methodology for the system engineering design process[C]// INCOSE International Symposium, San Jose,1994: 226-231.

[31] Dov D. Model-based Systems Engineering with OPM and SysML[M]. New York: Springer, 2016.

[32] Iris R B, Dori D. A reflective meta-model of object-process methodology: The system modeling building blocks[M]// Business Systems Analysis with Ontologies. Hershey: IGI Global, 2005: 130-173.

[33] Weilkiens T. SYSMOD-The Systems Modeling Toolbox-Pragmatic MBSE with SysML[M]. 3rd ed. [S.l.]: MBSE4U, 2023.

[34] Bohm M, Eckert C, Sen C, et al. Thoughts on benchmarking of function modeling: Why and how[J]. Artificial Intelligence for Engineering Design, Analysis and Manufacturing, 2017, 31(4): 393-400.

[35] Deng Y M. Function and behavior representation in conceptual mechanical design[J]. Artificial Intelligence for Engineering Design, Analysis and Manufacturing, 2002, 16(5): 343-362.

[36] Fantoni G, Apreda R, Bonaccorsi A. Functional vector space[C]//Proceedings of the 17th International Conference on Engineering Design, Palo Alto, 2009.

[37] Umeda Y, Tomiyama T, Yoshikawa H. FBS modeling: Modeling scheme of function for conceptual design[C]//Proceedings of the 9th International Workshop on Qualitative Reasoning, Amsterdam, 1995: 271-278.

[38] Vermaas P E, Dorst K. On the conceptual framework of John Gero's FBS-model and the prescriptive aims of design methodology[J]. Design Studies, 2007, 28(2): 133-157.

[39] Gruber T R. A translation approach to portable ontology specifications[J]. Knowledge Acquisition, 1993, 5(2)：199-220.

[40] 袁琳. 面向机电产品概念设计的功能需求分析与自动分解研究[D]. 杭州: 浙江大学, 2018.

[41] Horrocks I, Patel-Schneider P F, Bechhofer S, et al. OWL rules: A proposal and prototype

implementation[J]. Web Semantics Science Services and Agents on the World Wide Web, 2005, 3(1): 23-40.

[42] Yuan L, Liu Y, Sun Z, et al. A hybrid approach for the automation of functional decomposition in conceptual design[J]. Journal of Engineering Design, 2016, 27(4/5/6): 333-360.

[43] Chen Y, Zhao M, Liu Y, et al. A formal functional representation methodology for conceptual design of material-flow processing devices[J]. Artificial Intelligence for Engineering Design, Analysis and Manufacturing, 2016, 30(4): 353-366.

[44] 陈客松, 陈会, 李永松等. 一种自动定时淘米机: 中国, ZL201310414565X[P].2013-12-11.

[45] Ulrich K T, Eppinger S D. Product Design and Development[M]. New York: Irwin McGraw-Hill, 1995.

[46] Cardin M A, Krob D, Lui P C, et al. Complex Systems Design & Management Asia[M]. Cham: Springer, 2015.

[47] Hwang C L, Yoon K. Multiple Attribute Decision Making: Methods and Applications[M]. New York: Springer-Verlag, 1981.

[48] 陈蕊蕊. 基于 SysML 的多域机电产品系统架构建模与校验研究[D]. 杭州: 浙江大学, 2018.

[49] Chen R, Liu Y, Cao Y, et al. ArchME: A SysML-extension for mechatronic system architecture modeling[J]. Artificial Intelligence in Engineering Design, Analysis and Manufacturing. 2018, 32(1): 75-89.

[50] Hirtz J, Stone R B, Mcadams D A, et al. A functional basis for engineering design: Reconciling and evolving previous efforts[J]. Research in Engineering Design, 2002,13(2): 65-82.

[51] Rodenacker W G. Methodisches Konstruieren[M]. Berlin: Springer, 1984.

[52] Miles L D. Techniques of Value Analysis and Engineering[M]. New York: McGraw-Hill, 1972.

[53] Gruber T R. A translation approach to portable ontology specifications[J]. Knowledge Acquisition, 1993, 5(2): 199-220.

[54] Baader F. The Description Logic Handbook: Theory, Implementation and Applications[M]. Cambridge: Cambridge University Press, 2003.

[55] 彭颖红, 胡洁. KBE 技术及其在产品设计中的应用[M]. 上海: 上海交通大学出版社, 2007.

[56] Chen R, Liu Y, Fan H, et al. An integrated approach for automated physical architecture generation and multi-criteria evaluation for complex product design[J]. Journal of Engineering Design, 2019, 30(2/3): 63-101.

[57] Almefelt L. Balancing properties while synthesising a product concept:A method highlighting synergies[C]//Proceedings of the 15th International Conference on Engineering Design, Melbourne, 2005.

[58] Noubarpour D. Enhancing the balancing while synthesizing-process-A method development project[C]//Proceedings of the 21st International Conference on Engineering Design, Vancouver, 2017.

[59] Crawley E, Cameron B, Selva D. System Architecture: Strategy and Product Development for Complex Systems[M]. Hoboken: Prentice Hall Press, 2015.

[60] Ishizaka A. Clusters and pivots for evaluating a large number of alternatives in AHP[J]. Pesquisa Operacional, 2012, 32(1): 87-102.

[61] Hazelrigg G A. A framework for decision-based engineering design[J]. Transactions-American Society of Mechanical Engineers Journal of Mechanical Design, 1998, 120: 653-658.

[62] Michelle B, David H. System design: New product development for mechatronics[R/OL]. [2024-06-15]. https://www.plm.automation.siemens.com/en_us/Images/Aberdeen_Mechatronics%20System%20Design%20Benchmark_nonlogo_Jan08_tcm1023-58217.pdf.

[63] 彭坤, 韩冬, 刘霞, 等. 基于 SysML 和 Modelica 的载人月球探测航天器总体设计与仿真验证[J]. 宇航学报, 2023, 44(9): 1460-1470.

[64] Gu P, Chen Z, Zhang L, et al. X-SEM: A modeling and simulation-based system engineering methodology[J]. Journal of Manufacturing Systems, 2024, 74: 198-221.

[65] Chu C, Yin C, Su S, et al. Synchronous integration method of system and simulation models for mechatronic systems based on SysML[J]. Machines, 2022, 10(10): 864.

[66] Fu C, Liu J, Yu H Y, et al. A visual transformation method of SysML model to modelica model[J]. Journal of Physics: Conference Series, 2020, 1684(1): 012058.

[67] Sakairi T, Palachi E, Cohen C, et al. Model based control system design using SysML, simulink, and computer algebra system[J]. Journal of Control Science and Engineering, 2013(1): 485380.

[68] Wang C, Wan L, Xiong T. CoModel: A modelica-based collaborative design web platform for CPS products[C]// Proceedings of the 2017 International Conference on Mechanical Design, New York, 2017: 317-333.

[69] Cao Y, Liu Y S, Fan H, et al. SysML-based uniform behavior modeling and automated mapping of design and simulation model for complex mechatronics[J]. Computer-Aided Design, 2013, 45(3): 764-776.

[70] Czarnecki K, Helsen S. Feature-based survey of model transformation approaches[J]. IBM Systems Journal, 2006, 45(3): 621-645.

[71] Königs A. Model integration and transformation: A triple graph grammar-based QVT implementation[D]. Darmstadt: Darmstadt University of Technology, 2008.

[72] 曹悦. 基于SysML的多域复杂机电产品系统层建模与仿真集成研究[D]. 杭州: 浙江大学, 2011.

[73] Alur R, Courcoubetis C, Halbwachs N, et al. The algorithmic analysis of hybrid systems[J]. Theoretical Computer Science, 1995, 138(1): 3-34.

[74] International Electrotechnical Commission. IEC 61499-1: Function Blocks-Part 1: Architecture [S/OL]. [2024-06-15]. https://webstore.iec.ch/en/publication/5506.

[75] Amelunxen C, Klar F, Königs A, et al. Metamodel-based tool integration with MOFLON[C]// Proceedings of the 30th International Conference on Software Engineering, Leipzig, 2008: 807-810.

[76] Klar F, Rose S, Schürr A. TiE-A tool integration environment[C]//Proceedings of the 5th ECMDA Traceability Workshop, Enschede, 2009: 39-48.

[77] Komoto H, Tomiyama T. A framework for computer-aided conceptual design and its application to system architecting of mechatronics products [J]. Computer-Aided Design, 2012, 44(10): 931-946.

[78] Horvath I. Methodology for expert-system-based support of conceptual machine design [J]. Engineering Applications of Artificial Intelligence, 1991, 4(6): 425-432.

[79] ISO. ISO 10303-1:2024-Industrial automation systems and integration-Product data representation and exchange[S/OL]. [2024-12-15]. https://www.iso.org/standard/83105.html.

[80] Bajaj M, Zwemer D, Peak R, et al. Satellites to supply chains, energy to finance-SLIM for model-based systems engineering, Part1: Motivation and concept of SLIM [C]//INCOSE International Symposium, Denver, 2011.

[81] Qamar A, Törngren M, During C, et al. Integrating multi-domain models for the design and development of mechatronic systems [C]//Proceedings of the 7th European Systems Engineering Conference, Stockholm, 2010.

[82] Hamid S. Integration of system-level design and mechanical design models in the development of mechanical systems [D]. Stockholm: KTH Royal Institute of Technology, 2011.

[83] Fan H, Liu Y, Liu D, et al. Automated generation of the computer-aided design model from the system structure for mechanical systems based on systems modeling language[J]. Proceedings of the Institution of Mechanical Engineers, Part B: Journal of Engineering Manufacture, 2015, 230(5): 883-908.

[84] 樊红日. 基于 SysML 的复杂机电产品多域模型集成问题研究[D]. 杭州：浙江大学, 2015.

[85] Fan H, Liu Y, Hu, B, et al. Multidomain model integration for online collaborative system design and detailed design of complex mechatronic systems[J]. IEEE Transactions on Automation Science and Engineering, 2016, 13(2): 709-728.

[86] Fisher J. Model-based systems engineering: A new paradigm [J]. INCOSE Insight, 1998, 1(3): 3-16.

[87] Vanderperren Y, Dehaene W. From UML/SysML to matlab/simulink: Current state and future perspectives[C]// Proceedings of Design, Automation and Test in Europe, Munich, 2006.

[88] Kaveh A A, Laknejadi K. A new multi-swarm multi-objective optimization method for structural design [J]. Advances in Engineering Software, 2013, 58: 54-69.

[89] Gustavo R Z, Antonio J N, Juan J D. Integrating a multi-objective optimization framework into a structural design software [J]. Advances in Engineering Software, 2014, 76: 161-170.

[90] 袁文强. 机电产品系统概念设计中多目标与多学科优化方法研究[D]. 杭州: 浙江大学, 2016.

[91] Yuan W, Liu Y, Zhao J, et al. Pattern-based integration of system optimization in mechatronic system design[J]. Advances in Engineering Software, 2016, 98: 23-37.

[92] Yuan W, Liu Y, Wang H, et al. A geometric structure based particle swarm optimization algorithm for multi-objective problems[J]. IEEE Transactions on System, Man and Cyber (Part B), 2017, 27(9): 2516-2537.

[93] Yuan W, Liu Y, Zhao J. A serialization based partial decoupling approach for multidisciplinary design optimization of complex systems[J]. Proceedings of the Institution of Mechanical Engineers, Part B: Journal of Engineering Manufacture, 2017, 231(14): 2608-2621.

[94] Lee W, Shah N. Comparison of ontology-based semantic-similarity measure[C]//AMIA Symposium Proceedings, Washington, 2008.

[95] Kelly H Z, Kernal T, Stuart G S. Correlation and simple linear regression[J]. Radiology, 2003, 227(3): 617-628.

[96] Fukumizu K, Bach F R, Gretton A. Statistical consistency of kernel canonical correlation analysis [J]. Journal of Machine Learning Research, 2007, 8: 361-383.

[97] Silva D, Solejsi M. Kinematic analysis and design of a continuously variable transmission [J]. Mechanism and Machine Theory, 2009, 29(1): 149-167.